石油高职高专规划教材

沉积岩和沉积相

樊拥军　王福生　主编

石油工业出版社

内容提要

本书主要介绍了沉积岩的形成机理、各类沉积岩的特征及沉积后作用、沉积相类型及识别标志，着重阐述了与油气关系密切的沉积岩和沉积相类型，具有极强的实践性、操作性和实用性。

本书可作为高职高专学校、成人教育以及本科院校举办的二级职业技术学院石油勘探、石油工程类专业教材，也可作为岗前培训及相关专业的参考教材。

图书在版编目(CIP)数据

沉积岩和沉积相/樊拥军，王福生主编.
北京：石油工业出版社，2009.7
石油高职高专规划教材
ISBN 978-7-5021-7149-0

Ⅰ. 沉…
Ⅱ. ①樊…②王…
Ⅲ. ①沉积岩-高等学校：技术学校-教材
②沉积相-高等学校：技术学校-教材
Ⅳ. P588.2

中国版本图书馆CIP数据核字(2009)第074503号

出版发行：石油工业出版社
(北京安定门外安华里2区1号 100011)
网 址：www.petropub.com.cn
编辑部：(010)64523574 发行部：(010)64523620
经 销：全国新华书店
排 版：北京乘设伟业科技有限公司
印 刷：北京中石油彩色印刷有限责任公司

2009年7月第1版 2013年1月第2次印刷
787×1092毫米 开本：1/16 印张：14.5
字数：372千字

定价：24.00元
(如出现印装质量问题，我社发行部负责调换)

前　言

本书是在国家大力发展高职高专教育和各高职高专院校迫切需要适合高职高专教育特点的教材的大背景下,由石油工业出版社组织有关高职高专院校长期从事一线教学的教师结合培养目标编写而成。该书融合了各高职高专院校多年的教学大纲和教学内容的精华,是高职高专类的第一本《沉积岩和沉积相》教材。

本书主要介绍了沉积岩的形成机理、各类沉积岩的特征及成因和沉积后作用、沉积相类型及识别标志,着重阐述了与油气关系密切的沉积岩和沉积相类型。为突出实践性、可操作性和实用性,本书还专门设置了与相关理论知识联系紧密的实训内容。

根据高职高专院校的培养目标和教学特色,在编写过程中,我们主要把握了以下几点。

(1)理论阐述清楚到位。本书在内容上力求讲清讲透基本概念,做到基础理论知识适度,突出理论应用。

(2)特别突出了实践教学。为适应高职高专培养实用型人才的需要,书中安排了穿插在理论教学中的8次实训(18学时)和为期一周的沉积相实训(30学时)内容,以培养学生的综合应用能力。

(3)既着眼现在又关注未来。在编写过程中,力求在内容上突出重点、在实践上加强沉积岩和沉积相的识别及鉴定的同时兼顾服务于后续课程。

教学时数按80学时分配,包括18学时的附录一内容,附录二实训所需学时数由使用本书的学校根据具体情况确定。

本书由天津工程职业技术学院樊拥军、渤海石油职业学院王福生任主编,辽河石油职业技术学院沈铁矛、天津石油职业技术学院刘丰臻任副主编。具体编写分工为:沈铁矛编写第一章、第三章、附录一,辽河石油职业技术学院郑洪涛编写第四章、第五章,樊拥军编写第二章、附录二,克拉玛依职业技术学院黄卫编写第六章、第七章,王福生编写第八章、第九章,刘丰臻编写第十章、第十一章。樊拥军对全书进行了统编和必要的修改。

本书在编写过程中得到参编人员所在学校的支持,是多方共同努力的结晶,在此表示感谢!

由于编者水平所限,对书中存在的缺点和不足之处,敬请使用本书的广大读者批评指正。

编　者

2009年3月

目　　录

第一章　沉积岩的形成及演化

[**学习目标**]通过对本章的学习，要求掌握风化作用的方式、风化产物、搬运动力、搬运方式和成岩作用方式。深入理解沉积物在搬运和沉积作用过程中的变化与沉积岩特征之间的联系，重点掌握沉积分异作用。

沉积岩是在地表或近地表的条件下（即温度不高、压力不大），由母岩（火成岩、沉积岩、变质岩）的风化产物经过搬运、沉积、成岩等作用所形成的层状岩石。其中以海、河、湖等流水剥蚀、搬运、沉积而形成的岩石为主，因而沉积岩是一种次生岩石，是在地壳表层形成的地质体。

沉积岩在地球表面分布非常广泛，据统计，地壳表面约75%的面积被沉积岩所覆盖，但就体积而论，在地壳16km以内，它只占5%；按地球总体积而论，它仅占0.02%。根据我国已作地质测量地区的面积计算，沉积岩分布面积占77.3%，而岩浆岩和变质岩占22.7%；在沉积岩中分布最广泛的为页岩、砂岩和石灰岩，它们总计约占沉积岩总量的98%，而所有其他沉积岩的总体积仅占约2%，其中又以页岩分布最广，占上述三类岩石总和的77%，砂岩次之，占17%，石灰岩只占6%。

在沉积岩中蕴藏着十分丰富的沉积矿产，如煤、油页岩和盐岩即为沉积岩所特有。自然界中，绝大部分矿产产于沉积岩中，99%以上的石油和天然气都是储集在沉积岩中，还有一些沉积岩本身就是矿产，例如，石灰岩是烧制石灰，是制造水泥、尼龙的重要原料。据统计，全世界每年开采各种矿产资源总价值的75%是从沉积矿产中得到的，同时沉积岩层也是研究地壳发展历史和古地理环境的重要依据。因此，我们必须认识沉积岩，了解并掌握它的基本特点、分布规律和形成环境，从而为研究它与石油和天然气的关系奠定基础。

沉积岩的形成过程可以概括为三个阶段：沉积物质的形成——母岩的风化作用；风化产物的搬运和沉积作用；沉积物的成岩作用和沉积岩的后生作用阶段。

第一节　沉积岩原始物质成分的来源

沉积岩的原始物质成分主要来源于母岩的风化产物，其次为生物，以及非常少的宇宙物质。

一、沉积物质的形成——母岩的风化作用

构成地壳的岩石在不断地发生、发展和变化。已经形成的岩石（包括岩浆岩、变质岩和早期生成的沉积岩），由于出露在地表或地表附近，在大气、水溶液以及温度和生物作用的影响下，使岩石在原地发生物理状态或化学成分变化的破坏作用，称为风化作用。风化作用不仅在大陆上进行，也可以在海底发生，在海底发生的风化作用称为海底风化作用或海解作用。

风化作用的总趋势是使母岩发生解体，并产生在地表条件下稳定的、新的物质成分。风化作用按其性质可以分为物理风化作用、化学风化作用和生物风化作用三种类型。

1. 物理风化作用

物理风化作用是由于温度的变化，水、冰、风的破坏作用以及生物活动等使地壳表层的岩

石发生机械破碎而化学成分不发生改变的风化作用。

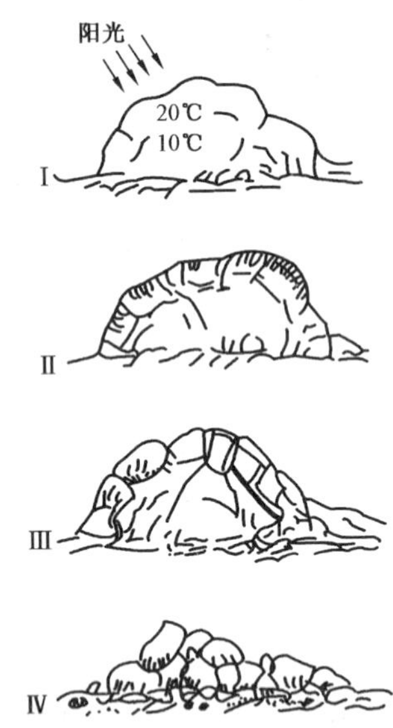

图1-1　温差风化示意图

1）温差风化

由温度变化直接使岩石发生表里胀缩差异而崩解破碎的作用，称为温差风化。地表气温受太阳辐射热的影响而有昼夜和季节的变化，昼夜的变化在温差风化中起着重要作用。岩石是热的不良导体，由温度变化引起岩体膨胀所产生的压应力和收缩所产生的张应力频繁交替，使岩石表层产生裂缝，呈片状和层状剥离或崩解。例如，我国西北干旱沙漠地区，夏季的白昼气温可达47℃，夜间气温可降低到零下3℃，温差幅度达50℃，温差风化最为强烈（图1-1）。另外，由多种矿物所组成的岩石更易剥落，特别是结晶岩，常是多种矿物的集合体，矿物的热力性质各不相同（石英膨胀系数为0.00031，正长石为0.0007，方解石为0.0002），因而在昼夜温度变化下，体积膨胀、收缩也不同，这样在不同矿物的界面间就产生应力，使它们彼此容易分离成为砂粒。

2）冰劈作用

在寒冷地带岩石的孔隙或裂隙中的水冷冻结成冰时，体积膨胀（增大9%左右），对岩石的裂隙壁可产生很大的挤压力（可达94.1~196.1MPa）而使岩石裂隙加宽、加深的作用称为冰劈作用。当气温回升到0℃以上，冰体融化，水沿扩大的裂缝更深地渗入岩石内部，同时水可填满裂缝使水量增加。如气温变化在0℃上下波动时，充填在岩石裂隙中的水可时而冻结，时而融化，裂隙可不断扩大加深，从而使岩石崩裂成碎块。

此外，当岩石裂隙中的水溶解有大量矿物成分时，一旦水分蒸发，浓度逐渐达至饱和，盐类由于再结晶使岩石体积增大，对裂隙壁产生膨胀压力，使裂隙扩大加深，也可以使岩石崩裂直至破碎，使风化作用加速。

2. 化学风化作用

化学风化是指岩石在水、水溶液、空气中的氧与二氧化碳等的作用下所发生的溶解、水化、水解、碳酸化和氧化等一系列复杂的化学变化。这种变化不仅改变岩石的物理状态，同时也改变化学成分并形成新的矿物，这种引起岩石成分和性质变化的风化作用称为化学风化作用。化学风化的化学反应，首先是从组成岩石的矿物中的化学元素开始的。它使岩石中可溶的矿物逐步被溶蚀流失或渗入地层，在新的环境下又可能重新沉积。残留下来的或新形成的矿物多是难溶的稳定矿物。化学风化使岩石中的裂缝加大，孔隙增多，破坏了原来岩石的结构和成分，使岩石的化学性质发生显著变化以致使岩层变成松散的土层。

1）溶解作用

矿物溶于水的过程就是溶解作用。在水与岩石接触时，溶解作用通常是岩石遭受化学风化作用的第一步。水是一种天然溶剂，绝大部分的矿物都能溶于水，仅有难易之分。这主要与矿物的溶解度有关。岩石中常见的造岩矿物溶解度由大到小的顺序为：

石盐 > 石膏 > 方解石 > 白云石 > 橄榄石 > 辉石 > 角闪石 > 滑石 > 蛇纹石 > 绿帘石 > 钾长石 > 黑云母 > 白云母 > 石英

矿物在水中的溶解度，除与矿物的性质有关外，还与外界条件有关，如水的压力、温度、CO_2含量、pH值和浓度，其中温度影响很大。温度每升高10℃，化学反应速度可增加2~3倍。

因此，化学风化作用在炎热且潮湿的气候条件下最为显著。例如，方解石的溶解度，在水温16℃时为0.013g/L，在水温20℃时为0.015g/L；Ca^{2+}、Mg^{2+}的碳酸盐矿物，在纯水中的溶解度很小，但在溶有CO_2的水溶液中，它们会形成重碳酸盐，其溶解度可提高十倍至数十倍。

溶解作用的结果，使岩石中的易溶物质被逐渐溶解而随水流失，难溶物质则残留于原地。由于岩石中可溶物质的被溶解而孔隙增加，削弱了颗粒间的结合力，从而降低了岩石的牢固程度，使其更易遭受物理风化作用而破碎。

2）水化作用

水能与某些矿物起化合作用，吸收水分子成为矿物的结晶水或结构水，形成含水化合物，称为水化作用。

经水化作用而形成的新矿物硬度降低，密度减小，体积增大，易遭风化。例如，硬石膏变为石膏时，其体积增大60%，并对周围岩石产生1100atm（1atm≈0.101MPa）的压力，从而促进物理风化作用的进行；在吸收水分的情况下，蛭石的体积增大尤为强烈，可达18～25倍，对围岩的机械破坏也最为显著。

3）水解作用

在风化带的各种化学反应中，水解居于首位。由于水中常有一部分水分子离解成H^+及OH^-，化学活动性很强，使水成为具有活泼离子的电解溶液；各种弱酸强碱或强酸弱碱的盐类矿物溶于水后，也出现电解现象，它们与水中活泼的H^+及OH^-发生化学反应，形成新矿物，这种复分解反应过程，称为水解作用。地壳中含量最多的硅酸盐和铝硅酸盐类矿物是弱酸强碱的化合物，易被水解作用而破坏。例如，钾长石遇水可发生水解作用，开始析出的K^+与水中的OH^-结合，形成KOH随水流失；析出的一部分SiO_2可成胶体溶液随水流失，或形成蛋白石残留于原地；其余部分可形成难溶于水的高岭石残留于原地。钾长石水解作用的化学反应式为：

$$\underset{\text{正长石}}{4K[AlSi_3O_8]} + 6H_2O \longrightarrow 4KOH + \underset{\text{高岭石}}{Al_4[Si_4O_{10}](OH)_8} + \underset{\text{硅胶}}{8SiO_2}$$

高岭石在热带、亚热带条件下，将进一步风化，析出SiO_2，形成铝土矿，反应式为：

$$\underset{\text{高岭石}}{Al_4[Si_4O_{10}](OH)_8} + nH_2O \longrightarrow \underset{\text{铝土矿}}{2\,Al_2O_3 \cdot nH_2O} + 4SiO_2 \cdot 2H_2O$$

此外，斜长石和各种硅酸盐类造岩矿物等都可在水解作用下发生分解。CO_2可加速水解作用的进行，在地壳表层的CO_2是比较活跃的，在水中可形成H_2CO_3，水解后，CO_3^{2-}易与矿物中的阳离子化合形成碳酸盐，加强了矿物的分解，同时还可促进溶解作用。

4）碳酸化作用

矿物与空气和水中的CO_2起反应，变成易溶的碳酸盐类化合物，溶解于水中且被带走的作用叫做碳酸化作用。大气和土壤中二氧化碳与水化合成碳酸，并在水溶液中部分电离：

$$CO_2 + H_2O \rightleftharpoons H_2CO_3$$

$$H_2CO_3 \rightleftharpoons H^+ + HCO_3^-$$

$$HCO_3^- \rightleftharpoons H^+ + CO_3^{2-}$$

水溶液中H^+的浓度加大，水的溶解能力也增大，特别对碳酸盐类的岩石破坏性更大。碳酸盐矿物（如方解石）在纯水中溶解度很低，但在富含碳酸的水溶液中很容易被溶蚀。石灰岩与含有CO_2的水作用时，就变为重碳酸钙[$Ca(HCO_3)_2$]，重碳酸钙的溶解度比碳酸钙大30倍。

$Ca(HCO_3)_2$溶于水中，成为Ca^{2+}与HCO_3^-离子状态，增加了水中的HCO_3^-的浓度，即增强了水溶液的溶蚀能力，使碳酸钙随水而逐渐流失，这是碳酸盐类岩石化学风化的主要过程，也是碳酸盐类岩石经溶解而形成各种岩溶地貌的主要过程。

含CO_2的水溶液对硅酸盐和铝硅酸盐的破坏作用也很强烈，如正长石经过碳酸化作用变成高岭石，反应式为：

$$\underset{\text{钾长石}}{4K[AlSi_3O_8]} + 4H_2O + 2CO_2 \longrightarrow 2K_2CO_3 + 8SiO_2 + \underset{\text{高岭石}}{Al_4[Si_4O_{10}](OH)_8}$$

又如，一些含Fe、Mg的硅酸盐矿物（黑云母、角闪石、辉石和橄榄石等）在水解作用和碳酸化作用下，这些矿物的阳离子（K^+、Na^+、Ca^{2+}等）可形成易溶的碳酸盐被带走，部分SiO_2成胶体溶液被带走，而大部分的SiO_2形成蛋白石残留原地。在未经彻底风化时，这些矿物可变为含Fe、Mg的粘土矿物。

5）氧化作用

矿物中的低价元素与大气中的游离氧结合变为高价元素的作用称为氧化作用。在大气和水中都广泛地分布着氧气，故氧化作用是地表极为普遍的现象。在湿润情况下，氧化作用更为强烈。

地壳表层部分能够进行氧化作用的地带，称为氧化带。氧化带或游离氧分布的下限面，叫氧界面（相当于地下水的潜水面），在该面以上进行氧化作用，该面以下进行还原作用。氧界面的深度各处不一，主要与地下水的分布和岩石裂隙的发育程度有关。在干燥地区和岩石裂隙发育的地区，氧界面较深，可达地面以下1km；在沼泽地区及冻土地段，氧界面浅，往往就在地面附近。

自然界中许多变价元素在地下缺氧条件下常形成低价元素的矿物，它们在地表环境中是极不稳定的。因此，有机物、低价氧化物和硫化物最易发生氧化作用，尤以低价铁易被氧化成高价铁。例如，黄铁矿（FeS_2）在含有游离氧的水中可被氧化，首先是其中的S由负一价被氧化变为正六价而组成硫酸根（SO_4^{2-}）；其中的铁与硫酸根化合成铁矾（$FeSO_4 \cdot nH_2O$）；紧接着不稳定的铁矾被氧化、水解，铁由二价变为三价形成褐铁矿，反应式为：

$$\underset{\text{黄铁矿}}{2FeS_2} + 2H_2O + 7O_2 \longrightarrow \underset{\text{硫酸亚铁}}{2FeSO_4} + 2H_2SO_4$$

$$4FeSO_4 + 2H_2SO_4 + O_2 \longrightarrow \underset{\text{硫酸铁}}{2\,Fe_2(SO_4)_3} + 2H_2O$$

$$Fe_2(SO_4)_3 + 6H_2O \longrightarrow \underset{\text{褐铁矿}}{2\,Fe(OH)_3} + 3H_2SO_4$$

褐铁矿不易溶于水而残留于原地，最后形成“铁帽”，它是寻找原生金属硫化物矿床的标志。

岩石氧化后可从其风化的颜色表现出来。例如，含Fe的岩石氧化后常呈红褐色；含Mn的岩石氧化后常呈黑色；含Cu的岩石氧化后常呈绿色；含有机质的岩石氧化后常呈浅灰色等。岩石遭受化学风化作用破坏的方式是很复杂的，除H_2O、O_2、CO_2因素外，还存在有各种酸类溶液，如HNO_3、HCl、H_2SO_4等，它们在化学风化作用中也起着一定的作用。化学风化的各种方式可同时并存，是互相联系、互相促进的。

综上所述，水、氧、酸类等因素是造成母岩化学风化的外部条件，这些因素通过组成岩石的矿物的元素的化学性质和矿物的晶体化学性质才能起作用。所以,母岩的物理化学性质的不均一性是化学风化的根本原因。

3. 生物风化作用

生物在其生长和分解过程中,直接或间接地对岩石所起的物理和化学的破坏作用称为生物风化作用。在地壳表面的水圈、大气圈和相当深的岩石裂隙里都有生物的存在。生物的生命活动过程,如吸取营养、新陈代谢、生长和死亡等,可以不断地对其周围的岩石产生崩解和分解作用。生物风化作用有物理和化学的两种方式。

1)生物的物理风化作用

生物的物理风化作用是指生物的活动对岩石产生机械破坏的作用。例如,穴居动物蚂蚁、蚯蚓、鼠类等钻洞挖土,对岩石进行的机械破碎;生长在岩石裂隙中的植物,随着植物的长大,其根部生长可撑裂岩石。

2)生物的化学风化作用

生物的化学风化作用是指生物在生命活动过程中和死亡后遗体腐烂分解而与岩石发生化学反应,促使岩石破坏的作用。例如,植物有机体在生长过程中,依靠太阳能制造化合物时,通常是通过深入到岩石裂缝中的根系分泌有机酸、碳酸、硝酸和氢氧化铵等溶液,溶解并选择吸收矿物中的某些元素(如P、K、Ca、Fe、Cu、Zn等)作为营养,这种作用持续不断地进行,使岩石遭受腐蚀破坏。同时,植物死亡分解可形成腐殖酸,这种酸对岩石的分解能力也很强,并和矿物中的阳离子结合成腐殖酸盐,以胶体形式随水流失。

微生物在生物的化学风化中更不可忽视,据调查,1g土壤中含有几百万个细菌,并且以惊人的速度无孔不入地繁殖,有些菌类可以利用空气中的N_2制造硝酸;有的吸收空气中的CO_2制造碳酸;有的吸收硫化物中的S制造硫酸。细菌活动产生的无机酸(如硝酸、硫酸)和有机酸(如腐殖酸、硬脂酸、草酸、乳酸)对岩石的破坏作用都很大。据统计,微生物对岩石所产生的总分解力远远超过所有动、植物具有的总分解力。

动、植物死后遗体腐烂,可分解出有机酸和气体(CO_2、H_2S等),溶于水后可对岩石腐蚀破坏:遗体在还原环境中,可形成黑色胶冻状,含钾盐、磷盐、氮的化合物和各种碳水化合物的腐殖质。腐殖质的存在可促进岩石物质的分解。例如,以1g钾长石放入有腐殖质的10%氨水溶液中,密封2~3天后,钾长石可完全分解,并形成高岭石。铁细菌还能将亚铁盐变为高价铁盐,反应式为:

$$4FeCO_3 + O_2 + 6H_2O \xrightarrow{\text{铁细菌}} 4Fe(OH)_3 + 4CO_2$$

上述物理的、化学的、生物的三种风化作用,实质上只有物理风化作用和化学风化作用两种基本类型,它们彼此互相紧密联系。物理风化作用可以不断扩大和加深岩石中的裂隙,并使岩石由大块崩解为小碎块,为化学风化作用提供良好的有利的条件。从这个意义上说,物理风化作用是化学风化作用的前驱和必要条件。物理风化作用只能使岩石裂解到一定的粒径,据资料介绍,作用于粒径小于0.02mm颗粒上的大多数应力可以被弹性应变缓和而消除,颗粒不再发生机械崩裂。因此,物理风化作用一般只能使岩石破碎到中~细砂粒级(0.5~0.05mm)之间。化学风化作用却能进一步使颗粒分解破碎到更细小的粒径,直到胶体溶液和真溶液。从这个意义上说,化学风化作用是物理风化作用的继续和深入,使岩石矿物达到彻底分解。在自然界中,物理风化作用和化学风化作用往往是同时进行、互相影响和互相促进。因此,风化作用是复杂的统一的过程,只是在某一种自然地理的具体条件下,物理风化作用和化学风化作用才有强弱主次之分。

二、母岩的风化产物——沉积岩最主要的原始物质成分

任何暴露在地表的岩石和矿物，都不可避免地要遭受风化作用的破坏。地壳表层岩石的风化作用是十分复杂的地质作用，母岩经过风化作用后主要形成以下三类物质。

(1)碎屑物质。这是以物理风化作用为主阶段的风化产物，主要形成各种碎屑物质；还有化学风化作用时稳定性高的残留碎屑物质。这类物质是构成碎屑岩的主要物质成分。

(2)溶解物质。它是在化学风化作用时形成的溶于水的真溶液物质和胶体溶液物质，如K、Na、Ca、Mg等形成的真溶液和Al、Si、Fe等形成的胶体溶液，这些物质转移至海湖盆地后，在一定条件下沉积下来，形成了化学岩、生物化学岩和粘土岩。

(3)难溶物质。母岩经强烈的化学风化作用分解后，一部分物质呈真溶液或胶体溶液被流水带走；另一部分则形成一些不溶解的残余矿物，如粘土矿物、褐铁矿、铝土矿等，构成风化壳。

地壳表层的岩石从风化作用开始时起，就出现了物质成分的分异作用，上述三种风化产物是构成三大类沉积岩的基本物质成分。

三、风化壳简介

地壳表层的岩石经长期风化作用后，有规律地残留在风化母岩的表面，构成一个大致连续而各地厚薄不一的层圈，称为风化壳。风化作用是由地表逐渐往地下进行的，在地表上部，风化作用时间较长，岩石风化较彻底，岩石内部的原有结构消失。如以物理风化作用为主时，形成大小不等、具棱角的碎屑；若化学风化作用盛行时，母岩成分被彻底分解，并形成新矿物。地表下部的岩石遭受风化时间较短，主要是物理风化作用使岩石破碎，岩石仍保持原有结构，与下伏母岩是逐渐过渡的。这样，不同深度的岩石经受了不同程度的物理、化学风化作用，在垂直剖面上形成具有分带现象的复杂结构。一个发育完全的风化壳剖面结构，一般是上部为风化较彻底的红土或高岭石等粘土矿物，其顶部常有土壤层，下部属半风化的岩石，为角砾状碎屑残积物，往下逐渐过渡为基岩。

风化壳剖面结构各地大体相同。因受气候、基岩性质、地形和风化作用的强度及作用时间长短的影响，风化壳的成分和厚度则因地而异。在适宜的气候条件下，易风化的岩石分布的地区风化壳的厚度较大，尤其在没有强烈剥蚀和堆积的中等起伏的丘陵地带及剥蚀平原地区，有利于长期进行风化作用，风化壳的厚度可达几十米到百米。

风化壳形成后，如果被后来的堆积物所覆盖而保存下来称为古风化壳。古风化壳的存在代表一个长期的沉积间断。例如，我国华北自中奥陶世地壳上升，开始海退，经历了长期的沉积间断，直到中石炭世开始海浸才接受沉积。由于中奥陶世碳酸盐岩长期遭受风化，形成了分布广泛的古风化壳。对古风化壳的研究，可了解古地理、古气候的情况，有助于了解地壳发展的历史，对石油勘探特别是寻找古潜山油气藏具有重要意义。

第二节　沉积物的搬运和沉积作用

风化作用的产物除少数残留原地形成风化壳外，绝大部分被搬运，于是进入了沉积岩形成过程的第二阶段，即风化产物的搬运与沉积阶段。搬运风化产物的自然营力主要是河水、湖水、海水、风、冰川、重力和生物等，搬运至适当的场所沉积下来。由于各种风化产物的性质不同，它们的搬运方式和沉积方式也不相同。通常碎屑物质以机械方式搬运和沉积，受力学定律

支配；溶解物质则以化学及生物化学方式搬运和沉积，受物理化学定律支配。

一、机械搬运与沉积作用

碎屑物质和粘土物质多以机械方式在流水、海水、湖水、冰川、风和重力等营力作用下被搬运，其中河流的搬运和沉积尤为重要。

1. 碎屑物质在流水中的搬运和沉积

1）影响碎屑物质搬运和沉积的因素

碎屑物质在流水中搬运和沉积主要受两方面的因素控制：一方面是碎屑物质的重力及它们之间相互的吸引力和摩擦力；另一方面是流水的动能，包括流速（v）、流量（m）及流水性质等。当动能（F）大于重力并克服了摩擦力时，物质就被搬运，相反则发生沉积。地面流水的动能为：

$$F = \frac{1}{2}mv^2$$

当流量一定时，流水的动能与流速的平方成正比，因而地面流水动能的大小主要决定于流速，而流速主要与河床坡度有关，此外也与河床的平滑程度、河谷横切面的形状有关。山区河流因地形高差大，其流速可达5～8m/s；平原河流流速一般不超过1.5m/s。河床越平滑，横切面越近半圆形，流速越大。流量则受气候影响有季节性的变化。地面流水的动能除一部分消耗在克服水体与河床、水体与空气以及水体内部质点间的摩擦力外，另一部分就是消耗在对河床的侵蚀和对泥、砂、砾石的搬运上，一旦动能消耗或减弱到低于搬运物质所需的能量时，便将超载的物质堆积下来。因此，流水动能的变化在其地质作用中的机械作用表现形式为侵蚀、搬运和沉积。

实验证明，水流沿底部继续搬运碎屑物质的质量（W）和流速（v）的6次方成正比：

$$W \propto v^6$$

这就是为什么平原河流和山区河流搬运颗粒之间有那么大差异的原因，如果流速之比为3∶1，那么搬运碎屑之质量比则为729∶1。一般河流上游流速大，所以上游比下游搬运和沉积的碎屑物质要粗大得多。

2）碎屑物质在流水中的搬运方式

流水的机械搬运方式可分为浮运（悬浮）和底运，底运又分为滚动、滑动及跳动等方式（图1－2）。搬运方式主要决定于颗粒大小、密度大小和碎屑的球度。一般颗粒小、密度小、球度低的碎屑，多以悬浮状态搬运；而颗粒大、密度大、球度高的碎屑，容易沿水底滚动或滑动前进，有时跳动前进。

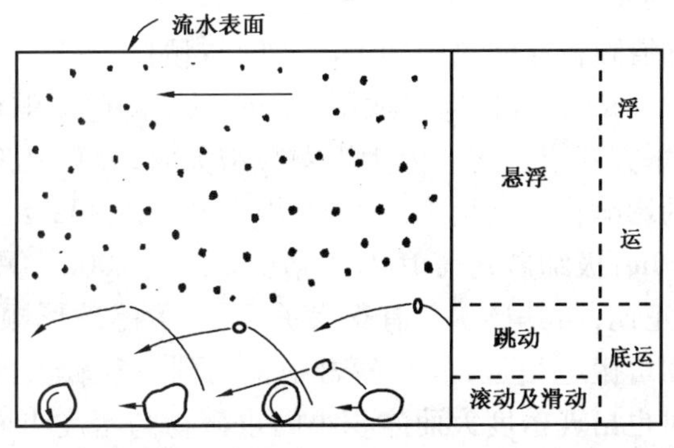

图1－2　碎屑物搬运方式

3）碎屑物质在流水搬运过程中的变化

碎屑在搬运过程中继续发生风化，主要体现在以下几方面。

（1）碎屑物质成分的变化。

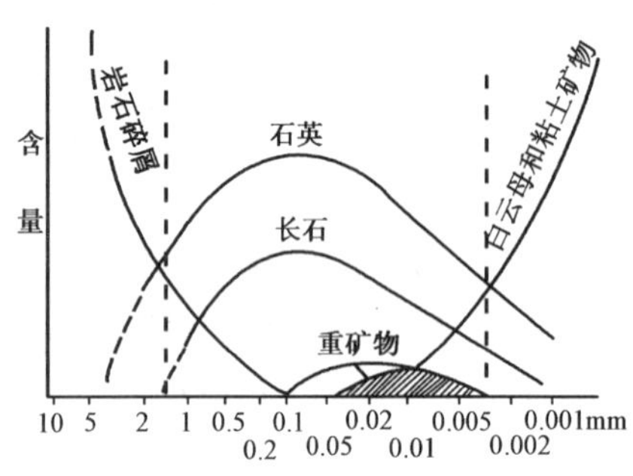

图1－3　碎屑成分与粒度的关系

碎屑岩中的碎屑矿物以石英为最多，约65%，其次是长石（约15%）、岩屑和白云母；此外，还有少量重矿物，如锆石、磁铁矿、石榴石等。碎屑成分取决于母岩矿物的稳定性、粒度、搬运距离、埋藏或堆积速度等因素。稳定性很差的岩屑集中于粗粒级砂粒中；石英则很稳定，分布范围很广，多数集中于中—细粒砂粒中；从粒度看，白云母和粘土矿物可以破碎到极细（$<1\mu m$）的程度（图1－3）。

（2）碎屑的粒度变化。

在搬运过程中，粒度变化的总趋势是由粗变细，但不同性质的碎屑破坏的难易程度不同，如解理不发育、硬度大、脆性小和在水中溶解度较小的矿物，就不易磨损、破坏和溶解。反之，就容易受到机械和化学作用的破坏。

（3）碎屑的形状变化。

由于搬运过程中的磨蚀作用，碎屑颗粒的圆度、球度也相应的增高，同时颗粒的分选也越好。

4）碎屑物质的机械沉积

处于搬运状态的碎屑物质，当流水的动力不足以克服碎屑的重力时，碎屑物质就会沉积。碎屑颗粒的沉积速度主要与颗粒的粒度、密度、形状和水介质的性质等有关，可用斯托克实验公式表示：

$$v = \frac{2}{9} \cdot \frac{d_1 - d_2}{\mu} g r^2$$

式中　v——为颗粒下沉速度，cm/s；

d_1——为颗粒相对密度；

d_2——为水介质相对密度（为1）；

μ——为水介质粘度（20℃时为0.01cP，1cP＝0.1Pa·s）；

g——为重力加速度，980cm/s^2；

r——为颗粒半径，cm。

由公式可以看出，碎屑颗粒在静水中的下沉速度与颗粒半径的平方成正比。但这一关系只适用于粒径小于0.1mm的颗粒，即只适用于细砂以下的碎屑颗粒；对于较粗的颗粒，其沉积速度是与其半径的平方根成正比。因为当颗粒增大时，介质粘度对沉积速度的影响逐渐减小，而水介质浮力的影响将逐渐增大。例如，极细砂下沉30m约需2h，而细粘土则约需1a；如要下沉3000～4000m，极细砂约需10d，细粘土则约需100a。另外，碎屑颗粒在静水中的沉积速度与其密度成正比，与其形状也有很大关系，一般是球形颗粒下沉最快，片状颗粒下沉最慢，所以片状矿物可搬运很远，故在砂岩中常见到粒径较大的云母片和粒径较小的石英砂粒混在一起，同时也出现密度大而体积小的重矿物与密度小而体积大的轻矿物混合的现象。

2. *碎屑物质在海洋、湖泊中的搬运和沉积*

海洋是流水搬运的碎屑物质的最终沉积场所。海洋中的碎屑物质，除流水搬运来的以外，还有海岸和海底岩石的破碎产物以及海底的火山碎屑物质等。引起海洋中碎屑物质搬运和沉积的营力主要是波浪、潮汐和海流。

海浪主要由风引起。海浪的机械作用力随着海水加深而递减，在海面以下20m的地方其能力只相当于表面的1/5，在50m深的地方则只相当于表面的1/50，大约在200m深的地方，已经达到波浪作用的极限，称为浪基面或波基面。所以波浪作用搬运的范围仅仅是靠近海岸的陆棚浅水地区。在理想的情况下，波浪只能使海底碎屑颗粒作一定幅度的垂直海岸的往返运动，但实际情况并不这么简单，往往也有沿着倾斜的海底不可避免地受重力的影响而向海底较低的地方运移的趋势。由于波浪作用，碎屑物质在沿岸的浅水区得到了良好的磨圆和分选，并从海岸至海洋深处作有规律的分布，即从粗至细造成砾石、砂、粉砂、粘土的带状分布（图1－4）。

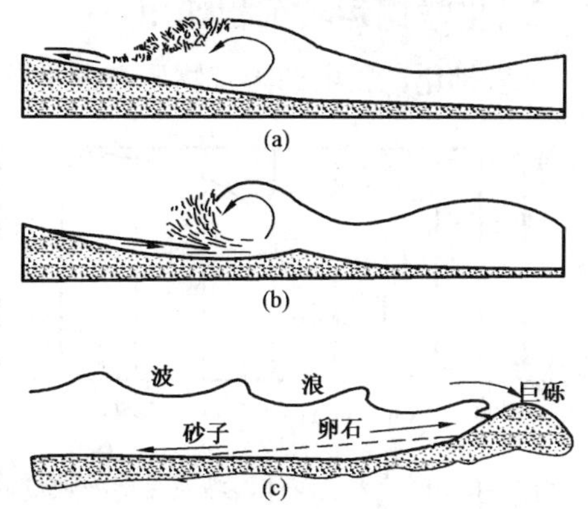

图1－4　海岸带碎屑物移动示意图

（a）波浪形成；（b）波浪破碎；（c）波浪拍岸

潮汐对滨岸地区的碎屑物质影响很大，在这一地区，水体作大规模的涨潮和落潮运动，因此使水底的碎屑物质也作相应的往返运动，其具体情况与海浪作用相似。

海流一般只能从浅海或半深海搬运细小碎屑和悬浮物质，但搬运距离很远，有时达几千千米。

湖泊的搬运及沉积作用与海洋类似，但其规模和强度一般较海洋小。

3. *碎屑物质在风中的搬运和沉积*

风的搬运及沉积广泛分布于气候干旱的沙漠地区，在海岸地带也可见到，如海岸沙丘。由于空气的密度比水小得多，所以风的搬运能力也远比水小，在同样的速度下，风的搬运能力约为流水的1/300。因此在一般情况下，风只能搬运较细粒的碎屑物质，只有在特大的风暴时，才能搬运砂和砾石；风对搬运物质的选择性较强，因此风成沉积物的粒度分选性较好；风在搬运过程中，碎屑物质相互之间，以及与地表之间的碰撞和磨蚀，使较粗的风成沉积物（如砂、砾石等）的圆度都比较好，而且常有霜状结构，有时还有特殊的棱面，即风棱石（图1－5）。

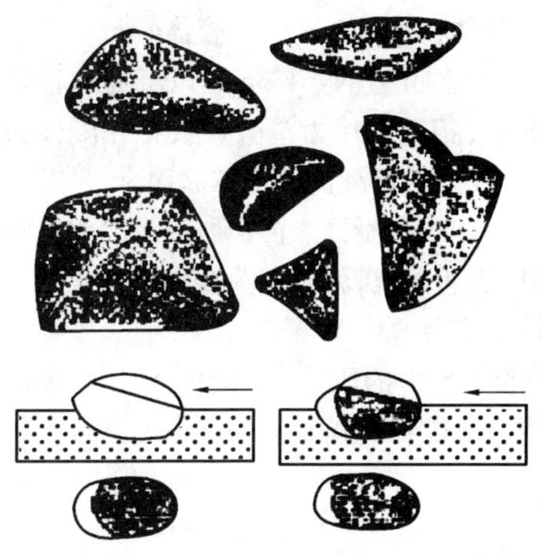

图1－5　风棱石及其形成过程示意图

4. *碎屑物质在冰川中的搬运和沉积*

冰川的搬运一般见于高寒地区、两极及高山地区，冰川对碎屑物质的搬运作用极大。由于冰川是固态搬运，搬运能力极强，可以运载千吨以上的大石块（冰川漂砾）；冰川砾石多呈棱角状，在搬运过程中由于石块与冰床摩擦，形成特殊的冰擦痕——钉形痕，利用擦痕，可以判断冰川运动的方向；冰川搬运的沉积物称为冰碛物，在粒度、形状及矿物成分上，毫无分选，也无磨圆，更少化学分解，常常是巨大的石块与泥砂混积，毫无降落沉积的特点。冰蚀地貌最典型的有冰斗、角峰、刃脊、U 形谷、擦痕、漂砾和冰蚀三角面等。我国庐山、黄山等游览名胜就是这样的地形。

二、化学搬运与沉积作用

母岩风化产物中的溶解物质有的呈胶体溶液搬运，有的呈真溶液搬运。这种搬运作用主要与溶解度有关，溶解度小的 Fe、Al、Mn、Si、P 等多呈胶体溶液搬运和沉积；溶解度大的 Cl、S、K、Na、Ca、Mg 等易成真溶液搬运和沉积（图 1－6）。

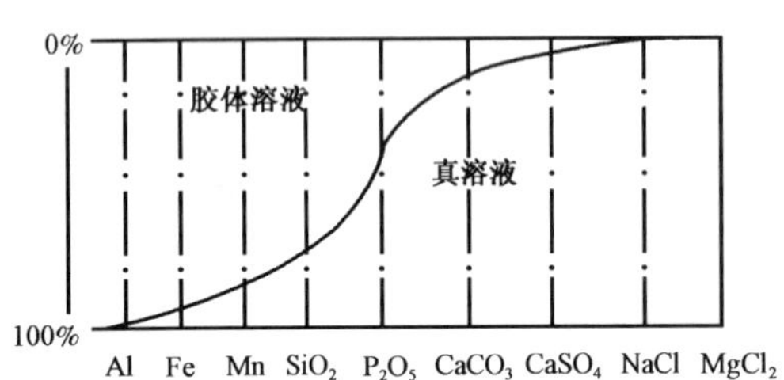

图 1－6　自然界呈胶体溶液及真溶液数量分布

海洋是溶解物质沉淀的最主要的场所。海水平均含盐量为 35‰，海水的含盐总量约为 5×10^{18}t，如果这些盐类全部沉淀下来，将铺满海底 60m 厚。河水的平均含盐量远小于海水，但每年向海洋中带入的盐类数量总数可达 $(27\sim50)\times10^{8}$t，占全部沉积物质的 8%。可以认为，海洋中的盐分，基本上都是由河流注入的。

1. 胶体物质的搬运和沉积

1）胶体溶液的特点

胶体溶液的性质介于粗分散系（即悬浮液）和离子分散系（即真溶液）之间，胶体质点的大小介于 $(1\sim100)\times10^{-9}$m 之间（即 1～100nm），多呈分子状态，而不是离子状态，一般不受重力作用的影响，扩散能力较弱，不能通过致密的岩石。因此，胶体溶液的性质既不同于碎屑物质，又不同于真溶液，胶体质点常带有电荷。带正电荷者为正胶体，如 Fe、Al 等的含水氧化物胶体；带负电荷者为负胶体，如 Si、Mn 等的含水氧化物胶体；Al_2O_3则属两性胶体。

同种电荷的胶体质点之间的相互排斥，是胶体质点仅在重力的影响下难以沉淀的根本原因。如果胶体质点的电荷在某些因素的影响下被中和了，相互排斥力消失就会相互凝聚为大的质点，在重力作用下迅速下沉，成为胶体沉积物，这是胶体质点沉淀的根本原因。

电解质的加入，可使胶体质点的电荷中和，从而使胶体质点凝聚。河流所搬运的胶体物质如 Fe、Mn、Si、Al 等，之所以进入海洋后大都在近岸地区迅速下沉，就是因为海水中的各种电解质中和了它们的电荷所致。这是自然界胶体质点沉淀的主要原因和方式。

不同胶体的相互作用，也可使电荷中和而发生沉淀。SiO_2的胶体（负胶体）与 Al_2O_3的胶体（正胶体）相遇，就会相互中和，发生凝聚，形成一些粘土矿物（如高岭石等），这也是自然界胶体质点沉淀的重要原因。化学反应如下：

$$\underset{\text{Al的氢氧化物溶液}}{Al_2O_3\cdot nH_2O^+} + \underset{\text{硅胶溶液}}{2SiO_2\cdot nH_2O^-} = \underset{\text{高岭石凝胶}}{H_2Al_2Si_2O_8\cdot H_2O}$$

自然界中负胶体多于正胶体，因而正胶体易于在早期就中和沉淀下来，留在溶液中的主要是负胶体质点，所以负胶体在地表迁移的距离常较正胶体远。在水介质中如果含有一定量的腐殖酸，会增加某些胶体质点的稳定性，这叫“护胶作用”，如 $Fe(OH)_3$、$Al(OH)_3$的水溶液在腐殖酸的保护下，可迁移很远。介质的 pH 值和 Eh 值对胶体凝聚也有影响。胶体质点的凝聚和沉淀，必须有一定的 pH 和 Eh 值的介质条件，如果胶体质点沉淀所要求的 pH 和 Eh 值得不到满足，即使有不同名电荷的电解质或胶体质点并且数量相等也不会发生沉淀。例如 SiO_2 和 Al_2O_3 胶体中和生成高岭石所需要的 pH 值为 4.5～5.2，如果不满足这个条件，即使这两种胶体数量相等也不发生沉淀。在近海盆地中，由滨海至浅海 pH 值逐渐增加，Eh 值逐渐减小，因而在海盆的不同部位所形成的 Fe、Mn 构成的矿物类型也随之变化。

胶体质点除受上述各种因素的影响发生凝聚外，胶体溶液的蒸发浓缩使胶体粒子浓度增大，胶体质点便可互相靠近而凝结，这一现象在干燥气候带的水盆地中最常见。此外，局部温度升高、毛细管作用、细菌作用、穿透力较强的辐射线作用（如紫外光线、太阳光线、放射性射线等）以及温度、压力等条件对胶体溶液的沉淀也有一定的影响。

2）胶体沉积物的特征

胶体溶液凝聚沉淀的物质叫凝胶体。凝胶体由于失水或陈化可发生重结晶作用，经过重结晶的凝胶体称为偏胶体。由胶体溶液凝聚而生成的沉积物和沉积岩常具有以下的特点：未脱水硬化的凝胶（即沉积物）呈胶状、糊状或冻状，由它们固结形成的矿物常呈钟乳状、肾状、球状、豆状、透镜状等；常具有贝壳状断口，颗粒细小，吸收性强，多数具有粘舌现象，并能吸附有机颜料等。

胶体矿物的化学成分一般不固定，这是由于它们能吸收不定量的水分，有较大的孔隙度、裂隙性，敲击之易成棱角状碎块，具有较强的阳离子交换能力的缘故。

2. 真溶液物质的搬运和沉积

真溶液物质的搬运和沉积主要决定于它们的溶解度（内在因素），即溶解度越大的越易被搬运，越难沉积；反之，溶解度较小的则难被搬运。例如，K、Na、Ca、Mg 等元素的溶解度较大，Fe、Al、Mg 等元素的溶解度较小，故前者较后者易搬运而不易沉积。物质的溶解度又受水介质的 pH 值、Eh 值以及水介质的温度、压力和 CO_2 含量等一系列因素的影响。

1）介质的 pH 值的影响

介质的 pH 值的变化对物质的溶解或沉淀的影响视物质的种类而异。介质的 pH 值对大部分溶解物质的沉淀都有显著的影响，对易溶解的盐类影响不大，但对含 Fe、Ca、Al、Mn 等成分的溶解物质的溶解度则有很大影响。各种物质从真溶液中沉淀时均要求一定的 pH 值。有些物质如 SiO_2 的溶解度随介质的 pH 值增大而增加；有些物质如 $CaCO_3$、$Fe(OH)_2$、$Fe(OH)_3$ 等的溶解度则随介质的 pH 值增加而减少。又如 Fe^{3+}、Fe^{2+}，特别是 Fe^{3+}，只有在强酸性（$pH < 2 \sim 3$）的水介质中才能稳定，可作长距离的搬运；在 pH 值大于 3 时，Fe^{3+} 即开始沉淀。Al_2O_3 属两性胶体，其溶解和沉淀与 pH 值的关系比较复杂，在 pH 为 4～10 的范围内沉淀，而在强酸性（$pH < 4$）或强碱性（$pH > 10$）时均可溶解。$CaCO_3$ 与 SiO_2 的情况正相反，SiO_2 在酸性介质（$pH < 7$）中沉淀，在碱性介质（$pH > 7$）中溶解；而 $CaCO_3$ 则在酸性介质中溶解，碱性介质中沉淀。故当介质的 pH 值降低时，可见到 SiO_2 交代 $CaCO_3$ 的情况；当 pH 值升高时，则可见到 $CaCO_3$ 交代 SiO_2 的现象。实验表明，在 pH 为 8.9、温度为 25℃时，SiO_2 与 $CaCO_3$ 可以同时沉淀。正因为 $CaCO_3$ 的沉淀需要弱碱性环境，由于河流多为酸性介质，因而在搬运过程中，$CaCO_3$ 一直保持在溶液中处于搬运状态，当进入海洋后，介质的 pH 值由酸性变为碱性，从而引起 $CaCO_3$ 沉淀，这就是 $CaCO_3$ 的沉积在海洋多于河流以及海水中 $CaCO_3$ 含量低于河流的重要原因。

2）介质的 Eh 值的影响

介质的氧化能力用 Eh 值表示，单位为微伏（μV），Eh 值有正负之分，越高表示氧化能力越强，反之，则还原能力强。在风化带中 Eh 值一般为 -200～+50μV，介质的 Eh 值对某些含变价元素的氧化物影响较大，如 Fe、Mn；对化合价稳定的元素影响较小，如 Al、Si。

介质的 Eh 值对 Fe、Mn 等变价元素的溶解度有很大的影响，在 Eh 值高的氧化环境中，Fe、Mn 多呈高价，而在 Eh 值低的还原环境中则呈低价，高价的 Fe 和 Mn 的溶解度要比低价的 Fe 和 Mn 的溶解度小数百倍以至数千倍，因此，前者较难搬运而较易沉淀。此外，在不同氧化还原条件下沉淀的矿物也不一样（图 1－7），在强氧化条件下多沉积成褐铁矿、赤铁矿、软锰矿等；在强还原条件下则沉积成黄铁矿、硫锰矿等；在过渡条件下多沉积形成菱铁矿、菱锰矿、海绿石等。

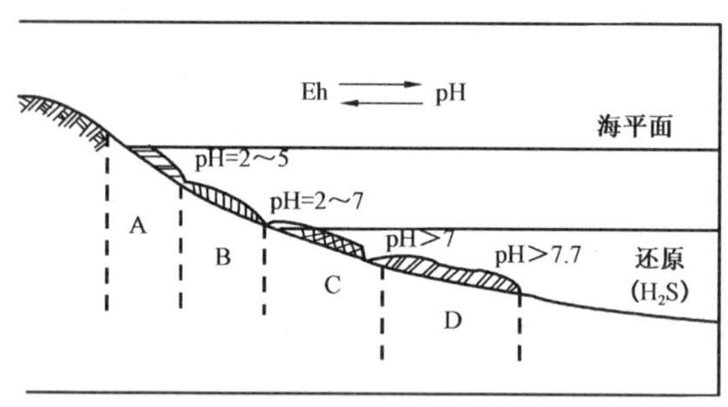

图 1－7　铁矿石的沉淀与 Eh 值、pH 值的关系

3）介质的温度、压力及 CO_2 的含量的影响

水介质的温度、压力及 CO_2 的含量对 $CaCO_3$ 的搬运和沉积有较大的影响。当水介质的温度升高时，CO_2 在水中的溶解度就小，水中的 CO_2 向大气中逸出，可促使溶解的 $Ca(HCO_3)_2$ 转变为 $CaCO_3$ 而沉淀，温度降低则不利 $CaCO_3$ 的生成。实验表明：当温度由 25℃升高至 65℃时，$CaCO_3$ 的溶解度可降低 10 倍。压力的高低主要是影响水中 CO_2 的含量，当压力加大时，可使 CO_2 含量增多，$CaCO_3$ 不易沉淀；压力减小，$CaCO_3$ 易发生沉淀，化学反应方程式为：

$$CaCO_3 + CO_2 + H_2O \underset{\text{温度升高}}{\overset{\text{压力增大}}{\rightleftharpoons}} Ca(HCO_3)_2$$

所以，石灰岩多为湿热（浅海环境）条件下沉积的产物。

对于溶解度大的成分，如 Cl、S、K、Na、Mg 等的搬运和沉积，受水介质条件的影响不大。它们只有在干热的气候及封闭或半封闭的水盆地的特定条件下，才有可能沉积下来，如石膏、岩盐、钾盐、镁盐等。这些呈真溶液状态的盐类物质，由于水分的大量蒸发，溶液的浓度不断增高，当溶液的浓度达到了过饱和状态时，盐类物质就会沉淀下来形成矿床。

4）离子的吸附作用

溶液物质中某些元素往往是通过离子吸附作用而沉淀的。例如，粘土矿物对 K、Ca、Mg、Pb、Zn、Cu 的吸附；$Fe(OH)_3$ 对 Bi、Cu、Pb、As 的吸附；某些铀矿的富集与磷酸盐和有机物质对铀的吸附有关，所以在含磷和含煤地层中常含铀。

三、生物的搬运与沉积作用

随着地质历史的发展，生物在沉积岩形成过程中的意义越来越大，它们通过自己的生命活动，直接或间接地对化学元素、有机或无机的各种成矿物质进行分解与化合、分散与聚集以及迁移等作用，并在多种适宜的水体中沉淀，形成有关的岩石或矿床，生物参与沉积物的搬运与沉积有以下两种方式。

1. 直接作用

在生物的生活过程中,从周围介质中吸收一定量的物质组成骨骼和有机体,生物死亡后遗体堆积成岩石或矿床的作用,称为直接作用。例如,海中生物死亡后,含有 Si、P、$CaCO_3$的骨骼或贝壳堆积在海底,可以形成磷质岩、硅质岩、生物灰岩、生物礁灰岩、硅藻土及白垩等;有的则是由生物遗体中的有机物质转化而成矿床,如石油、天然气、油页岩及煤等。

2. 间接作用

由于生物的生命活动而引起周围介质条件的变化,从而影响某些物质的搬运和沉积的作用,称为间接作用。例如,海生藻类进行光合作用,由于吸收海水中的 CO_2,影响碳酸盐的溶解和沉淀。事实上引起自然界化学作用的各种因素如 O_2、CO_2以及生物遗体腐烂分解所产生的大量 H_2S、NO_2、CH_4等气体,都影响沉积介质的 Eh 值,影响沉积物质的溶解或再分配。另外,生物还可以从周围的介质中吸取某些溶解物质,促进了元素的迁移、分散和聚集作用,如 U、Cu 等元素的迁移与富集,往往与生物及有机质有关。

四、沉积分异作用

母岩的风化产物在搬运和沉积过程中,根据其本身的特性,在外部条件的影响下,按一定顺序沉积下来,称为沉积分异作用。其可分为机械沉积分异作用和化学沉积分异作用,同时,生物对沉积分异作用也有很大的影响。

1. 机械沉积分异作用

主要受物理因素支配的分异作用叫机械沉积分异作用,其决定因素主要是碎屑颗粒的大小、形状、密度、矿物成分、介质的性质与流速,一般规律如下。

(1)按粒度分异。碎屑物质的搬运和沉积是随着搬运介质速度的逐渐减小,大的碎屑颗粒先沉积,搬运距离较近;细的颗粒后沉积,搬运较远。沿搬运方向从物源区起,由近而远碎屑物质依次按照砾石→砂→粉砂→粘土的顺序作有规律的带状分布(图 1-8)。这些沉积物固结后分别形成砾岩、砂岩、粉砂岩和粘土岩。

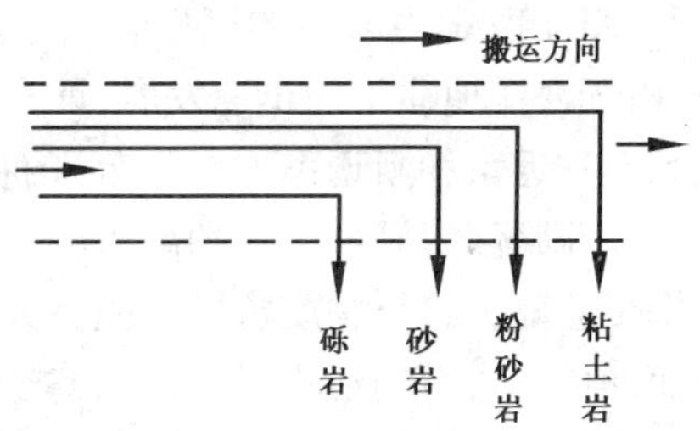

图 1-8 碎屑物粒度分异示意图

(2)按相对密度分异。颗粒的相对密度与沉降速度成正比。在重力作用下,相对密度大的碎屑颗粒沉降速度快,搬运距离近,早沉积;相对密度小的沉降慢,搬运远,晚沉积。因此,碎屑物质在搬运和沉积过程中,沿搬运的方向,按相对密度由大到小进行分异(图 1-9)。

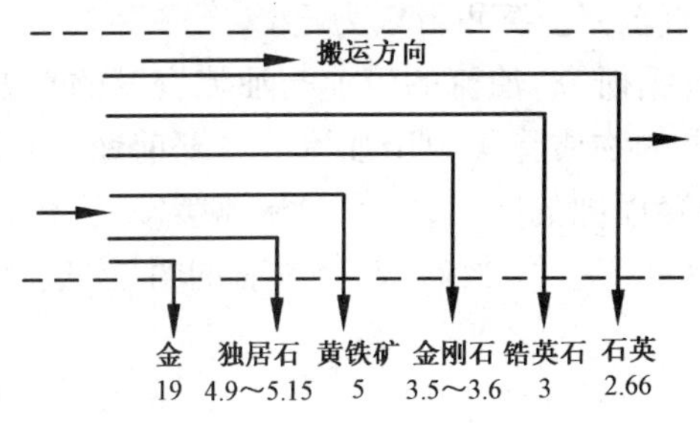

图 1-9 碎屑物按密度分异示意图

(3)按形状分异。碎屑颗粒的搬运还受其形状的影响,如片状矿物易成悬浮搬运,故同样大小的碎屑,云母就比石英搬运得远。所以在自然界中经常可以看到颗粒较细的粉砂岩和粘土岩中含有大量的片状云母。另外,在搬运过程中,碎屑物质的形状也会发生变化,一般的规律是搬运越远,其圆度、球度越高。

(4)按矿物成分分异。风化产物随搬运距离的加长,不稳定的矿物逐渐遭到破坏,故离母岩近的区域,碎屑矿物的成分复杂、重矿物含量高,即矿物成熟度低;远离母岩的区域,则矿物成分简单，并多为性质稳定的矿物，重矿物含量低，矿物成分成熟度高。例如，风化稳定度低的铁镁矿物和基性斜长石，在搬运过程中很快被风化掉，在沉积岩中很少见到；反之，风化稳定度高的石英、白云母等，在沉积岩中则大量集中。

2. 化学沉积分异作用

主要受化学因素支配的分异作用称为化学沉积分异作用。它是由于各种元素的化学性质不同所引起的。元素的化学性质越活泼，在水溶液中的溶解度越大，越不易沉淀，有可能长期处于溶解状态而被搬运到远离母岩的区域；化学性质较稳定和溶解度较小的元素，比较容易从溶液中沉淀出来。一般低价、离子半径大、能量系数小的元素，如 K、Na、Ca、Mg 等碱金属和碱土金属元素的化学性质比较活泼，溶解度较大，在溶液中不易析出，搬运较远，它们常成为沉积分异的最后产物；相反，高价、离子半径小、能量系数大的元素，如 Fe、Mn、Al、Si 等，由于化学活动性较差，所以从溶液中析出较早，常在海湖近岸地带沉积。各种化学溶解物质的化学沉积分异作用的先后顺序为：氧化物→硅酸盐→碳酸盐→硫酸盐及卤化物。

总之，在自然界中，上述分异作用的各个阶段，有时是相互重叠和相互过渡的，而且分异作用并不是自始至终一次进行到底，常常是从分异顺序中某一阶段开始，又在其中的某一阶段中断。然后，有可能再从另一个起点重复出现，这要根据当时的气候和其他自然地理条件而定。

五、浊流的搬运与沉积

1937 年，荷兰著名的沉积岩石学家奎年（Kuenen）最早提出浊流沉积理论。近二十余年来，由于海洋地质学的迅速发展，证实了在海洋或大型湖盆中浊流沉积物和古浊积岩（从前寒武系至古近系和新近系均有分布）的存在，它已越来越引起石油地质工作者的重视。

浊流是深海湖盆中一种高密度急骤运动的含有大量泥砂的脉动底流，它借助于自身的重力携带着陆源碎屑物质常以体积巨大的整体进行运移，这就是浊流沉积作用。由浊流搬运、沉积而形成的岩石叫浊积岩。

浊流搬运与沉积作用，证实了陆源碎屑物不仅沉积在滨海和浅海地区，也可以在远离陆棚边缘的深海区找到。通过各种实验与实地考察，可以认为当河流将大部分陆源碎屑物质搬运至海盆地边缘在河流入海口形成三角洲时，由于暴风浪的搅动、海啸、水下滑坡或构造运动等阵发因素，或者因为岸边沉积物的大量堆积形成陡坡，都会形成密度较大的泥砂混杂的巨大底流，宛如大陆泥石流一样，以渐增的速度向深海流动，直至完全沉积下来为止。

浊流沉积作用是一种重力驱动的底流沉积作用。据研究，浊流的流速与浊流密度的平方根成正比。浊流的下部密度大，流速也大，因此大而重的物质将集中于浊流的底部前锋，而且以最快的速度流动并首先沉积下来；浊流上部主要为轻而细的颗粒，它们的流速缓慢，沉积较晚，而那些最细的悬浮物质则到最后才能沉积下来，这就产生了浊流沉积物具有的明显的递变层理。

浊流沉积物一般具有以下特征：

（1）与围岩交界处具有粒度及成分突然变化的特点。

（2）没有固定的岩石类型，因而砾岩、砂岩、粉砂岩、粘土岩都可成为浊积岩的组成成分。

（3）具有各种线状、沟状及面状的冲刷痕迹。

（4）有极其复杂的滑陷及包卷构造，水下侵蚀面也特别发育。

（5）在相对粗粒的砂岩层中可以包有泥球及泥质团块。

（6）在纵剖面及横剖面上都存在由复杂的岩石组合与结构构造组合过渡为正常的、简单的组合的特点。

研究浊流沉积对石油、天然气勘探有很大的实际意义。富含有机质的沉积物，快速的沉积作用，可以形成良好的生油层系；同时，浊积岩也是很好的储油层系。如美国洛杉矶盆地的一些油田等，均为古近系和新近系的浊积岩储集层。这些油田的延伸方向、分布范围、石油储量、储油物理性质及产量大小都受浊流沉积条件、浊流相带以及浊积岩的岩性控制。我国渤海湾油区古近系普遍有浊积岩油层；泌阳凹陷古近系核桃园组，发现有浊流性质的砂岩体是良好的储集层。

第三节　沉积物埋藏后的变化

一、沉积物的成岩作用

风化产物经过搬运和沉积之后，形成了松散的富含水的沉积物，即构成了沉积岩的原始物质。在地壳运动的影响下，随着地壳的不断沉降，新的沉积物又不断堆积，早期生成的沉积物被埋藏得越来越深，所受的压力和温度也越来越高，与沉积时的环境完全不同，致使沉积物产生一系列变化，最终使松散含水的沉积物固结成为岩石。沉积物转变为沉积岩的一系列变化，称为沉积岩的成岩作用；沉积物转变为沉积岩的阶段，称为成岩作用阶段。它是沉积岩形成的最后阶段。成岩作用的内在因素是沉积物的原始成分和质点大小（其中包括有机质）。外界条件是温度、压力、介质的 Eh 值和 pH 值等。沉积物在成岩阶段的变化有以下几个方面。

1. 压固作用

当沉积物越来越厚时，在上覆沉积物及水体的静压力下，逐渐排出水分，孔隙度减少，体积缩小，颗粒之间吸附力增强，使沉积物固结变硬，这种作用称为压固作用。影响压固作用的因素主要是荷重压力大小、沉积物的成分和粒度等。细粒沉积物最容易发生压固，如新鲜软泥的孔隙度达 80%，压固后所形成的泥页岩，其孔隙度小于 20%。压固作用对粘土物质的成岩起着重要的作用。通过压固作用，岩石发生脱水，密度增大，硬度增加，软松的沉积物变成固结的岩石。例如，泥炭经过压固，体积缩小 20 ~ 30 倍后，可转变为坚硬的煤。

2. 胶结作用

胶结作用是指碎屑沉积物的颗粒孔隙间被化学沉淀物质或细小的碎屑物质充填，从而把松散的碎屑物质粘结在一起并固结成岩的作用。胶结作用对碎屑沉积物的成岩过程起着重要作用。常见的胶结物质是泥质、钙质、硅质及铁质等。

3. 重结晶作用

沉积物在温度和压力的影响下，原来一些非晶质物质发生结晶而成为结晶质物质，或是细粒的结晶物质再次结晶而成为粗粒的结晶物质。这种使沉积物质的质点发生重新排列组合的作用，称为重结晶作用。这种作用在化学和生物化学沉积岩中表现得最为明显，如石灰岩、白云岩与盐岩最易发生重结晶作用。通常沉积物的颗粒越细，溶解度越大，成分越均一，重结晶作用越强。此外，沉积物中各种矿物重结晶作用的次序还和矿物的密度有关，密度大，分子体积小的矿物先发生重结晶作用。因此，在沉积岩中晶体完好的和成结核形式出现的往往是密度较大的矿物，如黄铁矿、白铁矿、菱铁矿、磷灰石等。在碳酸盐岩中，白云石的晶形常常比方解石完整就是这个道理。

另外，胶体沉积物即凝胶体常含有大量的水分，随着时间增长，逐渐失水，体积收缩，变得致密坚硬，进一步发生重结晶作用。它是一种特殊的胶体陈化或老化的重结晶作用，最常见于泥质岩或硅质岩中，如硅质岩中常可见到由非晶质的蛋白石转变为球粒结构的玉髓，最后变为石英颗粒。

4. *成岩矿物的形成*

在成岩作用过程中，由于温度、压力以及介质条件的变化，原来沉积物中的矿物成分也发生了变化，一些不稳定的矿物可以溶解、消失，同时形成适合于成岩期物化环境的新矿物。如交代作用和细菌活动都可促进新矿物的生成，这些矿物称为成岩矿物。最常见的成岩矿物有Fe、Mn的硫化物和碳酸盐（如菱铁矿、铁白云石、菱锰矿、黄铁矿、白铁矿等）；Fe和Mn的硅酸盐（如鳞绿泥石、海绿石）；白云石；粘土矿物（如蒙皂石、拜来石、水云母、沸石等）。

二、沉积岩的后生作用

在沉积物固结成坚硬的岩石后，直至岩石遭受风化或变质之前的阶段内所发生的作用，称为沉积岩的后生作用。

后生作用阶段中，由于温度增高、压力增大及地下水的活动，使沉积岩在矿物成分、结构和构造上都发生明显的变化。温度的升高可以使岩石继续发生重结晶作用，粘土岩、某些化学岩、煤及盐岩等对此反应最为敏感，其作用的程度远比成岩作用阶段强烈，颗粒粗的石灰岩主要在这一阶段形成；长石、石英等矿物的次生加大也在这个阶段发生。压力增大主要使岩石的孔隙度显著减小，在粘土岩中可使粘土矿物，如云母片发生定向平行排列，并形成页理构造。此外，还可以形成很多新的稳定矿物，除氧化物、碳酸盐、硫酸盐外，还可出现硅酸盐矿物，如金红石、石榴子石等，这些矿物称为后生矿物，也属于自生矿物范畴。

后生矿物一般具有以下特点：较好的晶形，内部的包裹体很少，晶体较大，透明度高。例如，后生阶段形成的白云母常是透明的，而成岩阶段生成的白云母则是晦暗的；后生矿物可以切穿岩层层理和层面，在岩石中的分布也不均匀；某些矿物质可以重新运移聚集，在沉积岩层中形成后生结核。交代作用是后生矿物形成的主要方式，矿物之间的交代顺序与元素活动性和浓度有关，并且常常取决于溶解度顺序和随深度变化而引起的pH值变化等因素。例如，随着沉积岩埋藏深度的增大，有粘土—方解石—石英的交代顺序。所以，在老地层中多为硅质交代碳酸钙，硅质胶结多于钙质胶结，并可见到硅质胶结物中有碳酸钙的残余。常见的交代作用有硅化、白云石化、菱铁矿化、重晶石化等。例如，白云岩化作用要求引起反应的水溶液的Mg/Ca比值必须大于8.4，温度为28～35℃，pH值大于8.3，并且通过岩石的水的体积必须比岩石孔隙体积多几千倍，这时，Ca^{2+}被Mg^{2+}或$MgSO_4$逐渐交代，反应式为：

$$2CaCO_3 + MgSO_4 + 2H_2O \longrightarrow \underset{\text{白云石}}{CaMg[CO_3]_2} + \underset{\text{石膏}}{CaSO_4 \cdot 2H_2O}$$

由于白云石分子比方解石分子体积小12%～13%，同时白云岩化过程中溶解作用大于沉淀作用，所以交代白云岩的孔隙度比石灰岩高，为储集石油提供了优越的条件。

三、沉积岩的成岩作用和后生作用对石油、天然气的实际意义

很多矿产（包括煤、石油、天然气）可以说是不同阶段成岩作用的产物，大量的资料和事实表明，成矿作用与成岩作用、后生作用之间有密不可分的直接联系。成岩作用和后生作用对油、气的运移，储集、储油层的性质等都有明显的影响。一般来说成岩作用太强，对石油储集不利。储集层经过后生作用可增加一些裂缝和孔隙，有利于增加石油储量和提高石油采收率。

如石灰岩经白云岩化后，方解石变为白云石，体积缩小12%左右，产生一些孔隙和裂缝；碳酸盐类岩石经过重结晶之后，也可产生一些细小裂隙，有利于油、气储集。但是，原生和次生的裂缝又往往在后生作用阶段被次生矿物所充填，从而降低石油的储集量和采收率，这给分析储油、气层空间分布规律带来困难。

第四节　沉积岩的物质成分

沉积岩不仅以成层的产状、明显的层理、含有动植物化石和结晶作用一般不强的特点与岩浆岩、变质岩相区别外，在矿物成分和化学成分上也有明显的不同。

一、沉积岩的矿物类型

沉积岩中已经发现的矿物达160种以上，最常见的造岩矿物仅20余种，这20余种矿物占到全部沉积岩矿物成分的99%以上，在每种岩石中，其主要造岩矿物通常不超过5~6种，最常见的只有1~3种。根据母岩的破坏分解情况，可将沉积岩中的矿物成分分为以下三种基本类型。

1. *碎屑矿物*

碎屑矿物为母岩机械破坏的产物，如石英、长石、云母等轻矿物及某些重矿物。

石英是极普遍的碎屑矿物，来源于各类母岩的风化产物，由于其抵抗风化的能力最强，不易分解，因而在沉积岩中大量出现。

长石含量仅次于石英，长石的保存取决于沉积时的气候条件和地壳运动的强度。

云母在沉积岩中分布较广，仅次于石英、长石，主要为白云母。

重矿物为相对密度大于2.9的矿物，如锆英石、磷灰石、石榴子石、蓝晶石、金红石、十字石等。这些矿物虽然含量较少，但性质比较稳定，对地层划分对比以及判断物源方向等有重要意义。

2. *粘土矿物*

粘土矿物为硅酸盐或铝硅酸盐类矿物化学分解的产物，是沉积岩中数量较多的矿物，种类繁多，主要有高岭石、胶岭石（蒙皂石）、水云母（伊利石）等，所有的粘土矿物均有极高的分散性，其晶体一般不超过1~2μm。这类矿物可以是胶体成因。

3. *化学沉淀矿物*

化学沉淀矿物为胶体溶液及从真溶液中沉淀出来的矿物，如硅质矿物蛋白石、玉髓、沉积石英；碳酸盐矿物方解石、白云石、菱铁矿（$FeCO_3$）、菱镁矿（$MgCO_3$）；硫酸盐矿物石膏；氢氧化物褐铁矿（$Fe_2O_3 \cdot nH_2O$）、铝土矿（$Al_2O_3 \cdot nH_2O$）；磷酸盐矿物磷灰石；铁的硅酸盐矿物海绿石、鲕绿泥石；盐类矿物石盐、钾盐（KCl）、光卤石（$KMgCl_3 \cdot 6H_2O$）、杂卤石[$K_2Ca_2Mg(SO_4)_4 \cdot 2H_2O$]等。

由上看出沉积岩矿物成分的特征是很少或没有橄榄石、辉石、角闪石、黑云母、钙长石等。因为这些矿物是在高温、高压条件下生成的，当转入常温、常压的地表条件时变得很不稳定。同时在沉积岩中石英、白云母较岩浆岩相对增多，并有在常温、常压及O_2、CO_2、H_2O充足的条件下形成的粘土矿物、石盐、石膏、碳酸盐、有机物质等。所以，沉积岩和岩浆岩的矿物成分不仅在量上，而且在质上都有很大的差异。

二、沉积岩的化学成分

沉积岩的物质成分来源于各种岩石碎屑及溶解物质，归根结底是来源于最原生的岩石——岩浆岩，所以沉积岩的化学成分从整体上看和岩浆岩相似（化学元素主要有 O、Si、Al、Fe、Ca、Mg、K、Na、Ti 等；氧化物主要有 SiO_2、Al_2O_3、Fe_2O_3、FeO、MgO、CaO、Na_2O，K_2O、TiO_2、MnO_2、P_2O_5、CO_2、H_2O 等），但也有以下区别：

（1）沉积岩中 Fe_2O_3 多于 FeO，而岩浆岩中 FeO 多于 Fe_2O_3，这是因为沉积岩主要是在氧化条件下形成的。

（2）沉积岩中 K 多于 Na，而岩浆岩中 Na 多于 K，因为岩石风化所形成的胶体矿物（如粘土矿物）对于 K 有很强的吸附作用，而 Na 则多汇入海洋，长期呈溶解状态。

（3）沉积岩中一般 Al 多于 Ca、Na、K 的总和，而岩浆岩中 A1 少于 Ca、Na、K 的总和，因为岩石风化后常形成富含铝的矿物（如铝土矿和粘土矿物等）。

（4）沉积岩中富含 H_2O 和 CO_2，而岩浆岩中则很少，因为沉积岩是在地表 H_2O、CO_2 等作用下形成的。

三、沉积岩的分类

沉积岩分类的主要依据是岩石的成因、成分、结构、构造等。岩石的成因是指沉积作用的性质和环境、沉积物质的来源、沉积分异的顺序、成岩作用、沉积方式等。成因分类不仅可以反映各类岩石在成因上的不同，同时也反映了主要成分及结构特点上的差异。所以，通常是以成因作为划分基本类型的基础，而以成分、结构等特征作为进一步分类的依据。实践证明，这种综合分类的方法是比较合理的，它既能反映岩石的内在联系，又便于对岩石进行命名，而且使用方便。根据这个原则，将沉积岩划分为以下三大类。

1. 碎屑岩

碎屑岩主要为碎屑物质组成的岩石。这类岩石又按碎屑物质的成因、成分和结构的特点，划分为以下两个亚类：

（1）正常碎屑岩。即沉积碎屑岩类，指由母岩经过风化作用所产生的碎屑物质组成的岩石。如砾岩和角砾岩、砂岩、粉砂岩等。

（2）火山碎屑岩。指火山喷发出来的火山碎屑物质就地或在附近堆积形成的岩石。

2. 粘土岩

粘土岩是介于碎屑岩和化学岩之间的过渡型岩石，主要由含量在 50% 以上粒径小于 0.01mm 的粘土矿物组成，其中常含少量细碎屑物质。它是沉积岩中分布最广的一类岩石。

3. 化学岩和生物化学岩

化学岩和生物化学岩是母岩风化产物的溶解物质以化学或生物化学方式沉淀而形成的岩石。由生物遗体直接堆积而成的岩石也属此类。根据其成分可分为：

（1）铝质岩，如铝土矿岩；

（2）铁质岩，如菱铁矿岩、鲕状赤铁矿岩；

（3）锰质岩，如菱锰矿岩、氧化锰矿岩；

（4）硅质岩，如碧玉岩、燧石岩等；

（5）磷质岩，如结核状磷块岩、层状磷灰岩；

（6）碳酸盐岩，如石灰岩、白云岩；

(7)盐岩，如岩盐、石膏；

(8)可燃有机岩，如煤、油页岩。

沉积物质的三种主要组分为碎屑物质、粘土物质、化学沉积及生物化学沉积物质。在自然沉积作用过程中，常有两种或两种以上物质同时混杂于一种岩石中，如果它们的含量接近相等时则叫混积岩。

复习思考题

1. 什么是风化壳？研究风化壳有何意义？
2. 母岩风化后的产物有哪些？分别构成哪类岩石？
3. 碎屑物质在搬运和沉积过程中发生哪些变化？
4. 碎屑物质的机械搬运方式有哪些？
5. 由风和冰川搬运的碎屑物质各有何特点？
6. 胶体凝聚的原因有哪些？
7. 什么是机械沉积分异作用？请举例说明其影响因素。
8. 什么是浊流？浊流搬运的特点是什么？其沉积物常处于什么环境中？
9. 沉积物在成岩阶段，发生哪些作用？这些作用的结果是什么？

第二章　沉积岩的构造和颜色

[**学习目标**]通过对本章的学习，掌握描述层理的基本术语及用法、主要层理类型、波痕类型的识别标志和环境意义；掌握同生形变构造、泥裂、底面构造、生物成因构造的环境意义，了解它们的识别特征；掌握常见沉积岩颜色的环境意义；了解沉积岩颜色的划分和其他成因构造。

沉积岩的构造和颜色是沉积岩最直观的特征，是研究岩相古地理的重要依据，也是研究储层和油田开发的重要内容。

第一节　概　　述

沉积岩构造是指构成沉积岩的各部分的空间分布和空间排列方式所显现出的宏观特征。从空间分布和空间排列方式的角度看，沉积岩构造与岩浆岩的构造类似。它是沉积物在沉积期或沉积后通过物理、化学和生物作用形成的，正是由于形成时间和形成方式的不同，沉积构造分为原生沉积构造、次生沉积构造和生物沉积构造三种。表2－1列出了常见沉积构造所属的类型。

表2－1　常见沉积构造所属类型

原生沉积构造(物理成因)	次生沉积构造(化学成因)	生物沉积构造(生物成因)
1. 流动成因构造：层理构造、层面构造、叠瓦状构造； 2. (准)同生期形变构造：重荷模、包卷层理、滑塌构造、碟状构造； 3. 暴露成因构造：泥裂、雨痕、冰雹痕	1. 溶解构造：缝合线、溶蚀环带、晶簇； 2. 增生与交代构造：结核； 3. 组合构造：叠锥、龟背石	1. 生物遗迹构造：生物足迹、爬行迹、栖息迹、潜穴、钻孔； 2. 生物搅动构造； 3. 叠层石

沉积岩构造是沉积岩的最基本特征，是沉积岩与其他岩石区别的主要依据。尤其是原生沉积构造，它直接反映了当时沉积环境的特点，如沉积介质类型、沉积物的搬运方式、沉积环境能量等，因此，是进行沉积相分析的重要依据。

野外考察和岩心观察是研究沉积构造的主要手段。

颜色是沉积岩最直观的特征，对当时沉积环境的氧化还原情况、水深等的分析，以及对生油岩的评价都有重要的意义。

沉积岩构造主要保存于碎屑岩中。

第二节　层　　理

层理是沉积岩区别于岩浆岩和变质岩的最醒目的宏观特征，也是沉积构造的最重要内容。层理是指由组成沉积岩的成分、结构、颜色、定向性等性质在垂向上的变化所显示出的特征。由于层理的存在而使沉积岩具有非均质性，而非均质性是储层研究的重要内容。

一、基本术语

在实际工作中，我们经常要对层理进行描述，描述层理常用的术语如下。

1. *细层*

细层又名纹层，是指成分、结构基本相同的构成层理的最小单位。在细层内部，用肉眼不能再进一步分层。它是在一定条件下同时沉积的产物。细层间没有天然分开的面(层理面)，层理面是代表短暂的无沉积或沉积作用突然变化的在宏观上自然分开的间断面。细层厚度很小，一般为数毫米至数厘米，如泥岩中构成水平层理的细层和砾岩中构成大型交错层理的细层。

2. *层系*

层系又名丛系，是指在成分、结构、厚度和产状上相似的同类型细层构成的细层组合。层系形成于相同的沉积环境，是水动力相对稳定条件下的产物。层系间没有层理面分开。由于非交错层理的层系界限缺乏明显的标志，因此，层系主要用于对交错层理的描述。层系厚度代表层系形成时各种砂波的高度极限。

3. *层系组*

层系组又名层组，是指由两个或两个以上的在结构、成分上基本一致的相似层系构成的层系组合。它是同一沉积环境下沉积的产物。层系组之间无明显间断。层系组主要用于对交错层理的描述(图2-1)。

4. *岩层*

岩层又名层，该术语来源于地层，是指被层理面隔开的、由成分基本一致的沉积岩构成的最小的岩石地层单位。它形成于稳定的沉积环境。层间有层理面隔开，通常所说的沉积岩的层层构造，就是指这个“层”。层的厚度变化很大，在数毫米至数米之间，它代表了单位时间内沉积的速率。按层的厚度，层可以分为块状层(厚度 >1m)、厚层(厚度为1~0.5m)、中层(厚度为0.5~0.1m)、薄层(厚度为0.1~0.01m)、页理层(厚度 <0.01m)。

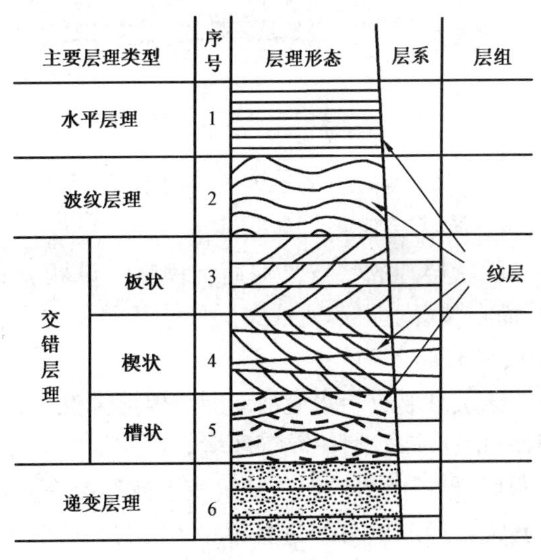

图2-1　层理类型

岩层是最大的层理描述单位，在一个岩层内，可以有一种类型的层理，也可以有多种层理类型，可以包含一种或几种交错层理；岩层间有层理面隔开；纹层、细层和层系组主要用于对交错层理的描述，同时，纹层也用于对水平、平行层理等的描述；层理面是一个间断面，这一点与不整合面类似，只是后者在分布范围、持续时间、遭受风化剥蚀的程度等方面与前者不同。

二、层理分类以及主要类型

层理的分类方法较多，主要是由分类依据不同所致，主要依据有成因、细层的形态以及与层系的界面关系、均质性等。本教材主要介绍常见的层理类型。

1. 水平层理与平行层理

水平层理与平行层理的相同点是，细层成直线状，且相互平行，并平行于层理面。通常认为这两种层理都形成于水动力稳定的环境中。这两种层理在生产现场往往混淆。

从形成层理的水体能量角度分析，当水体运动非常缓慢不能形成砂纹时，呈悬浮搬运的细粒物质发生沉积，形成水平层理；当水体能量超过临界状态时，呈滚动搬运和跳跃搬运的碎屑发生沉积，形成平行层理。因此，水平层理形成于低能环境，如海湖的深水带、潟湖、沼泽以及牛轭湖等；平行层理形成于高能环境，如河道、海湖滨岸环境等。

从构成层理的岩性角度分析，由于水平层理形成于低能环境，因此构成层理的岩性主要是粉砂岩、粘土岩；平行层理形成于高能环境，则主要是砂岩。

从沉积构造组合角度分析，水平层理常与低能的波状层理等共生，而平行层理常与大型交错层理共生。

另外，平行层理在其层理面上发育有剥离线理构造，这与其成因有关。平行层理一般是由粒度不等的细层叠覆或是含有不同重矿物的细层叠覆或两者兼有的细层叠覆构成，因此沿细层面容易分开，形成一个平坦的面，在该面上，有微小的沟和脊，脊高只有几个砂级大小，从而显现定向的平行条纹，该条纹可以判断水流的相对运动方向；水平层理则无该构造（图 2－2）。

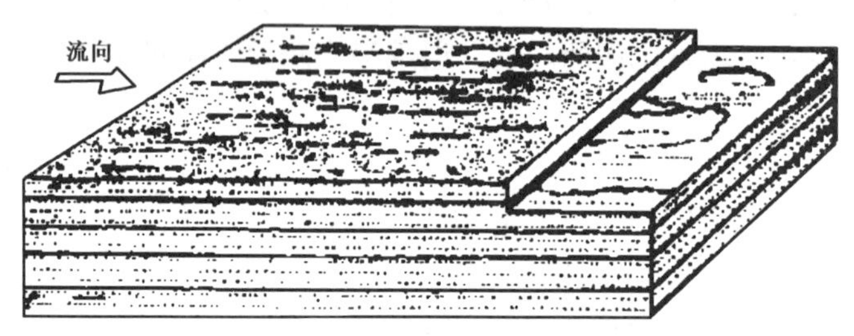

图 2－2　平行层理及剥离线理构造

2. 脉状层理

脉状层理的特点是泥质沉积物呈脉状分布在具有明显波状前积细层的砂质波痕的波谷中，而在波脊上很薄或缺失。呈脉状的泥质形态多样，可呈孤立的、分叉的、断续波状的形态等［图 2－3(a)］。

该层理形成于水流活动期与停滞期交替及砂的供应、沉积和保存有利的环境中，如潮坪下部、三角洲前缘、河漫滩等环境。在水流活动期，沉积具有前积细层的呈波状起伏的砂；在水流停滞期，悬浮搬运的泥质则沉积于波谷或完全覆盖呈波状起伏的砂之上；下次水流活动期，流水剥蚀已经沉积的砂的上部的泥质物甚至部分波峰，并再次发生砂质沉积。

3. 波状层理

该层理的特点是砂层与泥层交替出现且呈波状起伏，但其总的延伸方向与层理面平行。该层理主要是由沉积介质的往复运动和单向运动形成的。前者主要形成对称形态的波状层理，后者则形成非对称波状层理［图 2－3(b)］。

由于是沉积介质的运动所致，因此波状层理形成于强、弱水动力交替出现的环境中，即砂、泥交替沉积的环境中，如海、湖的浅水环境和河漫滩以及潮坪中部等环境。

4. 透镜状层理

透镜状层理是指砂质沉积物呈透镜状包裹在泥质沉积物中，砂质沉积物少于泥质沉积物。砂质沉积物内部有明显的波痕前积细层，且孤立分布［图 2－3(c)］。

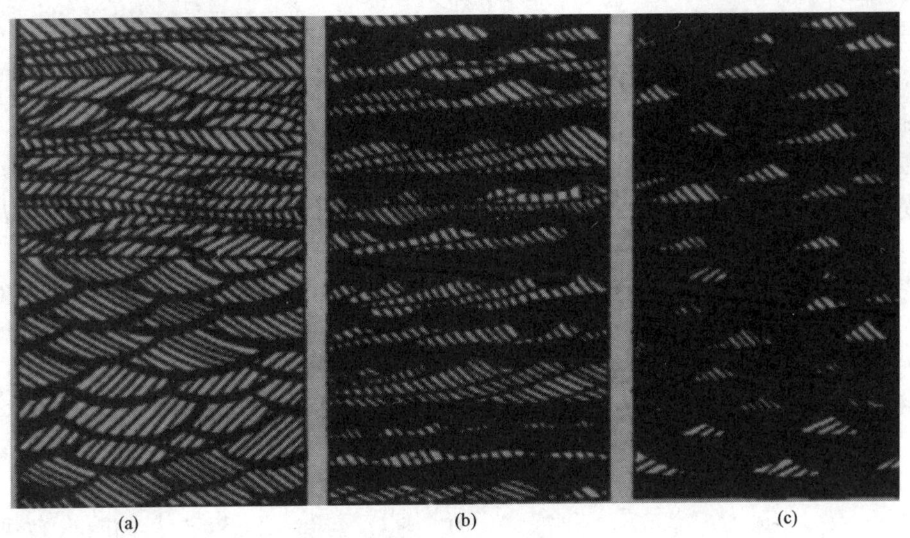

图 2－3　脉状层理、波状层理和透镜状层理(赖内克,1968)

(a)脉状层理;(b)波状层理;(c)透镜状层理

透镜状层理形成于水动力能量以弱为主的环境中,如海、湖的浅水环境和河漫滩以及潮坪上部。

脉状层理、波状层理和透镜状层理,从岩性构成角度分析,均是砂岩与泥岩组合;从形成环境角度分析,均形成于潮汐、三角洲前缘等环境;从砂与泥相对含量以及能量大小角度分析,则各不相同,由脉状层理到透镜状层理,砂质含量逐渐减少、泥质含量逐渐提高,形成层理的环境能量依次减弱。

5. 交错层理

交错层理又名斜层理,是指一系列产状基本一致的倾斜细层与层系界面斜交形成的层理(图 2－4),这也是斜层理术语的由来。构成的岩性以砂岩为主,部分为砾岩和粉砂岩等,岩性粒度越大,交错层理的规模也越大。交错层理的形态、规模变化大,依据层系界面的形态、层系界面间的相互关系,划分为以下类型。

1)板状交错层理

该层理的特点是层系之间的界面为平面且相互平行。层系形态犹如床板一样平整,因此得名[图 2－5(a)]。细层内常呈下粗上细的粒序变化。细层与层系底界相交的类型有:正常相交、切线相交、上凹形相交(图 2－4)。三种相交类型反映了流水的深度和流速情况,从正常相交到上凹相交,流水深度和速度增大。具有后两种相交类型的板状交错层理,即切线和凹形的交错层理可以指示水流方向。该层理底界常与冲刷面接触,发育于单向水流的环境中,如河流等环境。

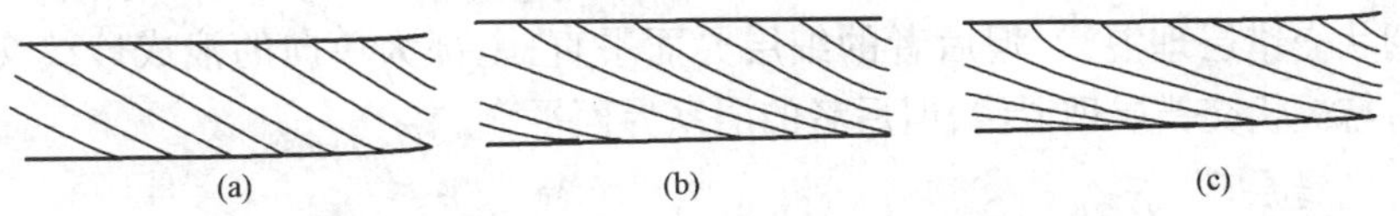

图 2－4　细层与层系底界相交类型(赵澄林,2005)

(a)正常相交;(b)切线相交;(c)上凹相交

2）楔状交错层理

该层理的特点是层系界面平直且成楔形，故名楔状交错层理，细层与层系界面相交。常发育于海、湖浅水以及三角洲高能环境[图2－4(b)]。

3）槽状交错层理

该层理的特点是在垂直水流方向的剖面上，层系界面呈下凹的槽形，细层也成槽形，细层与层系界面相交。层系底界常有冲刷面，顶界被切割。该层理常见于河流的心滩以及三角洲的河口坝和远沙坝沉积中[图2－5(c)]。

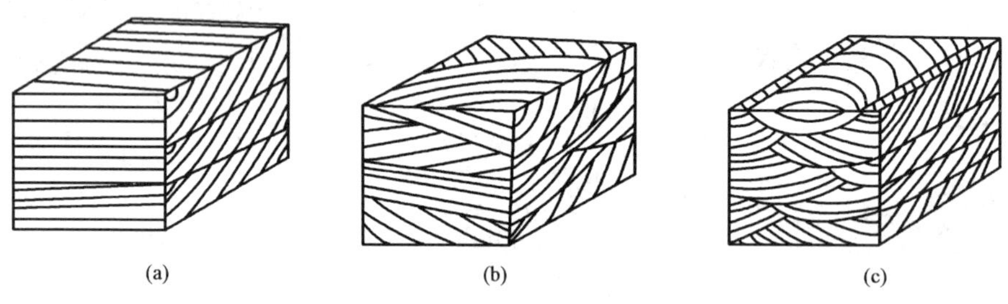

图2－5　按层系形态划分的交错层理

(a)板状交错层理；(b)楔状交错层理；(c)槽状交错层理

4）羽状交错层理

该层理的特点是细层平直或微向上弯曲，且与层系界面相交，相邻层系倾向相反，彼此相交组合成羽毛状，故名羽状交错层理。该层理形成于双向水流环境中，常见于潮汐和海、湖等的浅水地带(图2－6)。

图2－6　羽状交错层理

从图2－5中，我们可以看出，同一交错层理在不同方向的断面上显示不同的特征，因此可能得出不同的结论，如板状交错层理，在正面(在垂直介质运动方向的断面上)观察为平行层理，但在侧面(在平行介质运动方向的断面上)观察才为板状交错层理。因此，在观察交错层理时，正确的观察方位非常重要。一般而言，在平行介质的运动方向观察交错层理最有意义，因为在该断面上能观察到反映介质能量的细层和层系的厚度、形态变化以及细层与层系的相交类型。

5）浪成砂纹交错层理

该层理是由波浪的往复运动形成的，由上下两部分构成：上部由能反映波浪运动特点的倾向相反、互相超覆或切割的前积细层构成，下部由呈波状起伏的层系构成。该层理主要形成于海、湖滨岸等受波浪影响的环境中(图2－7)。

需要注意的是，上部呈束状的浪成砂纹层理[图2－7(a)]易与槽状交错层理混淆，但后者的每个层系均为槽形，且没有下部的波状细层；上部为人字形的浪成砂纹交错层理[图2－7(b)]易与羽状交错层理混淆，但后者的细层界面平直；上部为单向的浪成砂纹交错层理[图2－7(c)]易与板状交错层理混淆，但后者的层系界面平直。

6）风成交错层理

该层理具有层系厚度大、细层倾角大的特点。层系厚度一般为几十厘米到数米，细层倾角一般为25°以上。根据层系的形态，风成交错层理也有板状、槽状和楔状之分(图2－5)。该层

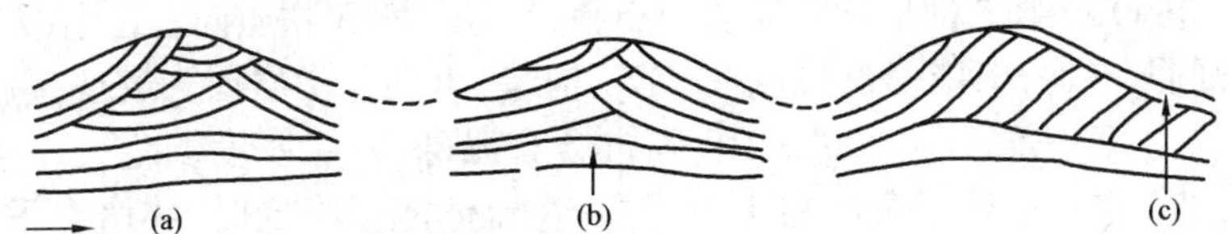

图 2－7　浪成砂纹交错层理(赵澄林,2001)

(a)上部呈束状,内部细层为形态不整合;

(b)上部为人字形,下部为波状;(c)上部为单向,顶部有超覆前积细层

理常形成于海、湖的沙丘带和沙漠环境中。该层理与流水成因的交错层理易混淆,其区别为:风成交错层理层系厚度大、细层倾角大;在岩性上,构成风成交错层理的碎屑分选好、不含泥质,碎屑颗粒表面常具有霜面;在胶结类型上,风成交错层理常为接触式。

7)冲洗交错层理

该层理的特点是细层与层系界面平直,层系的底部界限完整,上部被冲刷切割而变得不完整,层系以楔状底角度相交,一般为几度,其倾向分别指向海湖和陆地,细层内常具有逆粒序。它是波浪在滨岸带往复运动的产物(图 2－8),是判断滨岸环境的重要依据。

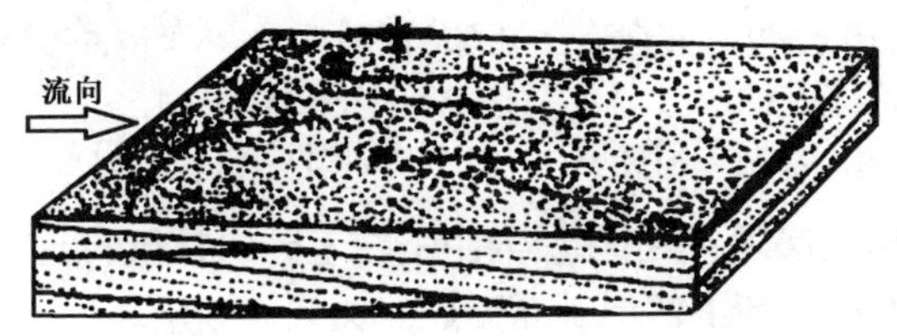

图 2－8　冲洗交错层理(赵澄林,2005)

8)丘状交错层理

该层理又名风暴交错层理,其特点是层系顶面呈圆丘状,细层倾角小,一般小于 15°,但倾向变化大且相对不固定,层系上部细层被侵蚀,下部细层则与层系底界平行或近于平行;在垂直流体运动方向的断面上,细层或层系下凹。丘状交错层理形成于风暴浪的往复运动,主要出现在海洋和在湖泊环境的较深水部位(图 2－9)。

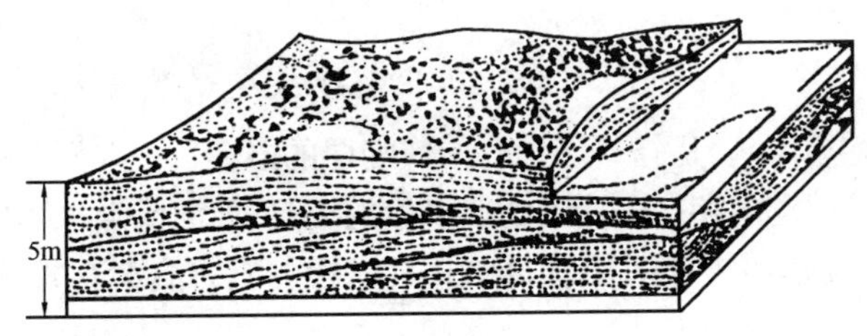

图 2－9　海洋丘状交错层理(哈姆斯,1975)

6. 递变层理

该层理又称为粒序层理,是指在一个岩层内,由下而上粒度有序变化且内部无细层的层理。

依据层内粒度变化特点,递变层理有两种基本类型。

第一种类型为正向递变层理,是指在层内由下往上碎屑颗粒的粒度由粗变细的层理,其又分为两种:第一种是下部不含细粒物质,且岩层的厚度比较小,几毫米至几厘米,一般属于牵引流形成[图2-10(a)];第二种是细粒物质分布整个岩层,粗粒物质向上逐渐减少和变细,在其下部往往具有砾屑,在底部往往发育冲刷—充填构造,与其下伏岩层为突变接触,说明流体能量大,底冲刷严重。若是重力流水道成因,则常含有泥砾,岩层厚度变化大,一般从几厘米到25厘米,个别更厚,它是呈悬浮搬运的碎屑物质,在流体能量降低时,碎屑在重力的作用下沉积形成,属于重力流沉积,构成鲍玛层序的A段,是鉴定重力流的重要依据[图2-10(b)]。

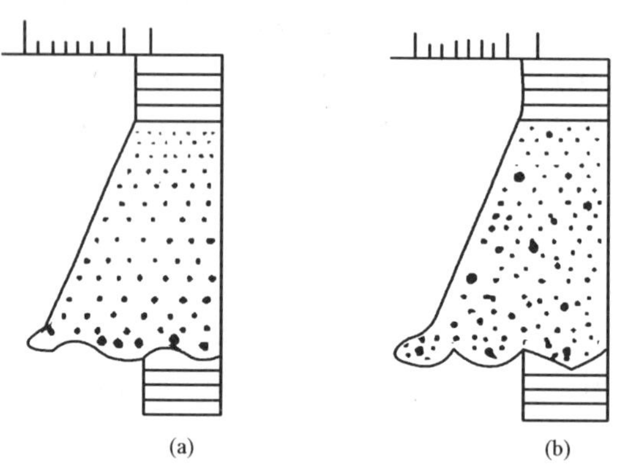

图2-10　正向递变层理的两种类型(孙永传,1986)
(a)下部不含细粒物质的正向递变层理;
(b)细粒物质分布整个岩层的正向递变层理

第二种类型为反向递变层理,是指在层内由下往上碎屑颗粒的粒度由细变粗的层理,与正向递变层理的区别在于它的底界与下伏层是渐变过渡关系。该层理是由于水流逐渐加强或粗碎屑物质相互碰撞、悬浮,细粒碎屑先沉积(动力筛作用)所形成(图2-11),同样属于重力流水道、浊流等沉积形成。

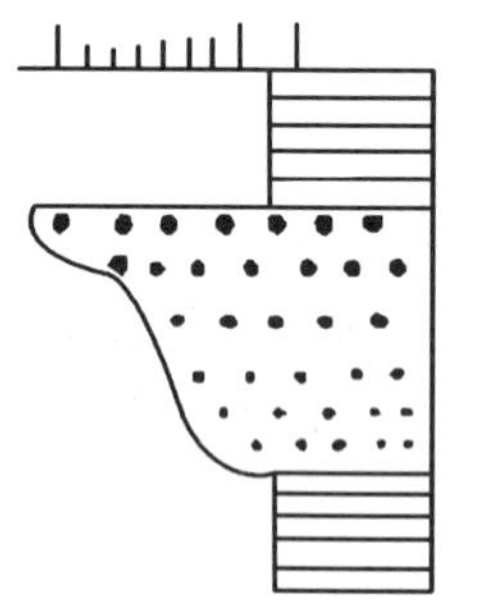

图2-11　反向递变层理(孙永传,1986)

7. 韵律层理

该层理是指在成分、结构和颜色方面不同的薄岩层有规律的重复出现的层理,例如,粉砂岩与泥岩的互层。其特点是岩层薄,一般为数毫米至数十厘米,岩层间相互平行或近于平行。该层理主要形成于潮汐、湖泊和冰川环境中。

8. 块状层理

块状层理又称为均质层理,是指岩层没有任何细层的层理。一般而言,该层理厚度大于1m,是快速沉积的产物。该层理的存在表明了物质供给的充足,如河流洪水期的沉积,以及携带有大量碎屑物质的重力流沉积均可形成。在大港油田沙一段的重力流水道沉积中,该层理非常发育。

第三节　层面构造

层面构造是指保存在岩层表面的各种不平坦的沉积构造。该类构造既有存在于岩层顶面的(如波痕),又有存在于岩层底面的(如重荷模等)。

一、波痕

波痕是指流体在非粘性沉积物表面流动过程中,在沉积物表面留下的波状起伏的痕迹。在描述波痕时常用到的波痕要素(图2-12)如下:

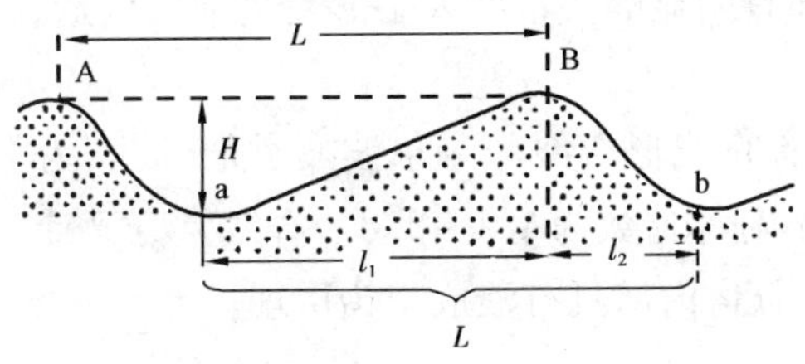

图 2－12　波痕要素

波长(L):相邻波峰或波谷间的水平距离。

波高(H):波峰与波谷之间的高差。

波痕指数(L/H):波长与波高的比值。

不对称指数($RSI = l_1/l_2$):缓坡水平投影距离 l_1 与陡坡水平投影距离 l_2 的比值,表示波痕的不对称程度。按成因划分,波痕可分为三种类型,即流水波痕、浪成波痕和风成波痕(图 2－13)。按 RSI 划分,可分为对称和不对称波痕。

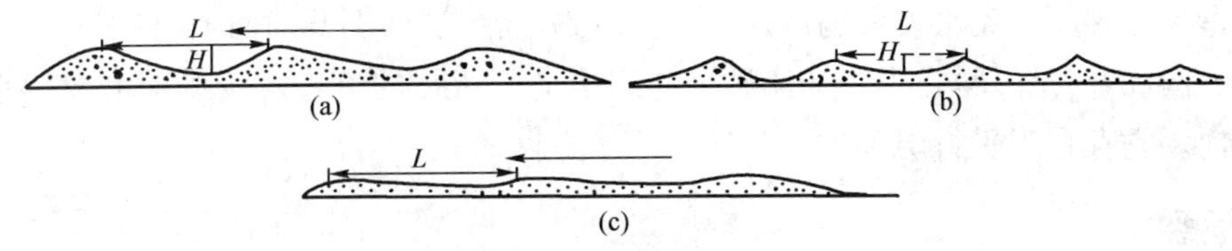

图 2－13　按成因划分的三种波痕

(a)流水波痕;(b)浪成波痕;(c)风成波痕;

L—波长;H—波高

1. 流水波痕

流水波痕由单向水流形成,常形成于河流及有回流的海湖滨岸环境。该波痕的特点是波峰、波谷均圆滑,较粗的颗粒堆积在波谷;波长为 4～60cm,波高为 0.3～6cm,不对称指数大于 2.5,波痕指数一般为 8～15,波脊线有直线形、波状、舌状以及菱形,其形状与水深及流速有关(图 2－14)。陡坡倾向指向水流方向,波峰走向与海湖岸线平行,据此可推断海湖岸位置。

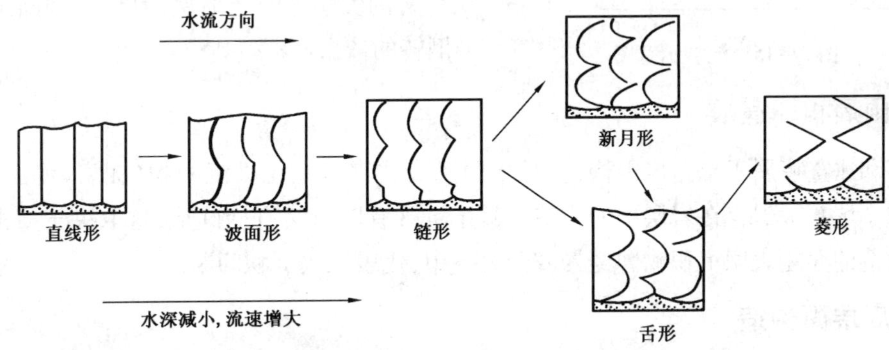

图 2－14　波痕波脊形态与水深和流速关系示意图(孙永传,1986)

2. 浪成波痕

浪成波痕由反复运动的波浪形成,常形成于海湖波及面之上的浅水环境。对称浪成波痕的特点是波峰尖锐、波谷圆滑;波长为 0.9～200cm,波高为 0.3～23cm,不对称指数接近 1,波痕指数为 4 ~ 13。波痕内部有明显的叠覆状人字形交错细层构造，其波峰指向岩层的顶，据此可判断岩层的顶底。

不对称浪成波痕与具有直线形脊线的流水波痕类似，波长为 1.5 ~ 105cm，波高为 0.3 ~ 20cm，波痕指数为 5 ~ 16，不对称指数为 1.1 ~ 3.8。脊线常分叉或会合，其陡坡倾向与水流方向一致。与流水波痕的不同点：内部具有浪成交错层理。

3. 风成波痕

风成波痕由风的作用形成，常见于沙漠和滨岸环境的沙丘环境。该波痕的特点是波峰、波谷都较圆滑，但波谷宽波峰窄，极不对称（与流水波痕比较），较粗颗粒沉积在脊部；波长为 2.5 ~ 25cm，波高为 0.5 ~ 1cm，波痕指数为 10 ~ 70，其陡坡倾向与风向一致。

除上述三种“单纯”波痕外，还有一些波痕，如干涉波痕、叠覆波痕、消顶波痕等，它们是不同运动方向的波浪共同作用的结果。

二、剥离线理构造

该构造是一种原生流水线理构造，特点是在沿砂岩内层面剥开的面上，有大致平行的呈线状的微小的沟和脊，是砂粒在平坦的床砂上连续滚动所留下的痕迹。该线理可指示水流的相对运动方向。它存在于平行层理内。

三、泥裂

泥裂又称为干裂，属暴露成因构造。其特点是，在层面上，呈网格状龟裂纹或多边形（裂纹围成的多边形）；在断面上，呈 V 字形，裂缝上部宽度在 3cm 之内，深度变化大，这取决于泥岩或碳酸盐岩的厚度等，一般为几毫米至几十厘米。该构造常见于海湖滨岸、河漫滩、泛滥平原和潮间带等环境中，是沉积物露出水面失水收缩形成。它是沉积间断的最直接证据，同时其 V 的尖端指向老地层，可作为判断地层是否倒转的依据（图 2 – 15）。

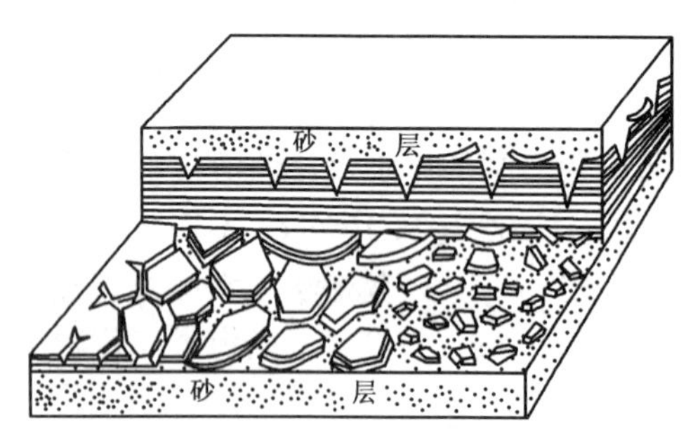

图 2 – 15　泥裂示意图

四、雨痕和冰雹痕

雨痕和冰雹痕属于暴露成因构造，是指雨滴或冰雹落在泥级沉积物（泥岩、泥晶灰岩等）表面形成小坑并被保存在岩层中的构造。其小坑既有圆形又有椭圆形，这取决于撞击时的角度。该构造的存在表明沉积物曾经暴露于大气中，代表一次沉积间断。

五、底层面构造

底层面构造是指保存在岩层底面上的构造，这类构造的共同点是下伏岩性均为泥岩。

1. 槽模

槽模又称为侵蚀模，是指保存在砂岩层底面上的、一端呈浑圆形突起另一端变宽并呈倾伏状逐渐与底面持平的构造（图 2 – 16）。其特点是一端突起呈舌状，另一端倾伏。长度一般几厘米至十几厘米，宽度几毫米到几厘米，形状有狭窄形，也有三角形的，常成群出现。它是具有强烈底冲刷的流体在尚未固结的泥质沉积物表面冲刷出凹槽后被上覆砂质沉积物充填形成(图2－17),故称为模。该构造表明,当时存在有强烈底冲刷能力的流体,是判断流体为重力流的重要依据,同时浑圆状突起端指向与流体的流向相反(图2－17)。

图2－16　槽模—沟模

塔里木,库鲁克塔格,奥陶系

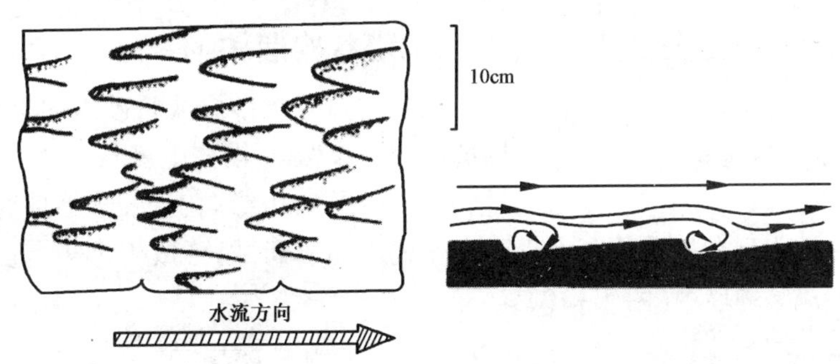

图2－17　槽模平面、剖面特征及其成因解释(刘宝珺,1980)

2. 沟模

沟模是指在砂岩的底面上分布的微微凸起的平行的脊。脊高几毫米,个别达1cm,延伸较远,且平直,很少弯曲,并与水流方向一致,常成组出现。它是流体携带的物质在泥质沉积物表面冲刷出沟后再被上覆砂充填形成。该构造可以判断水流的相对运动方向,也可作为判断流体类型的依据之一。

第四节　同生形变构造

同生形变构造是指在同生期或成岩期,沉积物还处于塑性状态下发生变形所形成的各种构造的总称。

一、重荷模

重荷模又称为负载构造,是指覆盖在泥岩之上的砂岩层底面上的瘤状突起。其特点是排列无规律，形状不规则，大小不一，从几厘米至几十厘米不等，但同一层面上大小相近；突起高度，几毫米至十几厘米。它是由于下伏饱含水的塑性软泥承受上覆砂层的不均匀负荷而使砂质陷入到下伏泥岩中形成的。当下伏软泥被挤入到上覆砂岩中呈薄的脉状时，形似火焰，就称为火焰状构造。该构造多出现在浊流环境中，是判断浊流环境的依据之一，也可判断岩层顶和底，其瘤状突起所指方向为下伏地层。

该构造与槽模的区别是，形态不规则，并缺少明显的一端突起、另一端倾末的特点。

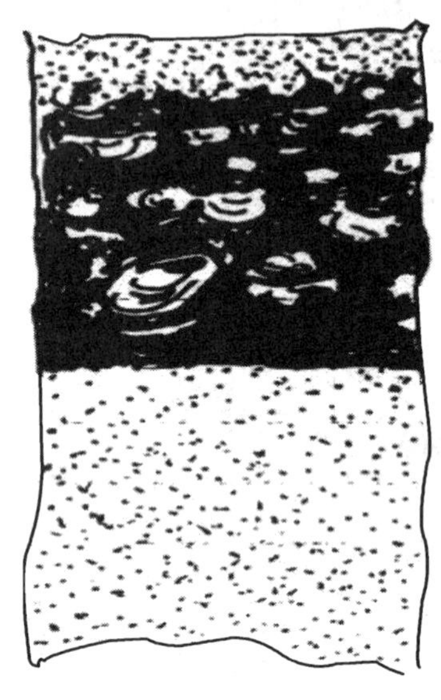

图2－18　砂球和砂枕构造(赵澄林,2001)
东濮凹陷,板17井,沙三段

二、砂球和砂枕构造

该构造是指砂岩层的底部或下部断开并陷入到下伏的泥岩层中形成的形似椭球状或枕状的构造。其特点是砂球和砂枕只出现在砂岩层的下部，甚至“悬浮”在泥岩中，向上逐渐过渡为正常砂岩。砂球和砂枕大小从十几厘米至一米，甚至几米，其本身一般不具有内部构造，若有，则为随着砂球或砂枕的变形而向上弯曲成槽状。该构造表明沉积物的堆积速度快，同时有外因的诱发。如，地震等(图2－18)。

三、碟状构造

碟状构造是指砂岩或粉砂岩向上弯曲形成形似碟的构造。该“碟”横向上断续分布，垂向上相互重叠，直径几厘米，边缘向上翘起，下部为泄水管，故又名泄水构造。该构造是在超孔隙压力下孔隙水向上运移所致，形成于沉积速度快的环境中，如，三角洲、重力流等环境中(图2－19)。

四、包卷层理

包卷层理又称为卷曲层理、揉皱构造、扭曲层理，是指在砂岩和粉砂岩或碳酸盐岩中一个岩层内的细层发生卷曲、褶皱，但无断裂的构造。其特点是该卷曲或褶皱仅仅在一个岩层内，连续分布，厚度比较稳定并没有断裂破碎，也不涉及上覆和下伏岩层，据此与构造成因的褶皱构造相区别。包卷层理是在重力和流体等外界条件的作用下，沉积物发生液化，并沿斜坡向下流动而形成。该构造常形成于浊流环境中，是判断浊流沉积的依据之一；另外，它的存在也表明，当时沉积物处于古斜坡上(图2－20)。

图2－19　碟状构造(刘宝珺,1980)

五、滑塌构造

该构造是包卷层理进一步发展的产物，是指沉积于斜坡之上的沉积物在重力作用、外因诱发下，发生滑动、变形甚至破碎所形成的构造，常保存于粉砂岩、细砂岩以及石灰岩中。滑塌构造的特点是岩层内发生变形、揉皱，甚至断裂破碎成角砾状，若该构造存在于一套岩层内，则岩性多样；分布于局部，延伸可达几千米至几十千米；向下坡方向，岩层厚度增大，向上则变薄甚至缺失。

滑塌构造是快速沉积的沉积物在重力作用下，由地震、构造运动、海啸等诱发而产生，故常见于三角洲前缘、生物礁前缘等环境，进一步发展，发生液化，则形成重力沉积。该构造是判断存在古斜坡的有力证据之一（图2－21）。

图2－20　包卷层理
保存于粉砂岩中，侏罗系

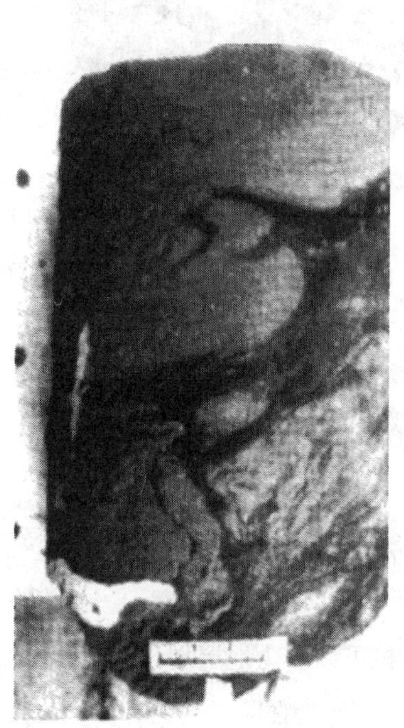

图2－21　滑塌构造和包卷层理（赵澄林，2001）
东濮凹陷，沙三段

第五节　其他成因构造

本教材把出现概率低、意义相对不大的沉积构造归入此类。

一、化学成因构造

化学成因构造是指在沉积物沉积后到再次遭受风化或变质作用前由化学作用所形成的构造。该类构造属于次生构造。

1. 结核

结核是指岩石中自生矿物的集合体。所谓自生矿物是指从沉积物沉积下来到再次遭受风化或变质之前所形成的并保存在沉积物内的矿物。判别标志是，结核在成分、结构、颜色等方面与围岩明显不同，以孤立状、串珠状等保存在岩层中，本身形状通常为球状、椭球状、饼状或不规则状，大小不一，从几毫米到几十厘米均有出现。结核是物质重新分配聚集的产物。

结核的成分常见的有钙质结核（碳酸盐矿物）、铁质结核（黄铁矿、白铁矿）和硅质结核（蛋白石、玉髓）等。结核成分与其围岩岩性有一定的关系，陆源碎屑岩中常见钙质结核，碳酸盐岩中常见硅质结核，煤系地层中常见铁质结核。

图 2－22　龟背石

结核的内部构造多样，有均质、同心圆状或放射状等。结核脱水收缩时，产生网格状裂隙，再被矿物质充填，形成龟背石（图 2－22）。

结核在围岩中可以孤立或成串珠状出现，可以在某些层位特别富集，而在另一些层位少量分布甚至没有。

结核按成因分为同生结核、成岩结核和后生结核三类（图 2－23）。从图中可以看出，同生结核没有切割围岩细层，成岩结核部分切割围岩细层，后生结核则全部切割围岩细层。

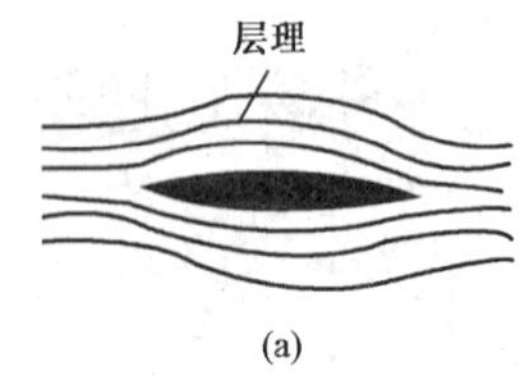

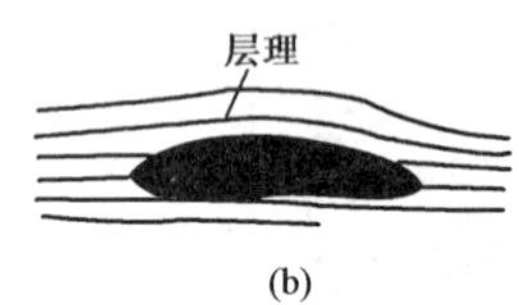

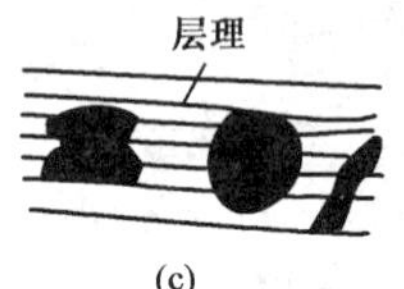

图 2－23　结核类型

（a）同生结核；（b）成岩结核；（c）后生结核

结核可以作为地层划分和对比的依据之一。例如，华北奥陶系地层的划分。

2. 晶体印痕

晶体印痕是指在适宜条件下，保存在松软沉积物表面上的盐类或冰等晶体，发生溶解或融化后在沉积物表面上的留下的晶体形态印痕。这些印痕被沉积物充填后，形成晶体假象。

常见的晶体印痕是石盐，常保存在泥岩中，它的存在表明沉积环境盐度高。这种盐度高的环境主要出现在盐湖中，是气候周期性变化或比较干燥炎热的结果。

二、生物成因构造

生物成因构造是指生物活动或生长而留在沉积物表面或内部的各种痕迹。

1. 生物遗迹构造

该构造是指在沉积物表面或内部由于生物的活动而留下的具有一定形态的各种痕迹。该构造在古生物和古生态学领域称为遗迹化石。

生物遗迹构造的特征取决于生物的习性。根据习性特征，可分为五种主要的组合（图 2－24）。

1）觅食痕迹

生物为了觅食在沉积物表面过滤沉积物时形成的痕迹。该痕迹通常具有方向性，不分叉，主要出现在沉积物表面。

2）爬行痕迹

底栖生物在沉积物表面移动时形成的轨迹。该痕迹常呈直线状。

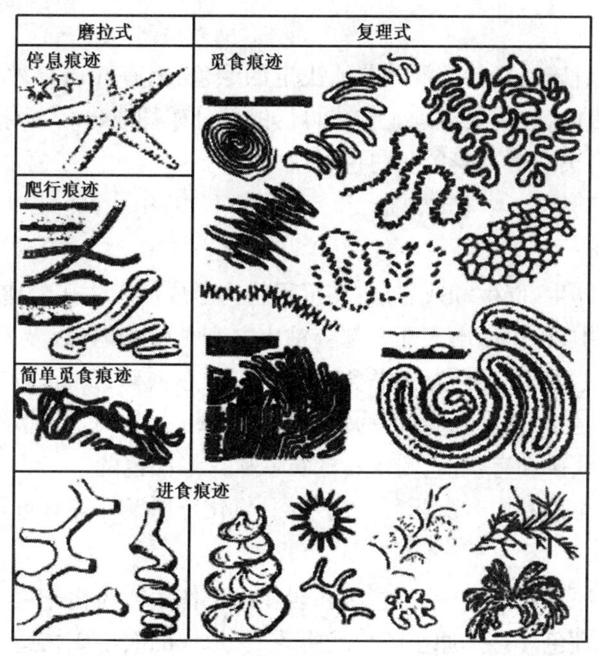

图 2－24　生物遗迹构造的基本类型(裴蒂庄,1972)

3)停息痕迹

生物在停息时在松软的沉积物上留下的印痕。

4)进食痕迹

生物为了摄食在沉积物内部挖掘的通道。该构造呈分叉状及辐射状排列,具有一定的方向性。

5)穴居痕迹

滨岸地带的生物为了吃食悬浮生物和躲避波浪的冲击而挖掘的管状潜穴。该构造通常呈直管形、分岔形和U形等。

生物遗迹构造具有生物实体化石所没有的优势,生物硬体化石可以经过搬运或再改造而失去其原地形成的特点。因此,该构造是判断环境参数的最直接的依据,能在水深、盐度、能量大小、沉积物堆积速度以及底层性质等方面提供重要信息。

2. 生物搅动构造

生物搅动构造是指底栖生物的活动使得沉积物沉积时形成的构造遭到破坏而新生成的构造。

生物搅动构造中最为常见的就是斑点构造,其特点是在泥质沉积物中,有被砂质充填的潜穴呈不规则状分布。当沉积形成的构造全部被生物破坏后,则形成生物搅动岩。

第六节　沉积岩的颜色

颜色是沉积岩最直观的特征,是划分和对比地层、分析判断古气候和古地理的依据之一。

一、沉积岩的颜色类型

沉积岩的颜色依据成因分为三种类型,即继承色、自生色和次生色,前两个属于原生色。

1. 继承色

继承色是指由构成碎屑岩的陆源碎屑所决定的颜色,只有碎屑岩才有继承色。陆源碎屑是母岩风化的产物,因此,碎屑岩继承了构成母岩的部分矿物或母岩本身的颜色,例如,纯石英砂岩的灰白色,是由石英矿屑本身的灰白色形成的;长石砂岩的肉红色是由来自母岩的长石矿屑本身的肉红色造成的。

2. 自生色

自生色是指在准同生、同生和成岩期,在沉积物内形成的自生矿物所造成的颜色。自生色既可以出现在碎屑岩中,也可以出现在大部分粘土岩和碳酸盐岩,以及蒸发岩和硅质岩等中。例如,紫红色的泥岩或页岩,是因为其中含有自生矿物赤铁矿;又如,海绿石石英砂岩的灰绿色,是因为其中含有自生矿物海绿石,因为该矿物中含 Fe^{2+};再如,黑色石灰岩的黑色,是因为其中含有粉末状的黄铁矿和有机质,粉末状的黄铁矿是绿黑色的。

沉积岩的自生色对判断当时沉积环境的水深、氧化还原条件等有重要指导意义。

3. 次生色

次生色是相对于原生色而言的,是指沉积岩在后生作用或风化作用的改造下,自生色发生改变后所形成的新的颜色。它是原生组分发生改变、形成的次生矿物造成的。例如,灰绿色石英砂岩,遭受风化后,变为灰黄色,这是由于 Fe^{2+} 变成了 Fe^{3+} 的缘故。

就判断颜色的成因类型而言,继承色最容易判断,自生色与次生色则不容易区分。自生色的特点是在一个岩层内,颜色稳定没有变化;次生色则呈斑点状或沿裂缝孔洞分布,可以穿过层理面,发育于风化带中。有时,可以看到由原生色与次生色组合成的混合色。

二、常见沉积岩的颜色及其意义

与沉积岩形成环境有密切关系的颜色主要是自生色。

1. 灰色、黑色

灰色、黑色由沉积岩所含的有机质(碳质、沥青质)、分散状的硫化铁(黄铁矿、白铁矿)造成。这些物质含量越高,沉积岩颜色越深。一般属于自生色。该颜色表明沉积岩形成于还原或强还原环境。不同物质形成的颜色,意义不同,因此要区分色素类型,例如,碳质常与沼泽环境有关,硫化物则与海湖的滞流环境有关。

2. 红色、紫红色、褐红色、褐黄色

这几种颜色由沉积岩所含的铁的氧化物或氢氧化物(赤铁矿、褐铁矿等)造成。如果属于自生色,则表明当时为氧化或强氧化环境。

在红色地层中,有时有灰绿色的斑点或岩层,这是沉积物沉积后局部被还原的结果。

3. 绿色

绿色由沉积岩所含的 Fe^{2+}、Fe^{3+} 的硅酸盐矿物(海绿石、绿泥石等)造成。若属于自生色,则表明当时为弱氧化至弱还原环境。个别的绿色是由含铜的矿物所致,例如,含孔雀石而呈现的绿色沉积岩。

需要注意的是,如果上述颜色属于继承色或次生色,则不能作为沉积环境分析的依据。例如,由于含有角闪石等矿物而使砂岩呈现绿色,这个绿色属于继承色,对环境分析意义不大。

影响沉积岩颜色的因素很多,除构成岩石的物质成分外,还有干潮情况等,若是碎屑岩,还与碎屑粒度有关,粒度越细,颜色越深。

观察沉积岩颜色时，要找新鲜面进行。描述沉积岩颜色时，不仅要说明是何种颜色，还要说明颜色的深浅、亮暗和浓淡的程度；若是两种以上的色，采用复合命名法，即修饰色在前、主色在后的顺序命名。

复习思考题

1. 描述层理的术语有哪些？它们主要适用于什么类型的层理？

2. 水平层理与平行层理的异同点是什么？

3. 哪些沉积构造可以指示岩层的顶底？哪些沉积构造可以判断流体的流向？哪些沉积构造是分析重力流的重要依据？

4. 能判断当时沉积物沉积在斜坡的沉积构造是哪些？

5. 哪些沉积构造形成于受潮汐影响的环境中？

6. 包卷层理和滑塌构造的根本区别点是什么？

7. 若沉积岩的自生色为灰色、黑色、灰绿色、红色或褐色，我们能从这些颜色中分别能得到什么信息？

8. 交错层理可以进一步细分的依据是什么？进一步分为哪些沉积构造？

9. 必须由泥岩和砂岩或粉砂岩配合才能形成的沉积构造有哪些？

10. 解读生物搅动构造能告诉我们什么信息？

11. 为何次生沉积构造不能作为研究沉积环境的依据？

第三章 陆源碎屑岩

[**学习目标**]重点掌握碎屑岩的观察方法和描述内容,能够准确定名。通过对碎屑岩的粒度分析加深理解碎屑岩的成因,为油气储层特性和沉积相的研究奠定基础。

陆源碎屑岩是指由母岩机械破碎的产物——碎屑物质经过机械搬运和沉积,并经压实和胶结而形成的一类沉积岩。

碎屑岩包含四种基本组分,即碎屑颗粒、杂基、胶结物和孔隙,杂基和胶结物又合称为填隙物。碎屑颗粒是碎屑岩的最主要物质组成,决定碎屑岩的主要特征。杂基是指与砂、砾等碎屑同时沉积下来的较细的颗粒物质,主要为粘土物质,还有细粉砂和碳酸盐灰泥等。胶结物是对碎屑颗粒起胶结作用的化学沉淀物,例如碳酸盐、二氧化硅、铁的氧化物与氢氧化物等。孔隙是碎屑岩中未被固体物质所占据的部分,它可以是在原始沉积时就保留下来的原生孔隙,也可能是成岩后生阶段的溶解作用或淋滤溶解作用所形成的次生孔隙。

陆源碎屑岩与许多矿产资源有关,例如石油、天然气、地下水、层控矿床等。矿产的储量和规模不仅与碎屑岩的孔隙性质和孔隙度有关,还与其沉积环境有关。

第一节 碎屑岩的物质成分

陆源碎屑岩,简称碎屑岩,是由占50%以上的碎屑成分以及充填其间的填隙物(包括杂基和胶结物)组成。碎屑岩的性质主要是由碎屑的性质决定。

碎屑物质可以是矿物碎屑(简称矿屑),也可以是岩石碎屑(简称岩屑)。陆源碎屑矿物也可称为继承矿物,除继承母岩组分之外,还含有一些直接来于火山喷发的岩屑、晶屑或火山玻璃。此外,还有少量水盆地内形成的内碎屑、鲕粒等碎屑物质。不过,陆源区形成的各种碎屑颗粒并非都能进人沉积区,只有那些适应当时气候条件,抗风化的碎屑颗粒才能最终到达沉积区堆积下来。因此,碎屑岩中的陆源碎屑成分不仅是陆源区某些岩石类型的代表,也能反映当时的气候条件,以及与搬运速度有关的地形、大地构造特点等。

填隙物包括杂基和胶结物。杂基是以机械方式沉积下来的细粒碎屑物质,主要由粘土矿物组成,也含细粉砂和碳酸盐灰泥。胶结物是母岩风化产物中的化学溶解物质在沉积岩形成过程中以化学方式自孔隙溶液中沉淀出的物质。

碎屑岩的母岩有岩浆岩、变质岩等结晶岩,还有较老的沉积岩。

一、碎屑成分

碎屑岩的碎屑成分,除陆源矿物碎屑外,还有各种岩石碎屑,其成分反映母岩的岩石类型。

1. *矿物碎屑*

矿物碎屑又名矿屑,目前在碎屑岩中已经发现的碎屑矿物约有160种,其中最常见的约20种。但在一种碎屑岩中,其主要碎屑矿物通常不超过3~5种。

碎屑矿物按相对密度可分为轻矿物和重矿物两类。前者相对密度小于2.86,主要为石英、长石等;后者相对密度大于2.86,主要为岩浆岩中的副矿物、部分铁镁矿物,如辉石、角闪石、锡石、金红石、磁铁矿等，以及变质岩中的特征变质矿物，如石榴石、红柱石等。此外，重矿物还包括沉积和成岩过程中形成的相对密度较大的自生矿物，如黄铁矿、重晶石，但它们属于化学成因范畴。

1）石英

石英抗风化能力很强，既抗磨又难分解。在大部分岩浆岩和变质岩中石英含量较高，因此，石英是碎屑岩中分布最广的一种碎屑矿物。它主要出现在砂岩及粉砂岩中（平均含量达66.8%），在砾岩和角砾岩中含量较少。碎屑石英颗粒的磨圆程度随形成条件的不同而异。

岩浆岩来源的石英碎屑主要来自花岗岩，包括单晶和多晶颗粒。多晶石英碎屑通常由2~5个晶粒组成，各晶粒大小相近，彼此常有缝合状的晶间界限。

变质岩来源的石英碎屑主要来自片麻岩和片岩。在风化解离过程中，片麻岩可以形成20%~25%的单晶石英和75%~80%的多晶石英，而中—粗粒的片岩则可形成40%的单晶石英和60%的多晶石英。多晶石英常由5个以上的晶粒组成，各晶粒间呈缝合状结合。

沉积岩来源的石英碎屑，由于经过多次的搬运和沉积作用的改造，往往具有比较圆滑的外形，可以有沉积矿物如粘土、方解石的包体，有时还可以见到次生加大边。

2）长石

在碎屑岩中长石的含量少于石英，砂岩中长石的平均含量为10%~15%，有时也可以大大超过此含量而成为主要碎屑矿物。

长石碎屑中最常见的是钾长石，尤其是微斜长石，其次是酸性斜长石，而中基性斜长石较少。造成这种差别的原因是，一方面与母岩成分有关，地表普遍存在的酸性岩浆岩为钾长石、钠长石的大量出现创造了先决条件；另一方面又与不同长石在地表环境的相对稳定度有关，各种长石稳定度的顺序是钾长石最稳定，钠长石较不稳定，钙长石最不稳定。

长石主要来源于花岗岩和花岗片麻岩。地壳运动比较剧烈、地形高差大、气候干燥、以物理风化作用为主、搬运距离近以及堆积迅速等条件，是长石大量出现的有利因素。

不同类型长石的成因分布不同。透长石只生成于高温接触变质岩及火山岩中，而微斜长石广泛分布于深成岩及深变质岩中，却从不出现在火山岩中。由此可见，在碎屑岩研究中，长石是重要的物源标志。

再旋回长石的特征是微斜长石、正长石或斜长石具有次生加大边。这种碎屑的次生加大边或较混浊或较干净，与原长石碎屑的光性方位常有差别，所以大多数不会同时消光。这是由内外两部分成分上的差异引起的。

长石主要分布于巨砂岩、粗砂岩中，有时见于中粒长石砂岩中。在砾岩和粉砂岩中，长石矿物碎屑含量较少。

3）云母和绿泥石碎屑

在云母类的矿物碎屑中以白云母居多，因为白云母抗化学风化的能力要比黑云母和绿泥石都强得多。白云母易破碎为细片，常分布于细砂岩和粉砂岩的层面上。黑云母易风化，在碎屑岩中含量不高，一般出现于距母岩较近地区的成分复杂的砂岩中。绿泥石也很少成为碎屑矿物，因为它的稳定性并不比黑云母高，所以很多绿泥石都是成岩后生作用的产物，常充当填隙物。

4）重矿物

碎屑岩中相对密度大于2.86的矿物称为重矿物。它们在岩石中含量很少，一般不超过

1%。其分布的粒度受重矿物的晶形大小、相对密度及硬度的控制。例如，石榴石晶粒较粗，多分布于0.1mm以上的粒级中；锆石较细，主要分布于小于0.1mm的粒级中。总的来说，重矿物主要分布在中、细粒砂岩中，尤其在0.10～0.25mm的粒级中分布最多。重矿物的种类很多，根据重矿物的抗风化稳定性可将其划分为稳定和不稳定两类。前者抗风化能力强，分布广泛，在远离母岩区的沉积岩中其百分含量相对增高；后者抗风化能力弱，分布不广，离母岩越远，其相对含量越少。据此，我们可以利用重矿物的百分含量等值线的变化判读物源方向。稳定重矿物中锆石、金红石属于最稳定的；而在不稳定的重矿物中以橄榄石为最不稳定。1972年裴蒂庄对重矿物的稳定性进行了详细划分，将重矿物划分为超稳定的重矿物、稳定的重矿物、中等稳定的重矿物、不稳定的重矿物和极不稳定的重矿物。

2. 岩屑

岩屑是母岩的岩石碎块，它是提供沉积物来源的岩石类型的直接标志。由于各类岩石的成分、结构、风化稳定度等存在差异，所以在风化搬运过程中，各类岩屑含量变化很大。岩屑含量取决于粒度、母岩成分及成熟度等因素。一般岩屑含量随着粒级的增大而增加，砾岩中岩屑含量最大；岩屑含量还与碎屑的成熟度有关，碎屑的圆度和分选性较好，岩屑含量一般较低；而岩屑砂岩则常表现出很差的结构成熟度。

岩屑类型有各类侵入岩岩屑、变质岩岩屑、沉积岩岩屑、硅岩岩屑、粘土岩岩屑和碳酸盐岩岩屑等。

在碎屑岩中，碎屑物质的成分与粒度有一定的关系。某种成分的颗粒常常只出现在一定粒级范围内，岩屑在粗砂以上的粒级中发育；随着粒度的减小，岩屑的含量迅速减少。多晶石英和长石的含量变化规律与岩屑一致，但石英不仅在含量上显著多于长石，而且粒度分布范围广，甚至在粘土粒级中也含有一定数量的石英，而云母和粘土矿物则几乎只分布于粉砂及粘土粒级中。

碎屑岩中不同的碎屑组分风化稳定度不相同。有的组分，例如，页岩岩屑，化学性质很稳定，但机械稳定性差，不能长距离搬运；而另一些组分，例如，玄武岩岩屑，致密坚硬能够抵抗机械的破坏力，但化学性质很不稳定，在潮湿气候条件下即使不离开母岩也会被彻底分解破坏。

二、填隙物成分

在碎屑岩中，杂基和胶结物都可作为碎屑颗粒间的填隙物，但它们在性质、成因以及在岩石中所起的作用并不相同。

1. 杂基

杂基是碎屑岩中细小的机械成因组分，其粒级以泥为主，可包括一些细粉砂。杂基成分最常见的是高岭石、伊利石、蒙皂石等粘土矿物，有时可见有灰泥和云泥。各种细粉砂级碎屑，例如，绢云母、绿泥石、石英、长石及隐晶质结构的岩石碎屑等，也属于杂基范围。它们是悬浮载荷形成的堆积产物。

杂基可以作为判断沉积岩成因的依据之一。杂基含量高，说明碎屑的搬运方式以悬浮为主，结合其他资料，可以判断沉积岩可能为重力流沉积。另外，杂基也与胶结物一样，可以起到胶结碎屑的作用。

2. 胶结物

胶结物是指从溶液中以化学方式沉淀的物质。它起胶结碎屑的作用，即把疏松的沉积物颗粒胶结在一起的作用。

1）硅质胶结物

硅质胶结物成分主要是蛋白石、玉髓和石英，颜色与石英颗粒颜色相同，呈致密状，碎屑颗粒与胶结物之间界限不易分，硬度大于小刀，加稀盐酸不起泡，可与钙质胶结物区别，胶结牢固，锤击之不易破碎。

2）钙质胶结物

钙质胶结物主要以方解石为主，白云石、菱铁矿次之。一般钙质胶结物色浅，常为白色或淡黄色，硬度小于小刀，滴加10%浓度的稀盐酸可剧烈起泡，即为钙质（方解石）胶结物；当胶结物为白云石时，滴加稀盐酸不起泡，削成粉末后则微弱起泡；菱铁矿胶结的岩石则比重较大，颜色常为灰黄色。牢固程度比硅质胶结物差。

3）泥质胶结物

泥质胶结物成分以伊利石为主，其次是高岭石和蒙皂石。土状，泥黄色，硬度小，有粘舌性，有时用水一泡碎屑立即散开。胶结比较疏松，锤击易破碎，且常有泥土味。

4）铁质胶结物

铁质胶结物主要是铁的氧化物和氢氧化物，例如，赤铁矿、褐铁矿等，常呈红、褐、黄褐、棕红等颜色，因而岩石也随之显红、褐等色调，铁质胶结的岩石密度较大。

5）海绿石和鲕绿泥石质胶结物

海绿石是海相沉积的标志，也是沉积岩形成过程中的自生矿物，常与鲕绿泥石伴生，在海相沉积中极为常见。含海绿石的层位下部附近常有不整合或假整合存在。海绿石和鲕绿泥石胶结物常呈绿色，风化后岩石颜色常为土黄色或带有土黄色斑痕。

除上述胶结物质成分外，有时还可见到磷酸盐、石膏、硬石膏等胶结物。

上述胶结物中以泥质胶结物分布最广，钙质胶结物多发育在海洋沉积的岩石中，在大陆沉积中也可见到，白云石质和菱铁矿质胶结物主要是海洋沉积，也见于水流不畅的海湾或潟湖环境，硅质胶结物多数情况下形成于成岩作用晚期或后生作用阶段，铁质胶结物常见于海洋沉积中，也出现在大陆沉积物中，海绿石和鲕绿泥石在滨浅海环境中沉积较普遍，在湖泊沉积中也有。因此，研究碎屑岩中的胶结物不仅可以推断沉积岩形成时的古地理环境和地球化学条件，同时对地层划分和对比工作提供依据。

第二节　碎屑岩的结构

碎屑岩的结构包括碎屑的结构和胶结类型，而碎屑的结构又包括碎屑的大小（粒径）、形状（圆度、球度）、分选性（度）及颗粒的表面结构特征等，这些是碎屑岩的基本特征。

一、碎屑岩的结构

1. 碎屑颗粒的粒度

碎屑颗粒直径的大小称为粒度，它是碎屑岩的最重要和最基本的结构特征。在正常碎屑岩中，粒度的变化是连续的。粒度通常分为砾、砂和粉砂三级。我国现在广泛采用的粒度分级如表3－1所示。

表 3-1 常用碎屑颗粒粒度分级表

名称	砾				砂			粉砂		粘土
粒级	巨砾	粗砾	中砾	细砾	粗砂	中砂	细砂	粗粉砂	细粉砂	
颗粒直径 mm	>1000	1000~100	100~10	10~2	2~0.5	0.5~0.25	0.25~0.1	0.1~0.05	0.05~0.01	<0.01

在科研和粒度分析中，常用 ϕ 值标定粒度（表 3-2），它是将 2 的几何级数制粒度划分标准转换得到的。转换公式为：

$$\phi = -\log_2 D$$

式中 D——碎屑的直径，单位 mm；而 $D=2^n$，所以 $\phi=-n$。

表 3-2 D 与 ϕ 的转换关系

D,mm		$D=2^n$	ϕ 值	D,mm		$D=2^n$	ϕ 值
小数式	分数式			小数式	分数式		
8	8	$8=2^3$	-3	0.5	1/2	$1/2=2^{-1}$	1
4	4	$4=2^2$	-2	0.25	1/4	$1/4=2^{-2}$	2
2	2	$2=2^1$	-1	0.125	1/8	$1/8=2^{-3}$	3
1	1	$1=2^0$	0	0.0625	1/16	$1/16=2^{-4}$	4

这种转换的主要优点是，在粒度分析图件中表示粒度大小的横轴可以用算术坐标。

2. *碎屑颗粒的形状*

1）球度

球度是碎屑颗粒三维空间接近球体的程度。球度是一个定量参数，用它来度量一个颗粒接近球体的程度。颗粒的三个轴越接近相等，其球度越高；相反，片状和柱状颗粒都具有很低的球度，因此，球度与矿物的结晶习性有关。在搬运过程中，不同球度的颗粒表现不同。如在悬浮搬运组分中，球度小的片状颗粒最容易漂走。因此，在细砂和粉砂甚至粘土岩层面上常聚集有较大片的云母碎屑或植物碎屑。在滚动搬运中，则只有球度大的颗粒才最易于沿底床滚动。

2）圆度

圆度是指碎屑颗粒原始棱角的曲率，即被磨圆的程度。圆度的数值变化在 0~1 之间，圆度越高，圆度的数值越大。在实际应用时把圆度分为尖棱角状、棱角状、次棱角状、次圆状、圆状、滚圆状等六级（图 3-1）。

圆度和球度是两个不同的概念。球度高的颗粒，例如，晶形很好的石榴子石，其圆度不一定好；球度低的颗粒，例如，长柱状的角闪石，经磨损后，其圆度可能很好。球度不仅与搬运距离有关，更主要的是与矿物的形态有关，例如，片状云母的球度本身就很低。在使用这两个术语时，一般是对同一种矿物而言，随着搬运距离的加大，其颗粒的圆度和球度均有增高，故它们是度量碎屑岩结构成熟度的重要标志，也是判断碎屑搬运距离的依据之一。

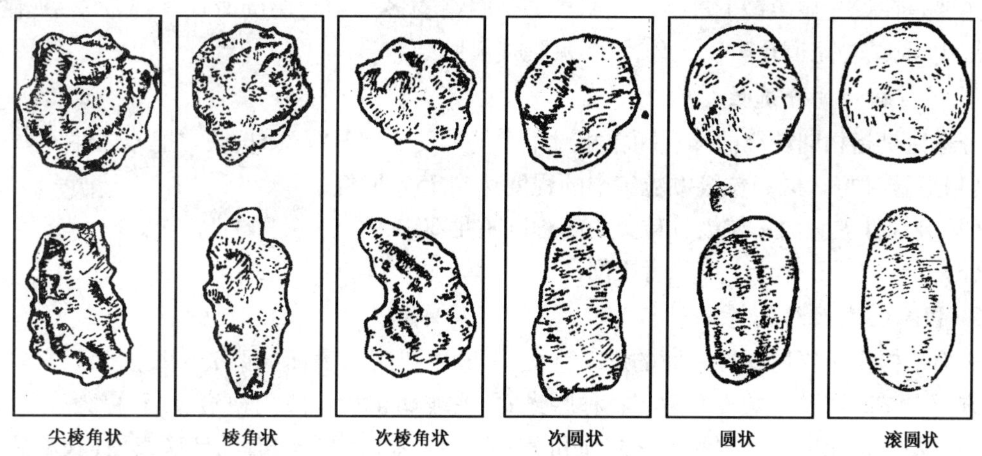

图 3－1　碎屑颗粒圆度分级示意图

3. 胶结类型

在碎屑岩中，填隙物的分布及与碎屑颗粒的接触关系称为胶结类型。它直接影响碎屑岩的孔隙度和机械强度，同时也反映沉积时水动力状态、搬运和沉积状况等。在岩石中胶结物质不占主要地位（小于50%），但能反映沉积岩的生成条件和沉积后遭受的次生变化等。主要有三种胶结类型（图3－2）。

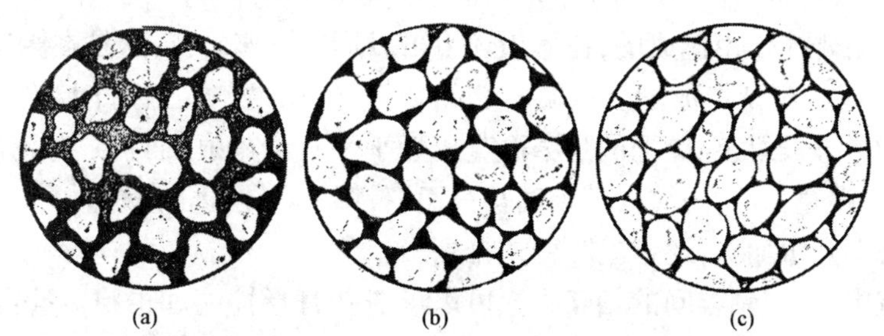

图 3－2　胶结类型示意图

（a）基底胶结；（b）孔隙胶结；（c）接触胶结

1）基底胶结

颗粒被填隙物包围，互不接触，为填隙物与颗粒同时沉积形成。在填隙物中，主要是杂基，形成的沉积岩的流体类型为重力流。该胶结类型的特点是孔隙度最小，胶结最坚实牢固，碎屑之间不直接接触，碎屑粒度变化大。

2）孔隙胶结

颗粒呈支架状接触，胶结物充填其间的孔隙。绝大多数的碎屑岩为该胶结类型，因为绝大多数碎屑岩沉积于牵引流体中。其特点是孔隙度较基底胶结略高，牢固性稍差。

3）接触胶结

胶结物含量更少，只在颗粒接触处才有胶结物，胶结不牢固。该胶结类型主要形成于沙漠或海湖岸沙丘环境中。其特点是孔隙度最大，渗透性好，有利于石油和天然气的运移（图3－2）。

以上三种胶结类型是在碎屑岩中经常见到的基本类型。但在同一岩石中，常有两种甚至三种胶结类型同时存在的情况，称为混合胶结类型，此时的命名原则与沉积岩颜色的命名原则一致。此外，还有带状胶结、镶嵌胶结、次生生长胶结和杂乱粒状胶结等。对碎屑岩胶结物的研究主要是在偏光显微镜下进行。胶结类型与胶结物多少和岩层的时代等都有关系,在较古老岩层中,胶结物充填孔隙较充分,不易见到接触胶结。

4. 碎屑颗粒的分选性

分选性是指相同粒级的碎屑颗粒相对集中的程度。肉眼观察时,通常把分选性分为三级:

(1)分选性好。同一粒级颗粒集中的程度达到75%以上;

(2)分选性差。同一粒级颗粒集中的程度不足50%;

(3)分选中等。介于上述二者之间。

5. 颗粒的表面结构特征

表面结构是指碎屑颗粒表面的形态特征,一般主要观察表面的磨光程度及表面刻蚀痕迹两个方面。在碎屑颗粒的表面常有各种磨光面、毛玻璃化和显微刻蚀痕迹等,称为表面结构。其成因主要与机械磨蚀作用和化学溶蚀和沉淀作用有关。常见的有毛玻璃表面(又称霜面),沙漠漆,冰川擦痕,以及各种刻蚀痕和撞击痕等。

霜面似毛玻璃状,在反射光下看表面模糊不透明。一般认为霜面是沙丘石英砂粒的特征,因为它在风力搬运的沙漠和海岸沙丘的石英砂粒表面表现得最为明显。由此认为古代砂岩中颗粒表面毛玻璃化的成因是风成的标志。也有人提出引起毛玻璃化的主要因素是化学作用,在沙漠环境中溶解作用与沉淀作用交替进行从而形成了霜面,在这里风力仅起着次要作用。

沙漠漆是在颗粒表面沉淀的一层玻璃状或釉状的薄膜,属于化学成因,其成分常为硅质,氧化铁或氧化锰。沙漠漆在干旱气候带形成的碎屑表面最为常见。

刻蚀痕迹是由碰撞作用造成的,在冰川环境可以形成擦痕砾石,这是在搬运过程中砾石被冰或坚硬的冰床基岩刻划造成的。性质较软的岩石,例如,石灰岩砾石上常发育有清晰的擦痕。冰川擦痕的形态较复杂,典型的是窄而直或近乎平直的刻痕,而且痕迹清晰;其次是丁字形擦痕,形态是一端宽而深,向另一端则变得浅而窄;第三种是撞击痕,冰川作用的撞击痕显得很粗糙而且形态上是短而宽,还常呈雁行式排列。

在高速水流中,碎屑颗粒间的相互碰撞可以形成新月形撞痕和击痕。撞击作用也能在颗粒表面造成麻点,这种麻点的周围常伴有微细的裂纹。

6. 碎屑岩的成熟度

在碎屑岩中,成熟度是一个很重要的概念,它是指碎屑组分在风化、搬运和沉积过程中,被地质营力综合改造、稳定组分富集的程度,即接近最稳定的终极产物的程度。包括成分成熟度和结构成熟度。

成分成熟度是指以碎屑岩中最稳定组分的相对含量来标示其成分的成熟程度的指标。在轻组分中,单晶非波状消光石英是最稳定的,它的相对含量是碎屑岩成熟程度的重要标志,常用石英与长石加其他岩屑的比率作为成熟度的衡量标志。在重矿物中,锆石、电气石、金红石是最稳定的,这三种矿物在透明重矿物中所占比例称为“ZTR”指数,也是判别成分成熟度的标志。碎屑岩的成分成熟度反映碎屑组分所经历的地质作用的时间和强度,它们在很大程度上受气候和大地构造条件的制约。

结构成熟度是指碎屑岩中分选性、圆度和球度的高低及基质含量。它一般随搬运次数和搬运距离的增加而增加,通常与成分成熟度协调一致。

成熟度的研究必须从碎屑成分的相对稳定性入手。一般来说,不成熟的碎屑岩是靠近源区堆积的,含有很多不稳定碎屑,例如,岩屑、长石和铁镁矿物。高度成熟的碎屑岩是经过长距离搬运，遭受改造的产物，几乎全由石英组成。因此，碎屑岩中存在的岩屑和碎屑矿物的种类和相对丰度，即成分成熟度，是物源区地质条件、风化程度和搬运距离远近的反映。

二、碎屑岩的命名原则

碎屑岩的命名，是依据粒级的百分含量确定的，含量界限为50%、25%和10%。这3个界限同时也适用于绝大多数沉积岩。

(1)以沉积岩中碎屑颗粒的主要粒级含量占50%以上的碎屑作为基本名称。例如，大于2mm的颗粒超过50%时则为砾岩。

(2)次要粒级含量占50%～25%时，则在主要岩石名称前冠以“质”字；若次要粒级为砾石时，则在主要岩石名称前冠以“状”字。例如，粉砂质细粒砂岩、砾状砂岩。

(3)若次要粒级含量在10%～25%之间，则在主要岩石名称前冠以“含”字。例如，含细砾粗砂岩、含砂泥岩等。若其含量不足10%，则不参加命名。

(4)当碎屑岩胶结物含量多达25%～50%时，则该碎屑岩命名为“××质”胶结碎屑岩，简称为“××质”碎屑岩，例如，钙质砂岩、铁质砂岩、硅质砂岩和泥质砂岩等。

例如，某碎屑岩，砾石占15%，中砂占60%，粉砂占25%，细砂占2%。则该碎屑岩叫“含砾粉砂质中砂岩”；某一碎屑岩，砾石占30%，砂占65%，粉砂占5%，叫“砾状砂岩”。

碎屑岩的粒度分选很差，无一粒级的碎屑含量≥50%，20%～50%的粒级不止一个，则其基本岩石名称应采用复合命名。例如，某碎屑岩，砾石占45%，中砂占40%，粉砂占15%，应叫“粉砂质中砂—砾岩”；某碎屑岩中，中砾12%、细砾18%、巨砂15%、粗砂15%、中砂14%、细砂21%、粉砂3%、粘土2%，命名时把它们合并为砾30%、砂65%、粉砂3%，则该岩石可命名为“砾状砂岩”。

三、碎屑岩的沉积后作用及其特征

碎屑岩的沉积后作用，是指碎屑沉积物沉积后转变为沉积岩直至变质作用以前或因构造运动重新抬升至地表遭受风化以前所发生的一切作用。其所经历的整个地质时期称为沉积后作用期。

碎屑岩成岩作用类型主要有压实和压溶作用、胶结作用、交代作用、重结晶作用、溶解作用、矿物的多形转变作用等。它们都是互相联系和互相影响的，其综合效应影响和控制着碎屑沉积物(岩)的发育历史。其中对碎屑岩储集层物性有重要影响的是压实作用、胶结作用和溶解作用。

1. 压实和压溶作用

1)压实作用

压实作用是指沉积物沉积后在其上覆水体或沉积物的重荷下，或在构造作用下，发生水分排出、孔隙度降低、体积缩小的作用。在沉积物内部可发生颗粒的滑动、转动、位移、变形、破裂，进而导致颗粒的重新排列和某些结构构造的改变。压实作用在沉积物埋藏的早期阶段表现得比较明显，颗粒的形状、圆度、粗糙度、分选性等对压实作用的效应都有影响。天然砂中常有各种形态的颗粒，杂基含量也不同，原始孔隙度可以变化较大，它们的机械压实效应也可出现较大差别。

砾岩的压实效应比砂岩弱，这是由于砾岩的体积比砂岩大，除某些泥石流类型的砾岩具有杂基支撑结构外，大多数砾岩中的砾石是碎屑支撑结构。其压实作用过程中相应的发生一定程度的转动，以至扭曲变形或破裂。

2)压溶作用

压溶作用是一种物理—化学成岩作用。沉积物随埋藏深度的增加，碎屑颗粒接触点上所承受的来自上覆层的压力或来自构造作用的侧向应力超过正常孔隙流体压力时(达2~2.5倍)，颗粒接触处的溶解度增高，将发生晶格变形和溶解作用。随着颗粒所受压力的不断增加和地质时间的推移，颗粒接触处受压溶作用的影响将依次由点接触演化到线接触、凹凸接触甚至缝合接触。常见砾石呈凹凸状接触，形成压入坑构造，这都是压溶作用的结果。

在正常地温梯度条件下，石英大约在500~1000m深处发生压溶和次生加大生长现象，据此推测，压溶作用应是碎屑岩深埋藏成岩作用的特征，其强度随埋深的增加而增加。一般认为，在正常的地温梯度情况下，压溶作用的最大深度值为6000m。在石英颗粒表面存在的水膜，尤其是在颗粒之间存在的粘土薄膜，能促进石英颗粒接触处优先溶解和溶解物质的扩散。

压溶作用为硅质胶结物的形成提供了大量二氧化硅，也是石英、长石等矿物次生加大并造成颗粒之间相互穿插接触的主要因素。此外，在压溶过程中，随着矿物的溶解，还有Al^{3+}、Na^{+}、K^{+}、Ca^{2+}等离子进入孔隙水，从而引起岩石中各种物质的重新分配。关于压实和压溶作用以及石英次生加大的深度范围，要因时因地而定，总的变化趋势是随埋深增加，上述效应会加强。

2. 胶结作用

胶结作用是指从孔隙溶液中沉淀出的矿物质(胶结物)将松散的沉积物固结成岩的作用。胶结作用是沉积物转变成沉积岩的重要作用，也是使沉积层中孔隙度和渗透率降低的主要原因之一。胶结作用发生在成岩作用的各个时期。

通过孔隙溶液沉淀出的胶结物的种类很多，但就数量而言，主要的胶结物有二氧化硅和碳酸盐两类。其他较常见的胶结物有氧化铁、石膏和硬石膏、重晶石、磷灰石、萤石、沸石、黄铁矿、白铁矿等。此外，自生粘土矿物也是碎屑岩中最常见的一类胶结物。

胶结物成分常与砂岩颗粒成分有关，例如，石英砂岩大部分是二氧化硅和碳酸盐胶结，特别是古老的海相石英砂岩多呈二氧化硅胶结，而一些岩屑砂岩、杂砂岩和火山碎屑质砂岩的胶结物主要是蚀变了的杂基和化学沉淀物的混合物，其成分有粘土矿物、沸石矿物和其他硅酸盐矿物。碳酸盐胶结物分布最广泛，可出现在海相和陆相、浅埋和深埋阶段，并呈现方解石、含铁方解石、白云石和含铁白云石等不同的演化系列；粘土胶结物同样也随埋深变化而出现演化系列。

孔隙中要沉淀大量胶结物，需要满足的条件是，孔隙流体为开放系统，有饱和流体不断补给等。随着沉淀作用的进行，孔隙空间减少，渗透性降低，矿物沉淀的速率也缓慢下降。砂岩原始孔隙度和渗透率的降低速率是颗粒大小的函数，即细粒砂岩的胶结作用比粗粒砂岩进行得更快、更强烈，随着胶结作用的进行，物质沉淀速率一般呈指数递减。因此，使砂岩完全胶结所需要的时间是很漫长的。

3. 交代作用

交代作用是指一种矿物代替另一种矿物的现象。交代作用可以发生于成岩作用的各个阶段乃至表生期。交代矿物可以交代颗粒的边缘，将颗粒溶蚀成锯齿状或不规则边缘，也可以完全交代碎屑颗粒，从而成为它的“假象”。后来的胶结物还可以交代早成的胶结物。交代彻底时，甚至可以使被交代的矿物的影迹消失。

碎屑岩中常见的交代作用有二氧化硅与方解石的相互交代作用、方解石对长石的交代作用、方解石交代粘土矿物、粘土矿物与长石的交代作用和各种粘土矿物之间的交代作用。

4. 重结晶作用和矿物的多形转变作用

重结晶作用和矿物的多形转变主要发生在碎屑岩的胶结物中。碳酸盐胶结物的重结晶作用,可使砂岩的胶结物形成特征的连晶或嵌晶结构。矿物的多形转变是一种较复杂的广义的重结晶作用。在一般情况下,当一种矿物转变为另一种更稳定的矿物时,只发生晶格和形状及大小的变化而成分不变,例如,文石胶结物向方解石的转化。在碎屑岩埋藏成岩作用过程中,最有意义的是非晶质的蛋白石向玉髓及石英的转化。隐晶质的胶磷矿转变为显晶质的磷灰石,隐晶质的高岭石转变为鳞片状或蠕虫状的结晶高岭石,也是常见的矿物多形转变现象。

5. 溶解作用与次生孔隙

砂岩中的任何碎屑颗粒、杂基、胶结物和交代矿物(后两者统称为自生矿物),包括最稳定的石英和硅质胶结物,在一定的成岩环境中都可以不同程度地发生溶解作用。溶解的结果是形成了砂岩中的次生孔隙。

次生孔隙是世界上许多储集层的主要储集空间。我国中、新生代陆相含油气盆地中,许多中—深层油气储集层多与次生孔隙发育带有关。深部次生孔隙砂体的发现,扩大了油气资源的勘探新领域。对砂岩溶解作用和次生孔隙的研究,已成为当前含油气盆地砂岩成岩作用研究的一个重要方面。

碎屑岩孔隙按成因可划分为原生孔隙和次生孔隙。原生孔隙主要是碎屑颗粒的粒间孔隙,也包括层间孔等。次生孔隙是指在沉积岩形成后,因淋滤、溶蚀、交代、溶解及重结晶等作用在岩石中形成的孔隙和缝洞。在成岩作用过程中,经压实、胶结及压溶等作用,原生孔隙将逐渐减少,同时,可溶性碎屑颗粒和易溶胶结物随着埋深的增加会发生溶解和交代作用,从而促成碎屑岩中次生孔隙的发育。

我国中、新生代陆相碎屑岩储集层孔隙纵向演化规律大致是:在埋深小于1700m时,碳酸盐胶结物含量相对较低,从而导致这一深度段为高—特高孔隙性。在1700～2200m范围内,碳酸盐胶结物相对含量较高,而这一深度孔隙度也低于上一深度段,这除了进一步的压实作用所致外,主要还是由于胶结作用的缘故。2200～2700m深度段内,碳酸盐胶结物含量明显降低,这主要反映了有机质成熟、脱羧导致溶解作用,造成了这一深度段的中—高孔隙性,也是第一个次生孔隙发育段。由于晚期胶结作用,2700m以下导致孔隙度继续降低,形成中—低孔隙带。3300m以下可能出现再次溶解,形成1～2个次级次生孔隙发育带。4000m以下孔隙度一般低于10%,形成致密储集层,为低孔低渗储集层。

第三节　砾岩和角砾岩

含有大量砾石级颗粒(粒径大于2mm,含量大于30%)的碎屑岩称为砾岩或角砾岩,砾岩和角砾岩的区别在于前者砾级颗粒遭受不同程度的磨圆,而后者砾级颗粒几乎没有磨损,呈棱角状。

关于砾岩和角砾岩中砾级颗粒含量的下限很不统一,最常见的有两种,一种是以50%为下限,另一种是以30%为下限。目前越来越多的人认为以30%为下限较合适,本书采用的下限也是30%。

砾岩和角砾岩的特征和成因不完全相同。一般角砾岩是紧靠母岩区堆积的,其成因主要有岩溶坍塌、礁前破碎、滑塌等。角砾岩的成分直接取决于母岩类型,砾石分选、磨圆极差,可含有杂基和"假杂基",为块状层理,砾石排列不规则。砾岩的砾石一般都经过一定的搬运沉积作用改造,但与砂岩、粉砂岩相比,仍属近源堆积,其成因有洪水成因、河流成因、海岸成因等。砾岩的成分一般比较复杂,包含多种母岩类型的砾石。砾石的分选差别较大,有的砾岩砾石分选较好,有的分选极差。磨圆度一般为次棱角状,有的可达次圆及圆状。或多或少含有杂基或"假杂基"。层理类型有块状层理、正递变层理、反递变层理、交错层理,以及砾石叠瓦状排列等沉积构造。不同成因的砾岩或角砾岩,其特征存在一定差别,根据其特征的不同可推断其成因类型(图3-3)。

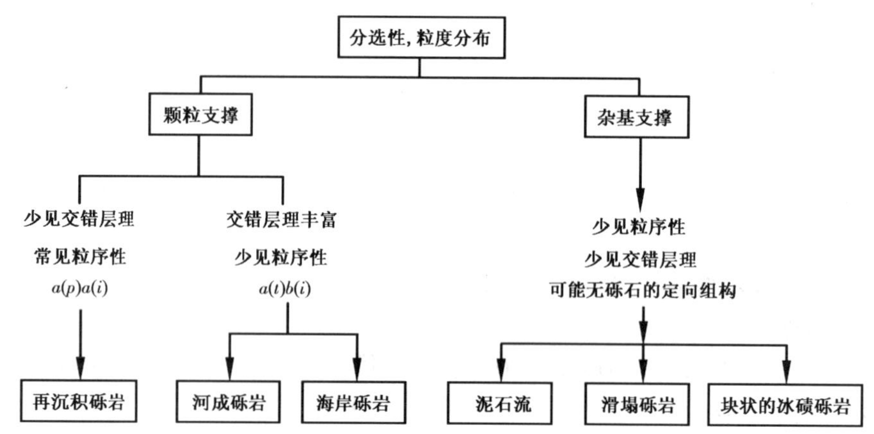

图3-3 砾石的主要类型(Walker,1975)

$a(p)a(i)$代表砾石长轴A平行水流,长轴呈叠瓦状排列;$a(t)b(i)$代表砾石长轴垂直水流,中轴B呈叠瓦状排列

一、砾岩和角砾岩的分类

目前,砾岩分类方案尚不统一,从常见的分类方案来看,砾岩分类主要有两个体系。一个体系是根据单一因素来对砾岩分类;一个分类体系是力求进行砾岩的综合分类。目前,单分类体系主要考虑的因素有杂基含量、砾石大小、砾石成分、砾岩在剖面中位置,以及砾石成因等特征。综合分类方案主要考虑砾岩的成因及具有成因意义的各种特征。

1. 根据杂基含量分类

根据杂基含量,将砾岩分成两类,即正砾岩,杂基含量小于15%;副砾岩,杂基含量大于15%。正砾岩是砾石支撑,泥砂杂基少,常与粗粒砂岩伴生,多为河流冲积或海滩冲洗形成。副砾岩一般为杂基支撑,泥砂杂基较多,分选极差,甚至含有大漂砾,有的砾石含量不足10%,副砾岩主要为重力流成因和冰川成因,尤其是在内陆断陷盆地中,前者极为常见。

2. 根据砾石大小分类

根据砾石大小,可把砾岩分成以下四类:

(1)细砾岩:砾石直径2~10mm;

(2)中砾岩:砾石直径10~100mm;

(3)粗砾岩:砾石直径100~1000mm;

(4)巨砾岩:砾石直径>1000mm。

3. 根据砾石成分分类

根据砾石的成分,将砾岩分为单成分砾岩和复成分砾岩两类。

(1)单成分砾岩:砾石成分单一,同种成分的砾石占75%以上。

这种单一成分可以是稳定性较高的岩屑或矿物碎屑,也可以是风化稳定性较低的岩屑。前者主要是石英岩质砾岩,是长期改造的产物,多见于滨岸沉积;后者常见为石灰岩质角砾岩,它是岩石破碎后速堆积并被埋藏的产物。

(2)复成分砾岩:砾岩成分复杂,砾岩中含有多种成分的砾石,任何一种成分的砾石都不超过50%,砾岩的成分直接与母岩区有关。这种砾岩在河流沉积及山前堆积物中常见。

4. 根据砾岩在剖面中的位置分类

根据砾岩在剖面中的位置,将砾岩分为底砾岩、层间砾岩和层内砾岩。

(1)底砾岩:分布于侵蚀面上,与下伏地层呈假整合或角度不整合接触,它往往位于海侵沉积层序的最底部。这种砾岩成分比较简单,多为稳定性较高的砾石,分选性好,磨圆度高,是长期风化、搬运改造的产物。

(2)层间砾岩:整合地夹于其他岩层间,与下伏地层连续沉积,这种砾岩在河流及山前沉积中极为常见。砾石成分复杂,分选性和磨圆度变化大,是近源堆积的产物。

(3)层内砾岩:是指沉积物尚处于半固结状态时,经破碎和再沉积形成砾石沉积物,再经成岩作用而成的砾岩。这种成因的砾石属于内碎屑砾岩又称同生砾岩。这种砾岩成分直接取决于下伏岩层的岩性,成分较为单一。砾石搬运短,磨损轻微。常见的层内砾岩有竹叶状灰岩和泥砾岩。

5. 根据砾岩的成因分类

根据砾岩的成因,可以把砾岩分为滨岸砾岩、河成砾岩、洪积砾岩、冰川砾岩、内碎屑砾岩等。

二、砾岩和角砾岩的主要类型

1. 滨岸砾岩

滨岸砾岩主要是在波浪作用的滨岸地带,由河流搬运或沿岸山体破碎的砾石被长期改造而成。其特征是成分单一,以石英岩、燧石等稳定组分为主,分选好,圆度高,以扁平对称的中砾常见,最大扁平面指向深水。砾石的长轴大致与岸线平行,砾岩成层性好,横向分布稳定。可以是底砾岩也可以是层间砾岩。

2. 河成砾岩

河成砾岩常见于山区河流,位于河床沉积的底部。砾石成分复杂,常见石英、长石、暗色矿物等砂级碎屑和泥质等杂基物质;分选性较差,圆度不一,砾石的对称性差。砾石的最大平面指向上游,呈叠瓦状排列;在稳定河流中,长轴大部分与水流方向垂直,但近岸处多与岸边平行。在湍急的河流中,砾石长轴多平行于水流方向分布,有时缺少叠瓦状构造。河成砾岩多呈透镜状出现,其底部有明显的冲刷构造。在平原河流及三角洲分流河道中,可见泥砾岩。

3. 山前堆积砾岩

山前堆积砾岩是指在紧靠山区的山前地带或蓄水盆地中堆积的砾岩。这种砾岩有的为坠积而成,有的为山区洪流沉积而成,有的为泥石流沉积。总的特征是砾石的成分复杂,直接反映山区母岩的性质。砾石分选、磨圆差,且排列不规则。山区洪流所形成的砾岩常见冲刷—充填构造。多为颗粒支撑,垂直水流的断面上呈透镜状。泥石流沉积的砾岩多含大量的砂、泥质杂基,为基质支撑的副砾岩。

4. 岩溶角砾岩

岩溶角砾岩又名洞穴角砾岩。这种砾岩的形成与下伏岩层(如膏盐层)被溶解造成上覆地层的坍塌有关,常见于石灰岩地区。其特点是角砾通常为大小不等的石灰岩碎块,充填泥级、砂级杂基,同时又被碳酸盐所胶结。角砾棱角十分明显,毫无分选,厚度变化很大。

三、砾岩和角砾岩的研究方法及地质意义

对粗碎屑岩的研究,主要在野外进行,特别要注意研究以下几个方面。

(1)对于砾级碎屑成分,要统计各种成分砾石的含量,最好按粒级分别统计,将统计结果绘成直方图或圆形图,并找出砾石成分在剖面上的变化规律。

(2)对于粒度和分选性,最简便的办法是在露头上无选择地测量100个以上的砾石长轴,统计分析并求出砾石的平均值和分选系数。如有平面上的资料,还要找出它们在平面上的变化规律,做出等值线图。

(3)观察砾石的圆度、球度、形状,以及表面特征。

(4)研究填隙物的成分和结构特点,以及它们和砾石的相对含量,对填隙物的研究还应该在显微镜下进行。

(5)对沉积构造的研究,如层理构造、粒序性、砾石的排列性质和排列方向,并对砾石的排列方向进行测量、统计,作玫瑰花图。

(6)对砾岩岩体的产状、接触关系、底面特征的观察。

砾岩在时间和空间上的分布都很广泛,自前寒武纪到现代的各个地质历史时期中,以及各种构造条件下,都或多或少地存在砾石沉积。在古代,角砾岩要比砾岩少,厚度不大、分布也局限,在古代的砾岩中,最发育的还是山麓地区的河成砾岩,例如,我国河西走廊的泥盆纪老君山砾岩,其厚度达1000~2000m。另外,地台型的底砾岩有时分布也很广,其面积可达几百平方千米。

研究砾岩具有很大的理论意义,由于砾岩常形成于构造运动期后,常与侵蚀面相伴生而大范围出现,在地层上也常作为沉积间断和地层对比的依据。砾岩,尤其是角砾岩的形成是地壳运动的标志,对于了解地质发展史、地壳运动状况、古气候状况非常有价值。

第四节 砂　　岩

砂岩是指由含量50%以上、粒径在2~0.1mm之间的碎屑组成的碎屑岩。胶结物主要为粘土及化学成因物质(铁质、钙质、硅质等)。

一、砂岩的分类

砂岩有四类分类系统,即结构分类、成分分类、成因分类及成分—成因分类。目前常用的分类是成分—成因分类(表3-3)。

表3-3 砂岩的分类

岩类名称	岩石名称	主要碎屑颗粒含量,%			备注
		石英	长石	岩屑	
石英砂岩	石英砂岩	>90	<10	<10	
	长石质石英砂岩	75~90	5~25	<15	长石大于岩屑
	岩屑质石英砂岩	75~90	<15	5~25	岩屑小于长石
	长石岩屑质石英砂岩	50~70	<25	<25	

续表

岩类名称	岩石名称	主要碎屑颗粒含量,%			备注
		石英	长石	岩屑	
长石砂岩	长石砂岩	<75	>25	<25	长石大于岩屑
	岩屑质长石砂岩	<65	25~75	10~50	
岩屑砂岩	岩屑砂岩	<75	<25	>25	岩屑大于长石
	长石质岩屑砂岩	<65	10~50	25~75	

首先按杂基含量15%作为界限,将砂岩分为(净)砂岩(杂基含量小于15%)和杂砂岩(杂基含15%~50%)两大类。一般来说,杂基含量是流体性质和储层性质的标志,当其含量大于15%时,一般属重力流沉积,砂岩储集性能变差;当其含量小于15%时,一般是牵引流沉积,原始沉积孔隙度较高。

大类划定后,每一大类中的类型划分用三端元,即由石英、长石、岩屑组成的三角图(图3-4)。

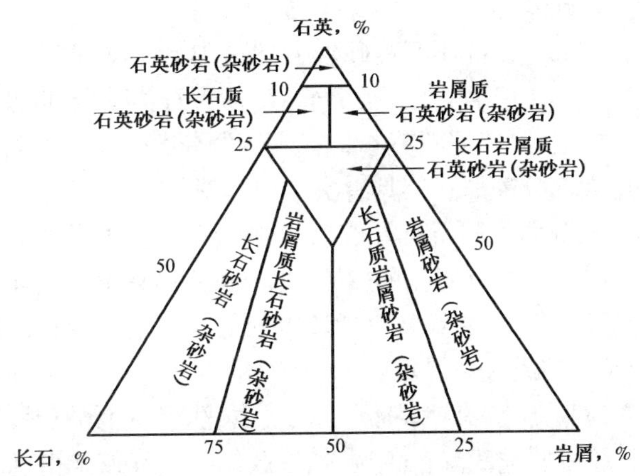

图3-4 砂岩三端元分类示意图(信荃麟,1982)

为了使用方便,且更能显示砂岩的成因,这里的石英指的是单晶石英颗粒,不包括燧石和多晶石英;长石指的是长石颗粒,即钾长石和斜长石;岩屑指的是各种岩浆岩、变质岩和沉积岩的岩屑。具体岩石类型的命名不能按照"三级命名法",其含量相应提高一个级别,具体方法如下:

(1)首先看长石或岩屑的含量是否超过5%;

(2)若两者含量皆小于5%,则该砂岩为石英砂岩;

(3)若长石或岩屑的含量超过5%,再看其含量是否超过25%;

(4)若长石或岩屑的含量超过25%,再看长石和岩屑谁的含量高,若长石高,则该砂岩为长石砂岩或岩屑质长石砂岩(岩屑含量大于10%),若岩屑含量高,则该砂岩为岩屑砂岩或长石质岩屑砂岩(长石含量大于10%)。

(5)杂砂岩的定名原则同净砂岩。

砂岩(杂砂岩)基本类型的划分是根据主要的陆源碎屑组分,没有考虑特殊矿物;当砂岩中含有这些矿物时,可采用附加定名,如海绿石石英砂岩等。

二、砂岩的主要类型

1. *石英砂岩类*

碎屑石英是这类砂岩的主要成分，其含量大于 50%，长石和岩屑含量均不超过 25%。这类砂岩的典型类型是石英砂岩，其次是长石质石英砂岩和岩屑质石英砂岩，而长石岩屑质石英砂岩，则是石英砂岩类与长石砂岩类和岩屑砂岩类之间的过渡类型。

1) *石英砂岩*

石英砂岩最突出的特征是石英颗粒占 90% 以上，有少量的长石颗粒和燧石岩屑，重矿物通常由极圆状锆石、电气石、金红石等稳定重矿物组成，其含量在千分之几数量级。

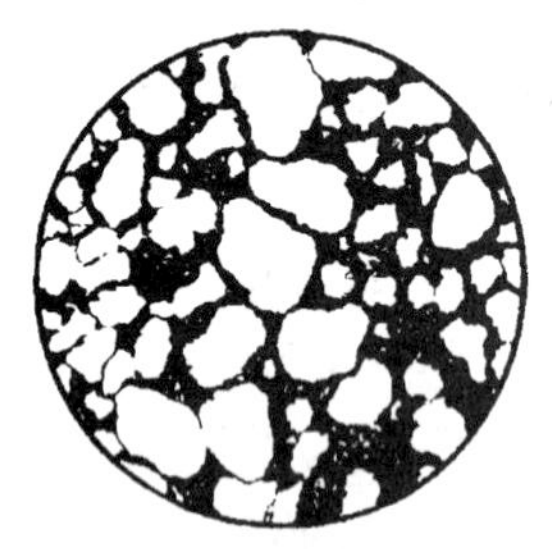

图 3－5　铁质石英砂岩
单偏光，×25

胶结物大多为硅质，其次为钙质、铁质及海绿石等，不含杂基或杂基很少。为颗粒支撑，主要是孔隙式胶结，也可出现接触式胶结。胶结物结构有非晶质结构（蛋白石）、显晶质结构（碳酸盐）、嵌晶结构（碳酸盐）。根据胶结物成分可对石英砂岩作进一步命名，例如，铁质石英砂岩（图 3－5）、钙质石英砂岩、硅质石英砂岩、海绿石石英砂岩等。

在硅质石英砂岩中，根据胶结物性质，又可划分为以下三种：

（1）硅质石英砂岩：简称为石英砂岩，硅质胶结物常为蛋白石或玉髓，碎屑石英不具有或很少有次生加大现象。

（2）石英岩状砂岩：大部分碎屑石英具有次生加大现象。

（3）沉积石英岩：几乎全部碎屑石英具有次生加大现象。这种岩石具有能反射光线的边缘尖锐的小晶面，因此，在阳光下有明亮的“闪光”。由于具有很强的牢固性，当岩石破碎时，断口会切穿颗粒，而不绕过颗粒。它在物理性质上的特点是坚硬、耐久、能抵抗侵蚀，在地貌上通常形成陡峭的高山峻岭，构成天然屏障。

石英砂岩的颜色多为灰白色，有些略带浅红、浅黄、浅绿色色调，砂岩的颜色主要取决于胶结物颜色，例如，海绿石胶结则呈浅绿色色调；铁质胶结呈浅红或浅褐色，而硅质和钙质胶结则呈灰白色。

石英砂岩中，常见各种波痕和交错层理。这类砂岩一般厚度不大，几米到几十米，但呈稳定层状，分布于构造条件稳定的地区。

石英砂岩是高度成熟砂岩，它是风化作用、分选作用和磨蚀作用持续较久的终极产物，一般认为，它的形成需要稳定的大地构造条件和砂的多旋回沉积作用。基于石英砂岩分选极好、磨圆度极高、不含杂基的终极结构特征和石英特别富集、重矿物很少并且为稳定重矿物的终极成分特征，多数人认为它不可能直接来源于花岗岩的风化，而是来自先存在的砂岩，也就是说其碎屑成分是多次长期改造，再沉积的结果。实际上，并不能排除直接来源于花岗岩的碎屑石英，因为有的石英砂岩的某些碎屑成分具有花岗岩的典型特征。

石英砂岩主要产出于海岸环境，并发育于稳定的地台区。通常认为，石英砂岩标志着稳定的大地构造环境，基准面的夷平作用、长期的风化作用和持续稳定的高能沉积环境。

2) *长石质石英砂岩*

长石质石英砂岩长石含量多于岩屑，一般为 5% ~25%，常见钾长石和酸性斜长石，而岩屑含量小于 15%，石英含量在 75% ~90% 之间。重矿物除稳定组分外，还可见稳定性较差的组分，如十字石，蓝晶石等。

3）*岩屑质石英砂岩*

这类砂岩岩屑含量多于长石，一般为5% ~25%，而长石含量小于15%，石英含量在75% ~90%之间。岩屑多为抗风化能力较强的石英岩、燧石岩和硅质岩岩屑。重矿物除稳定组分外，也有不稳定组分。

4）*长石岩屑质石英砂岩*

这类砂岩是石英砂岩类与长石砂岩类、岩屑砂岩类之间的过渡类型。其石英含量为50% ~75%，长石和岩屑含量有所增加，但均不超过25%，成分较复杂，一般与长石质石英砂岩或岩屑质石英砂岩共生。

长石质石英砂岩、岩屑质石英砂岩、长石岩屑质石英砂岩，可与石英砂岩具有相似的结构、构造特征，但结构成熟度往往比石英砂岩要低。其胶结物成分和结构也可与石英砂岩相似，其颜色主要取决于胶结物颜色，长石和岩屑的颜色也可起一定的作用。这些砂岩类型成因较为广泛，在河流、湖泊、沙漠、滨岸、三角洲等沉积环境均可形成。

2. *长石砂岩类*

长石砂岩类，长石含量大于25%，石英含量小于75%，岩屑含量小于50%。根据岩屑和长石的相对含量，可将长石砂岩类进一步划分为长石砂岩和岩屑质长石砂岩。

1）*长石砂岩*

长石砂岩主要由石英和长石组成，石英含量小于75%，长石含量大于25%，岩屑含量小于25%。长石含量高是该类砂岩的最大特点。长石含量可由25%到100%，但实际上长石含量高于75%的情况极为罕见。长石主要是钾长石和酸性斜长石，极少见中基性斜长石。石英多为多晶石英，有时也可见大量的单晶石英矿物碎屑。除石英和长石外，还可见较大的云母碎片，既有白云母也有黑云母。云母常顺层面分布。岩屑成分随母岩性质而异，有时在一种岩石中可出现多种岩屑。重矿物成分复杂，既有稳定组分，锆石、金红石、电气石等，也有不稳定组分，如磷灰石、榍石、绿帘石、角闪石等。重矿物含量最高可达百分之几（图3－6）。

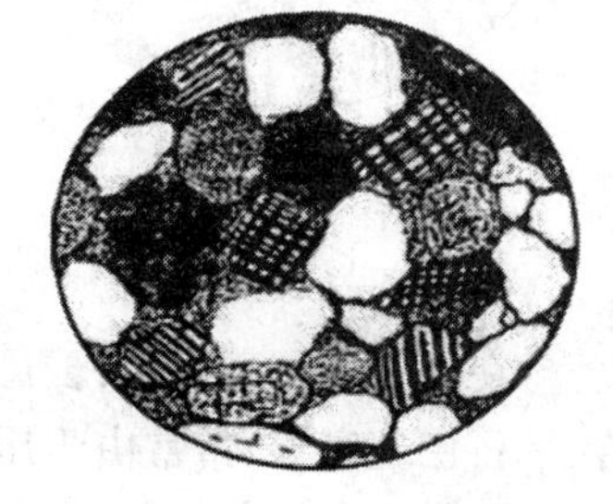

图3－6　长石砂岩

正交，×25

这种砂岩常含有少量粘土杂基，杂基细而污浊，并被氧化铁和有机物污染。胶结物常为钙质，也有铁质、硅质和粘土矿物。其胶结类型多为孔隙式胶结。胶结物结构多为显晶质结构，也可见加大边结构及嵌晶结构，长石砂岩中交错层理十分常见。其颜色有肉红色，这是钾长石含量高所致；也有灰色、灰白色及其他色调，这主要与胶结物成分有关。长石砂岩分选性、磨圆度变化很大，由分选差的棱角状到分选好的圆状均可出现。长石砂岩以粒度较粗者常见。长石砂岩随其中岩屑含量的增加，逐渐向岩屑砂岩过渡。当岩屑含量增加到25% ~50%之间且长石含量（25% ~90%）仍大于岩屑时，则称为岩屑质长石砂岩。长石砂岩类的形成在很大程度上取决于母岩成分，首先要富含长石的母岩（如花岗岩、花岗片麻岩等），这是长石砂岩形成的物质基础；另外，还需要有利于母岩崩解的条件，主要是构造条件和气候条件。在构造运动比较强烈的地区，地形起伏大，花岗质基底隆起，相邻地带发生沉陷，从而使母岩遭受剧烈侵蚀、快速堆积，这些是长石砂岩形成的外部条件。

过去有人认为，长石砂岩是极其干旱或寒冷气候条件的产物，这种条件将使化学风化过程减慢或停止，导致不稳定组分得以保存。但是，许多资料表明，温湿气候条件也有利于长石砂岩的堆积。因此，构造条件所引起的地形起伏与气候条件两者相比，前者更为重要，即花岗质基底崩解产物的近源快速堆积，可能是长石砂岩形成的最主要的外界条件，例如，辽南中、上元古界永宁群的长石砂岩即属此类。

2）*岩屑质长石砂岩*

岩屑质长石砂岩，长石含量为25%～75%，岩屑含量为10%～50%，石英含量小于65%，长石含量大于岩屑。它是长石砂岩类与岩屑砂岩类的过渡岩石类型。岩屑质长石砂岩的结构、构造特征与长石砂岩相似，二者主要区别在于岩屑质长石砂岩岩屑含量略高。

3. *岩屑砂岩类*

岩屑砂岩类总的特征是岩屑含量大于长石，岩屑含量在25%～100%之间，长石含量小于50%，石英含量在75%以下。根据长石的含量，岩屑砂岩类可分为岩屑砂岩和长石质岩屑砂岩。

1）*岩屑砂岩*

岩屑砂岩在其碎屑含量中，岩屑大于25%，长石小于10%，石英含量在75%以下。岩屑成分复杂，有时在一种砂岩之内岩屑可有20种之多，但一般只有几种是主要的。石英一般也是岩屑砂岩的主要成分，在含有沉积岩屑的砂岩及杂砂岩中可能含有大量石英，它们大部分可能来源于先前存在的砂岩，其磨圆度通常比长石砂岩及杂砂岩中的石英更好。在富含变质岩屑的砂岩中，大部分石英可能是变质成的波状消光石英和多晶石英，这种石英往往呈棱角状至次棱角状（图3－7）。

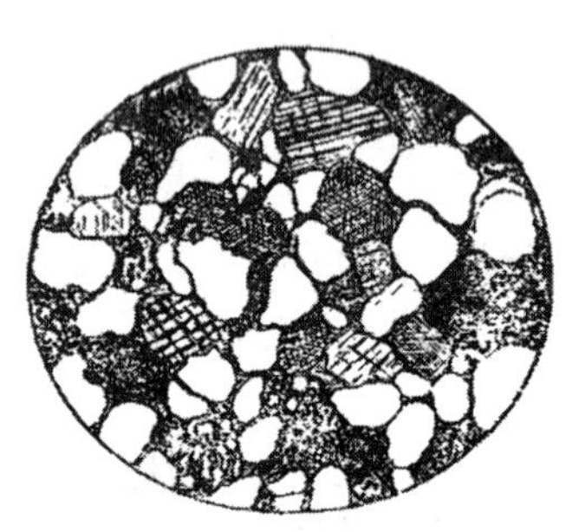

图3－7　岩屑砂岩
正交，×25

长石含量一般较少，多为各种斜长石、正长石、条纹长石和微斜长石等，但主要的长石一般为酸性斜长石，有时在同一岩石中可见云雾状的被风化的长石和表面光洁的新鲜长石并存。

在许多岩屑砂岩中，云母碎屑常是值得注意的组分，可以有黑云母和白云母。云母片一般在平行层理富集，常常由于压实作用而发生变形，在相邻石英颗粒之间成弯曲状甚至破裂，这种现象在垂直层理的切片中观察最为清楚，它常见于泥质含量少的胶结紧密的砂岩中。常见的重矿物有锆石、电气石、角闪石、绿帘石、斜黝帘石和石榴石等，这些矿物广泛地分布于许多种源岩之中。其他常见的重矿物，如十字石、红柱石、蓝晶石和硅线石，肯定来源于变质岩；而辉石则来源于基性火成岩。应当指出，在较为古老地层中，因为稳定性差的矿物在成岩作用过程中常遭破坏，只有更稳定的矿物方可出现。

岩屑砂岩胶结物常见有碳酸盐、粘土矿物和二氧化硅。当为二氧化硅胶结时，碎屑石英可显次生加大现象。一般缺乏杂基物质，然而在压实作用较强的砂岩中，较软的泥质岩屑在石英颗粒间可以发生变形，出现假杂基。一般可按下列特征大致判断：

（1）假杂基只充填某些孔隙，不充填在全部孔隙内；

（2）可能显示残留的结构、构造，如层理、页岩和粉砂岩的特性；

（3）泥质岩屑经压实变形，在整体上与杂基的颜色和结构具有明显的不一致性。

岩屑砂岩一般呈浅灰色，也常见灰绿色及灰黑色，粒度多为粗砂，分选、圆度都较差。岩屑砂岩的形成首先是母岩较复杂，同时物理风化强烈，搬运距离短、堆积快。是构造运动剧烈时期的产物。

2）长石质岩屑砂岩

这种砂岩长石含量稍高，长石含量为10% ~50%，岩屑含量为25% ~50%，石英含量小于65%，长石含量小于岩屑。它是长石砂岩类与岩屑砂岩类的过渡类型。

4. 杂砂岩类

杂砂岩定义为杂基含量大于15%的砂岩。分类和命名原则与净砂岩相同。

1）一般特征

杂砂岩一般富含石英，有不同比例的长石和岩屑，通常含少量云母碎屑。石英一般有棱角，含量在50%左右。长石主要是斜长石，钾长石少见。岩屑主要是泥页岩、粉砂岩、板岩、千枚岩和云母片岩，燧石和细粒石英及多晶石英也较丰富。有些砂岩还具有长石微晶的细粒火山岩屑，其中以酸性火山岩屑较常见，安山岩屑较少。

碎屑云母，常见白云母和黑云母以及绿泥石化的黑云母。在许多砂岩中，还有方解石、铁白云石等碳酸盐矿物。它们一般呈不规则斑点状产出，既交代杂基，又交代某些岩屑和长石颗粒。方解石外形常不规则，而铁白云石等晶体自形程度高。然而，在杂砂岩中沉淀的胶结物比在纯砂岩中少见得多，这可能是由于存在不渗透的杂基造成的，因为杂基的存在阻碍了溶液通过，且填塞了那些能够发生沉淀作用的绝大部分孔隙。

2）主要类型

杂砂岩的进一步分类和命名与砂岩相同，对于那些富含长石的杂砂岩可称为长石杂砂岩；而富含岩屑的杂砂岩可称为岩屑杂砂岩。随着岩石成熟度的增高，可以过渡为富含石英的石英杂砂岩。

第五节　粉　砂　岩

一、一般特征

主要由0.1 ~0.01mm粒级（含量大于50%）的碎屑颗粒组成的细粒碎屑岩称为粉砂岩。通常，按颗粒大小又可分为粗粉砂岩和细粉砂岩两种，前者粒级范围是0.1 ~0.05mm后者是0.05 ~0.01mm。

从外貌和性质上看，粗粉砂岩很像砂岩，可作为油气的储集岩，而细粉砂岩尤其是富含粘土物质的细粉砂岩，都或多或少具有粘土岩特性，可以成为烃源岩。

在粉砂岩的碎屑颗粒中，稳定组分较多，成分较单纯，常以石英为主；长石较少，多为钾长石，次为酸性斜长石；岩屑极少或不存在，常含较多白云母。

重矿物含量比砂岩多，可达2% ~3%，多为稳定性高的组分，如锆石、电气石、石榴石、磁铁矿、钛铁矿等。

粘土基质含量一般相当多，常向粘土岩过渡形成粉砂质粘土岩。常见钙质胶结，硅质较少。

磨圆度不高，和砂岩相比，在相同的搬运条件下，粉砂碎屑具有更低的磨圆度，特别是粉砂多呈悬浮负载，故几乎总是棱角状的。分选性一般较好。

粉砂岩常见薄的水平层理及波状层理；交错层理较少，多为小型的，且纹层倾角比相邻砂岩小得多。粉砂岩饱含水后易于流动，故常见水平滑动所形成的包卷层理等变形构造。

二、分类和主要类型

根据粒度、碎屑成分和胶结物成分，可对粉砂岩进行分类。根据粒度，粉砂岩一般分为粗粉砂岩和细粉砂岩。如果粉砂岩中混有较多的砂和粘土时，也可按三级复合命名原则命名，如含砂泥质粉砂岩、含泥砂质粉砂岩等。

根据碎屑成分中石英和不稳定组分的含量，可将粉砂岩分为单成分粉砂岩和复成分粉砂岩；前者以石英为主，后者除石英外，含较多长石、云母或其他碎屑。例如，四川侏罗系凉山组粉砂岩，即是以石英为主的单成分粉砂岩。此外，还可根据胶结物的成分对粉砂岩命名，如铁质粉砂岩、钙质粉砂岩和白云质粉砂岩等。

黄土为粉砂沉积的典型代表之一，是一种半固结泥质粉砂岩，其中粉砂含量超过50% ~ 60%；泥质含量常可达到30% ~40%；其次为砂粒，粒径一般小于0. 25mm，含量约为10%。碎屑成分以石英、长石为主，重矿物有电气石、锆石、黑云母、石榴石等，含量可达到50%。黄土中常含有形态奇特的钙质结核，俗称姜结石。一般认为黄土是风成的，即认为粉砂由沙漠地区被吹扬搬运至他地堆积而成。我国黄土主要分布在西北的黄土高原上，其次分布在华北平原及东北的南部。

三、成因

粉砂岩是经过较长距离搬运，在稳定的水动力条件下缓慢沉降形成的。因为长距离搬运不仅能使碎屑物质破碎形成粉砂级颗粒，而且还会使粗细混杂的物质逐渐分异，使粉砂颗粒相对集中，这些物质因为颗粒细小，故需在稳定的环境中方能沉降堆积。

粉砂岩的分布极其广泛，几乎在所有的砂泥质岩系中，都有粉砂岩层或夹层。它在横向上的分布也有一定的规律性，一般出现在砂岩向泥岩过渡的水流缓慢地带，多产于海、湖底部较深处，另外在河漫滩、三角洲、潟湖、沼泽地区也较常见。

第六节　粒 度 分 析

粒度分析的目的是研究碎屑岩的粒度大小和粒度分布。碎屑岩的粒度分布及分选性是搬运介质搬运能力的度量尺度，是判别沉积环境以及水动力条件的良好依据，而且碎屑岩的储油物性与其粒度密切相关。因此，粒度分析是碎屑岩研究的一个重要方面。

一、粒度分析方法的选择

粒度分析方法的选择因碎屑颗粒的大小和岩石致密程度而异。对于砾石可以直接测量其线性值，也可以用量筒测量其体积；砂或疏松的砂岩多采用筛析法；粉砂和粘土可用沉速法或激光粒度分析法。固结紧密无法松解的岩石可采用图像分析仪进行自动粒度分析。

二、粒度资料图解

粒度分析的结果，是得到碎屑样品的粒度组分数据，下面举例说明。在秦皇岛取得海滩砂样，其总重量为405g。经筛析后，分别得到各粒级砂样的质量。再经计算，可进一步获得各粒级的质量百分含量及各粒级的累积质量百分含量见（表3 -4）。这些数据是非常重要的第一手资料，但是直接用数据不便于应用和对比，因此，常需要将数据形象化，绘制成图。下面就介绍几种常用的粒度图。

表 3-4 筛析记录表

颗粒直径		质量 g	质量百分比 %	累积质量百分比 %
mm	ϕ 值			
>1	>0	2.12	0.53	0.53
1~0.75	0~0.4	7.72	1.93	2.46
0.75~0.60	0.4~0.72	61.18	15.29	17.75
0.60~0.50	0.72~1.0	49.18	12.29	30.04
0.50~0.43	1.0~1.2	35.52	8.88	38.92
0.43~0.40	1.2~1.3	40.72	10.18	49.10
0.43~0.40	1.3~1.75	83.02	20.75	69.85
0.30~0.25	1.75~2.0	13.75	3.44	73.29
0.25~0.20	2.0~2.32	79.18	19.70	93.08
0.20~0.15	2.32~2.72	23.73	5.93	99.01
0.15~0.12	2.72~3.0	2.10	0.52	99.53
0.12~0.10	3.0~3.3	0.58	0.15	99.68
0.10~0.09	3.3~3.5	0.24	0.06	99.74
0.09~0.075	3.5~3.75	0.30	0.08	99.82
0.075~0.06	3.75~4.0	0.80	0.07	99.89
<0.06	>4	0.82	0.21	100.10

1. 直方图和频率曲线图

直方图是最常用的粒度组分图件，它由一系列相邻的矩形构成。各矩形的底边等长，其长度代表粒度区间；矩形的高代表每种粒度区间的质量百分比。过去横坐标一般用对数标定，现在应用更广的是 ϕ 值标定；纵坐标是算术百分坐标。应用表 3-4 的数据可以得到如图3-8所示的直方图。这种图的优点是能一目了然地表现出样品的粒度变化和各粒级碎屑的百分含量。

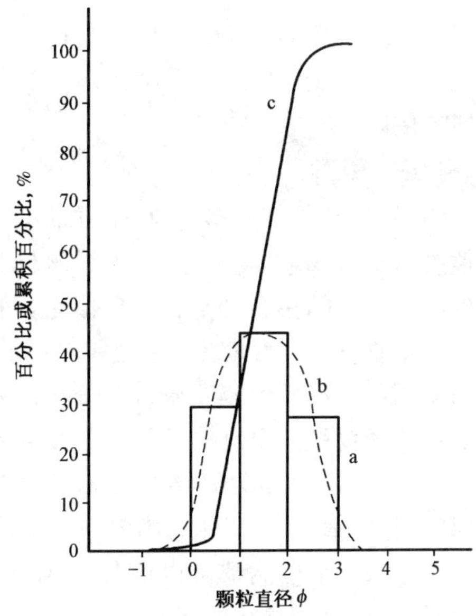

图 3-8 某砂样的粒度曲线

a—频率曲线；b—累积曲线；c—累积频率曲线图

将直方图上各方块的顶边中点连接起来绘制成一条圆滑曲线，这就是频率曲线图（图 3-8 中 b）。与直方图类似，频率曲线也表示样品的粒度分布。因频率曲线图形简单、直观，因此被广泛应用。

通常把直方图中突出于周围矩形之上的高方块或频率曲线中的高点称为峰（亦称为众数）。如果样品中只有一个峰，称为单峰；若有两个或两个以上的峰，则称为双峰或多峰。一般海岸卵石层的粒度范围最窄，具有很突出的单峰，这是沉积物粒度分选极好的体现；河流沉积物的粒度分布较宽，具有双峰，峰所在粒级的质量百分比并不高，这是分选性不好的特征；而冰川沉积和雨水冲刷斜坡上的堆积物的粒度分布范围更广，其中砾石与泥、砂混杂，说明分选性更差。

2. 累积频率曲线图

累积频率曲线图是利用粒度分析成果中的累积质量百分比数作成的图。应用表3-4的数据，可以作出如图3-8中c所示的累积曲线图。横坐标仍然表示粒径，而纵坐标表示的是各粒级的累积质量百分含量。要注意的是，累积数据是由粗粒级开始计算的。

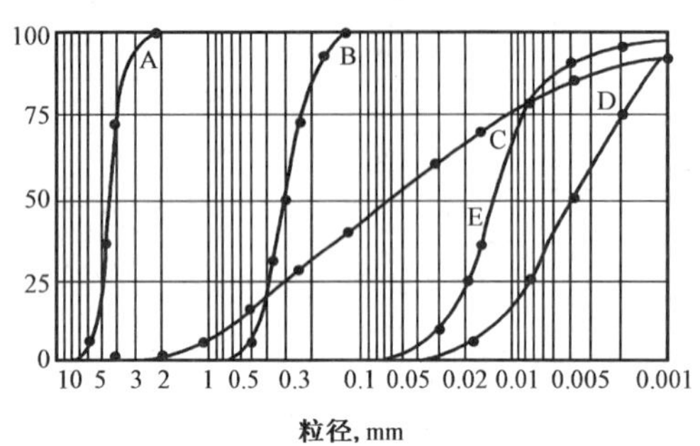

图3-9 不同成因碎屑沉积的累积频率曲线图

A—海滨砾石；B—海滨砂；C—冰川沉积物；D—页岩；E—黄土

累积曲线图总体呈S形。S形在横坐标上投影的宽度反映样品的分选性。不同沉积环境形成的碎屑沉积物，其累积曲线形态有差别。滨海沉积和风成沉积的碎屑物质分选好，粒度投影宽度窄，因而累积曲线图很陡；洪流及冰川沉积分选差，粒度分布范围宽，累积曲线表现得平缓（图3-9）。

3. 概率值累积曲线图

概率值累积曲线图是用累积质量百分含量作纵坐标，用粒度作横坐标做成的图件。横坐标用粒径 ϕ 值标定，纵坐标用概率百分数标定（图3-10）。与算术坐标不同，概率百分坐标是以50%为对称中心的非等间距坐标，按单峰正态曲线分布的规律绘制。如果粒度分布符合通常所说的对数正态分布，那么用概率坐标在图上会得到一条直线。但一般碎屑沉积物的概率累积曲线总是表现为相交的数条直线段，这反映了在沉积物中包含几个正态次总体。利用图的这些特征，可以识别不同的搬运和沉积作用。

与S形累积曲线相比，概率值累积曲线图是将碎屑组分中含量较少的粗、细尾部的特点放大了，这使沉积成因分析及在图解法中应用更加方便。

4. *C—M* 图

C—M 图是指应用多达30个样品的 *C* 值和 *M* 值投影到以 *M* 为横坐标、*C* 为纵坐标的双对数坐标上的点的集合即点群。*C* 值是累积曲线图上累积质量百分含量为1%处所对应的粒径，*M* 值是累积曲线图上累积质量百分含量为50%处所对应的粒径。*C* 值与样品中最粗颗粒的粒径相当，代表了水动力开始搅动搬运的最大能量；*M* 值是中值，代表了水动力的平均能量。

对于每一个样品都可以用其 *C* 值和 *M* 值，在双对数坐标纸上投得一个点。

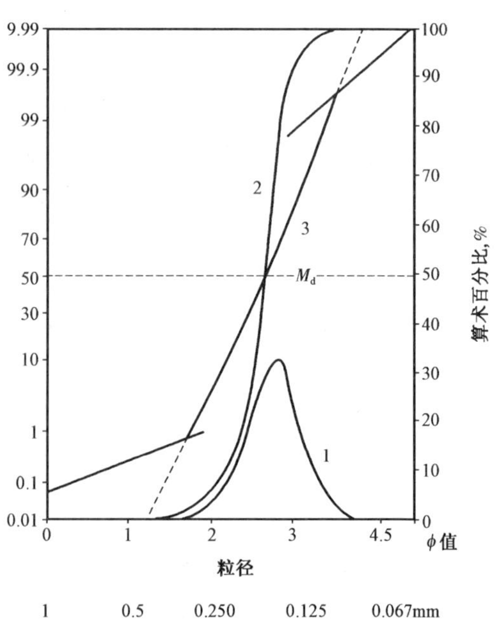

图3-10 三种粒度曲线图

1—频率曲线；2—累积曲线；3—概率值累积曲线图

为研究地层的沉积成因，需由该地层成因单元取得几十（20～30）个样品，这些样品必须属同一沉积环境的产物。对不同岩性要分别取样，而且样品要包括该单元由粗至细的粒度结构类型。几十个样品各按其 *C* 值、*M* 值在图纸上投点，得一群点。按点群的分布绘出相应的图形,这就是 $C—M$ 图。根据所得图形的形态、分布范围以及与 $C=M$ 基线的关系等特点,与已知沉积环境的典型 $C—M$ 图进行对比,再结合其他岩性特征,从而可对沉积岩的沉积环境作出判断。

$C—M$ 图是帕塞加(Passega)提出的。帕塞加将搬运沉积物的流体分为牵引流和重力流。重力流沉积与牵引流沉积在 $C—M$ 图上有明显的区别。在 $C—M$ 图中,将 $C=M$ 点连成一条线,构成 $C=M$ 基线。重力流沉积的图形是以平行于 $C=M$ 基线为特征的,而牵引流沉积的图形则只有较短的一部分平行于 $C=M$ 基线,或者完全不与 $C=M$ 基线平行。

下面分别介绍这两类沉积物的典型 $C—M$ 图。

1)牵引流沉积的 $C—M$ 图

在 $C—M$ 图中,牵引流沉积的典型图形可划分为 N—O—P—Q—R—S 各段(图 3-11)。在图 3-11 中,弯曲的 S 形是以河流沉积为例的完整 $C—M$ 图,图中,1 表示牵引流沉积,2 表示浊流沉积,3 表示静水悬浮沉积;Ⅰ、Ⅱ、Ⅲ、Ⅸ段表示 $C>1000\mu m$,Ⅳ、Ⅴ、Ⅵ、Ⅶ、Ⅷ段表示 $C<1000\mu m$,各段界限的划分见表 3-5。

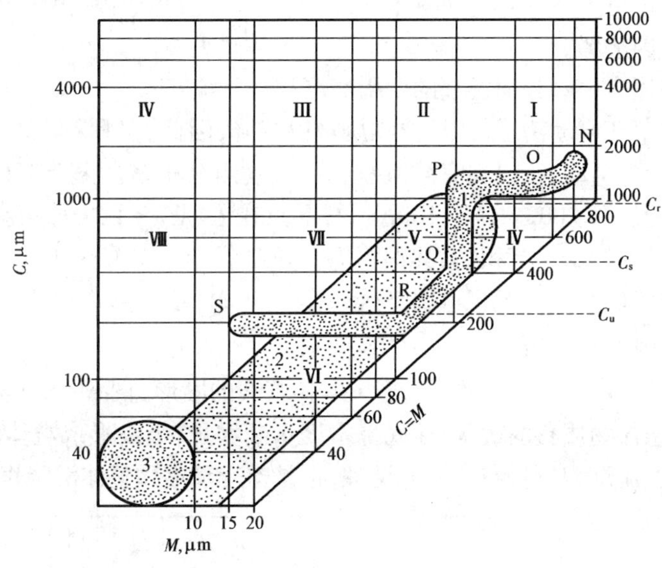

图 3-11 牵引流沉积 $C—M$ 图

表 3-5 各段界限划分表

C 值	M 值				
	$M<15$	$15<M<100$	$15<M<100$	$100<M<200$	$200<M$
悬浮沉积物 $C<1000\mu m$	Ⅷ	Ⅶ	Ⅵ	Ⅴ	Ⅳ
滚动沉积物 $C>1000\mu m$	Ⅸ	Ⅲ		Ⅱ	Ⅰ

(1)QR 段代表递变悬浮沉积。递变悬浮搬运是指在流体中悬浮物质由下向上粒度逐渐变细,密度逐渐变小。它一般位于水流底部,常是由于涡流发育造成的。递变悬浮沉积物的一个最大特点是 C 与 M 成比例地增加,即 C 值与 M 值相应变化,从而使这段图形与 $C=M$ 基线平行。

在牵引流沉积中,C 值常指示最大的地质营力。QR 段 C 的最大值以 C_s 表示,一般认为 C_s 是代表底部的最大搅动指数,而这段的最小值 C_u 则代表底部的最小搅动指数。

(2)RS 段代表均匀悬浮。该段对应的粒径和密度不随深度变化,为完全悬浮。均匀悬浮常是递变悬浮之上的上层水流搬运方式。在弱水流中可能不存在递变悬浮,而是由均匀悬浮直接与底床接触。均匀悬浮的物质主要为粉砂和泥质的混合物,最粗粒度为细砂。由于均匀悬浮搬运常不受底流分选的影响,在河流中自上游至下游沉积物的粒度成分变化不大,只是粗粒级含量相对减少。因此,在 RS 段中 C 值往往基本不变,而 M 值向 S 端减小。

RS 段的最大 C 值即 C_u,它代表均匀悬浮搬运的最大粒级。

(3)PQ 段以悬浮搬运为主。但含有少量滚动搬运组分。由上游至下游 C 值变化而 M 值不变,说明随着地质营力的减弱,越向下游滚动组分的颗粒越小。但由于滚动颗粒的数量并不多,因此 M 值基本不变。

(4)OP 段以滚动搬运为主。滚动组分与悬浮组分相混合。C 值一般大于 800μm,但由于滚动组分中有悬浮物质的参加,从而使 M 值有明显的变化。

(5)NO 段基本上由滚动颗粒组成,C 值一般大于 1mm,常构成河流的沙坝砾石堆积物。具体到某一地层成因单位来看,其 C—M 图常常不是包含上述所有的段,而是只有少数几个段,各段的位置和大小也不尽相同。如果抓住这些特点,并将其与典型的 C—M 图形进行对比,便可作出沉积成因解释。

除河流沉积外,还有一些其他类型的牵引流沉积。

在海滩地带,由于环境动荡,细的悬浮物质难以沉降,因此,粗颗粒不能被埋藏,滚动颗粒可以搬运很长距离后再沉积,所以在海滩沉积物中滚动组分很多。海滩沉积物的 C—M 图表现为分散的图形,一般 $C>200$μm,$M>100$μm,样品点在Ⅰ、Ⅱ、Ⅴ区中散布。

远洋区集中了最细的悬浮沉积物,其颗粒均十分细小,在 C—M 图上构成了 3 区。除深海外,深湖、潟湖、海湾等静水盆地沉积也属于这一类型。

2)重力流沉积的 C—M 图

重力流沉积的 C—M 图是很好的平行于 $C=M$ 基线的图形(图 3－12)。重力流的流速很快,当流速降低时,悬浮物质移向底部,使底部密度不断增加,最终形成整体的沉降作用,形成未分选的沉积物。浊流沉积所特有的递变层理,正是递变悬浮和整体沉降作用的反映。

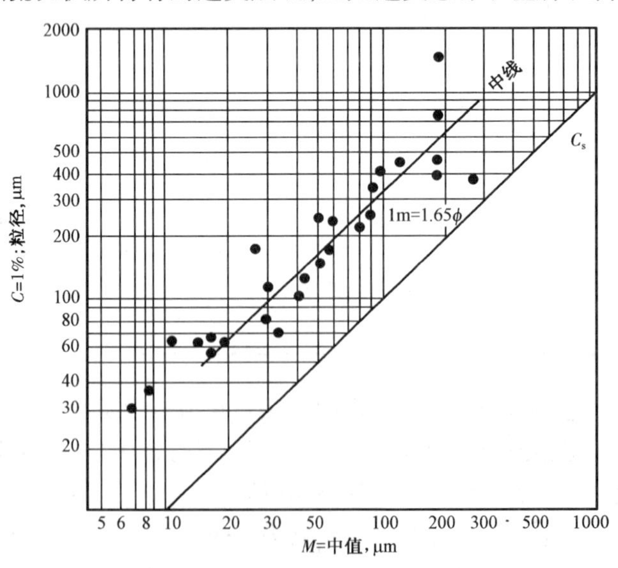

图 3－12　重力流沉积 C—M 图

重力流为高密度流，沉积作用进行很快，粗颗粒沉积后随即被埋藏，因而组分中缺乏滚动颗粒。其结果是，在 $C—M$ 图上重力流沉积物的 C 值与 M 值密切相关变化，形成与 $C=M$ 基线平行的图形。这一特点与牵引流的递变悬浮沉积(QR 段)相似，但 C 值与 M 值的变化幅度均较大，这一点却是浊流沉积 $C—M$ 图的独有特征。

在重力流沉积 $C—M$ 图点群中画一条平均线(图 3－12 所示)，平均线与 $C=M$ 基线的水平距离 I_m 能代表重力流分选性，I_m 值越小，说明沉积物的分选性越好。因为，在一般情况下，C 值与 M 值靠近是分选好的标志。这一道理在牵引递变悬浮沉积物的分选性分析中也适用。

由于沉积物点群在 $C—M$ 图上的位置取决于沉积物的搬运沉积方式，因此利用 $C—M$ 图可对碎屑物质的搬运沉积条件作出判断。另外，各沉积环境都有其特征的 $C—M$ 图模式.所以用 $C—M$ 图也能对沉积环境解释提供参考依据。

粒度分析可以提供沉积环境方面，特别是水动力条件方面的资料，但粒度分析方法并不是总能得到理想的结果。这是因为粒度分布是环境流体动力因素的产物，但类似的动力条件可以出现于不同环境；而不同成因的碎屑沉积物又可能混合出现，加上物源供应、构造条件等各种因素上的差别，情况常常十分复杂。

因此，只有将粒度分析资料与沉积构造、生物特征、地质背景等结合起来共同作为环境判别的标志，才能得出正确的结论。

三、粒度参数

粒度参数的计算常与图解相结合。首先由累积曲线图上读取某些累积百分比处的颗粒直径，然后用数学公式进行计算。

粒度参数的种类很多，过去主要用粒度中值(M_d)和分选系数(S_0)，当前广泛应用的有平均粒径(M_z)、标准偏差(σ)、偏度(SK_I)和峰度(K_G)等。

每一个粒度参数都以一定的数值定量地表示碎屑物质的粒度特征，这对于判断沉积物质搬运时的水动力条件很有用处，即粒度参数被用作鉴别沉积环境的依据。

1. 平均粒径和中值

表示粒度分布的集中趋势。碎屑物质的粒度分布一般是趋向于围绕一个平均数值，即中值或平均粒径。这些数值受两个因素的控制，一是沉积介质的平均动力(速度)，二是来源物质的原始大小。

中值 M_d 是累积曲线上 50% 处对应的粒径，用 ϕ 值标定粒径。中值的意义是指它在粒度上居于沉积物的中央，有一半质量的颗粒大于它，另一半小于它。

中值很容易求得，但其代表性较差，因为它不能表示粗、细两侧的粒度变化。为此，近年来有人主张不用中值而改用平均粒径。

对于平均粒径目前也有着不同的定义。按福克和沃德的定义，平均粒径的表达式为：

$$M_z=\frac{\phi_{16}+\phi_{50}+\phi_{84}}{3}$$

这里粗略地把粒度分成了三段，ϕ_{50}代表中间一段的平均粒径，ϕ_{84}代表较细一段的平均粒径，ϕ_{16}则代表较粗一段的平均粒径。可见，平均粒径比中值能更正确地反映碎屑颗粒的集中趋势。

平均粒径或中值是沉积物最主要的粒度特征之一。这一参数指标常被用来作沉积韵律剖面图或平面等值线图，用以表示沉积物在纵向或横向上的粒度变化规律。

2. 标准偏差和分选系数

这是表示分选程度的参数。它表示颗粒大小的均匀程度,或者说是表示围绕集中趋势的粒差。过去多用分选系数说明分选性,分选系数可表示为:

$$S_0 = \frac{P_{25}}{P_{75}}$$

式中 P_{25} 和 P_{75} 分别代表累积曲线上25%和75%处所对应的颗粒直径。当颗粒的分选性很好时,P_{25} 和 P_{75} 两值很靠近,所以 S_0 值很小;相反,S_0 值大则说明离散度大,即分选性差。根据 S_0 的大小,可划分分选等级。分选好:S_0 为 1 ~ 2.5;分选中等:S_0 为 2.5 ~ 4.0;分选差:$S_0 > 4.0$。

分选系数应用很广,但上述公式存在缺陷,因为它没能包括粗、细尾端的分选特点。计算粒度分选性的新公式不止一种,由福克和沃德提出的标准偏差公式为:

$$\sigma = \frac{\phi_{84} - \phi_{16}}{4} + \frac{\phi_{95} - \phi_{5}}{6.6}$$

式中除包含了粒级分布的中央部分(16% ~ 84%)外,也包括了对水动力条件反映最灵敏的粗细尾部(95%和5%)的分选情况。因此,该式被认为更全面和更富有成因意义。

前人曾分析了大量(近千个)样品,从而确定了用标准偏差确定分选级别的标准。分选极好:$\sigma < 0.35$;分选好:$\sigma = 0.35 \sim 0.50$;分选较好:$\sigma = 0.50 \sim 0.71$;分选中等:$\sigma = 0.71 \sim 1.00$;分选较差:$\sigma = 1.00 \sim 2.00$;分选差:$\sigma = 2.00 \sim 4.00$;分选极差 $\sigma > 4.00$。

分选性的好坏也可以作为环境标志。碎屑物质的分选程度与沉积环境的水动力条件和自然地理条件有着密切的关系。总的看来,风成沙丘砂的分选最好,海(湖)滩砂次之,河砂更差,分选最差的是冲积扇和冰川沉积砂。

3. 偏度

偏度 SK_1 被用来判别粒度分布的不对称程度。从频率曲线看,对数正态分布是左右对称的,同时中值、平均粒径和众数一致,即表现为一个数值。用偏度公式计算,正态粒度分布的 SK_1 应等于零。

但一般碎屑沉积物的频率曲线常常并不完全对称,曲线的峰发生偏斜(图3-13),这时中值、平均粒径和众数三者也发生偏离。根据峰的偏斜方向可分出:

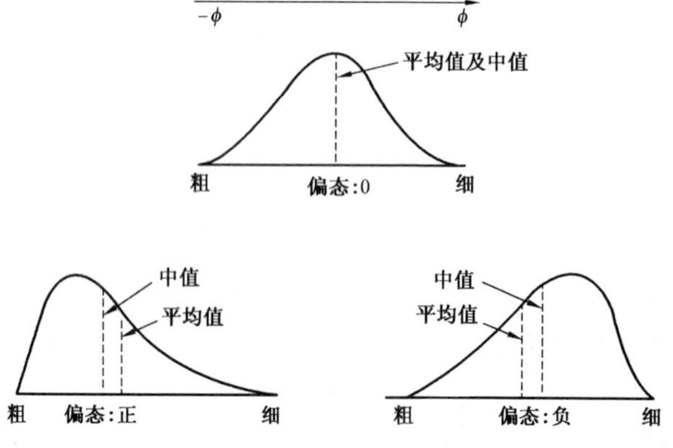

图3-13 不同偏度的频率曲线形状

（1）正偏态：峰偏向粗粒度一侧，说明沉积物以粗组分为主，细粒一侧表现为低的尾部。用偏度公式计算，SK_1 应为正值。

（2）负偏态：峰偏向细粒度一侧，沉积物以细粒为主，粗粒一侧有低的尾部。这时 SK_1 应为负值。

不对称的频率曲线可以是单峰曲线，但也见双峰曲线，表现为在含量较少的尾部有一个低的次峰（图3－14）。

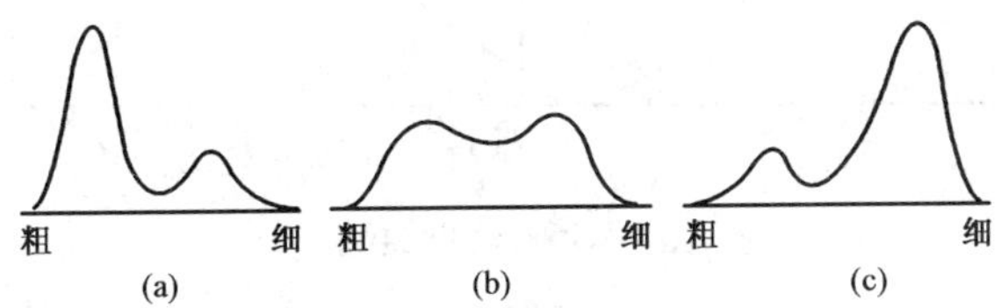

图3－14 双峰频率曲线形状

福克按偏度值 SK_1 将偏度分为五级：很负偏态：$SK_1 = -1 \sim -0.3$；负偏态：$SK_1 = -0.3 \sim -0.1$；近于对称：$SK_1 = -0.1 \sim +0.1$；正偏态：$SK_1 = +0.1 \sim +0.3$；很正偏态：$SK_1 = +0.3 \sim +1$。

偏态的研究对于了解沉积物的成因有一定的意义。一般说来，河砂表现为正偏度，这是由于河水中常含有悬浮的粘土和粉砂，使得粒度分布中出现了细的尾部。在海滩和沙丘环境，波浪和风的作用都能将细粒物质簸选掉，因此，粒度中不出现细尾。在海滩上，波浪作用保留了粗尾，因此，海滩砂表现为负偏度；风是没有能力搬运粗粒碎屑的，因此，在沙丘砂中其粗尾比细尾排除的更彻底，从而造成沙丘砂的正偏度。

这里要注意，虽然河砂和沙丘砂都是正偏度，但其产生机理却不相同。河砂是由于出现了细尾而显正偏度，而沙丘砂为正偏度是因为缺乏粗尾。分选很好的纯砂或纯砾等沉积物，其频率曲线常为单峰正态对称曲线。但当有另外的组分加入时，常使分选变差，频率曲线相应的变为不对称。如果加入的是粗组分，则构成正偏度；若加入的为细组分，则构成负偏度。当有明显不同的两个粒度总体混合沉积时，如果两者含量相等，那么会表现为最差的分选，频率曲线呈平坦的马鞍状双峰曲线，由于图形仍为左右对称，所以偏度的数值趋于零。

由此可见，偏度值趋于零有两种完全不同的含义。一种是指单峰正态曲线，分选最好；另一种是表示马鞍形双峰曲线，两种粒度总体等量混合，分选最差。前者一般见于海滩沉积，后者多属河流沉积，在成因分析时要注意区别。

4. 峰度（尖度）

峰度是用来衡量粒度频率曲线尖锐程度的指标，也就是度量粒度分布的中部与两尾端的展形之比（图3－15）。福克和沃德提出的峰度公式为：

$$K_G = \frac{\phi_{95} - \phi_5}{2.44(\phi_{75} - \phi_{25})}$$

在对称正态曲线中，ϕ_{95} 与 ϕ_5 之间的粒度间距是 ϕ_{75} 与 ϕ_{25} 之间粒度间距的2.44倍，因此正态粒度分布的 $K_G = 1$。根据一百多个样品分析。福克等用 K_G 值确定了峰值的等级界限：很平坦：$K_G < 0.67$；平坦：$K_G = 0.67 \sim 0.9$；中等（正态）：$K_G = 0.90 \sim 1.0$；尖锐：$K_G = 1.11 \sim 1.56$；很尖锐：$K_G = 1.56 \sim 3.00$；非常尖锐：$K_G > 3.00$。K_G 值的分布不规则，作图时使用不方便。福克和沃德又建议在作图时将 K_G 值转换为 K'_G 值，其换算公式为：

$$K'_G = \frac{K_G}{K_G + 1}$$

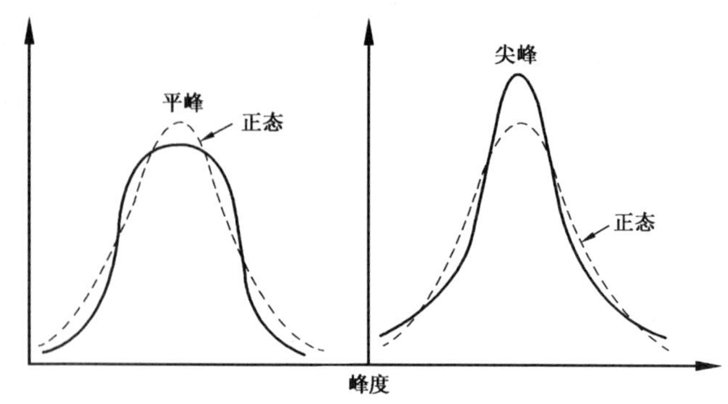

图 3－15　峰度类型

K'_G 值的变化范围在 0.33 ~0.90 之间，正态曲线的 K'_G 值等于 0.5。

峰度和偏度都能反映沉积物频率曲线的双峰性质及其尾部变化，因此，在判断沉积环境中都很有意义。正常的海滩沉积砂的频率曲线为单峰对称的正态曲线，其偏度和峰度都正常，即偏度值近于零，峰度值近于 1。不正常的偏度和峰度值反映沉积物具双峰或多峰性，属于多物源沉积。极端（极高或极低）的峰度是两组沉积物混合沉积造成的，这在河流沉积中最常见。在反映这些成因性质时，偏度和峰度值常比频率曲线表现得更灵敏。

海滩、沙丘、风成坪地以及河流砂质沉积物的粒度参数综合特点见表 3－6。用这些特点可以对沉积砂进行环境分析。

表 3－6　几种沉积类型的粒度特点

沉积类型	特　点				
	频率曲线形态	偏度	峰度	分选	粒度
河砂	常见双峰或多峰不对称曲线	变化大，正偏为主，也有负偏态	数值多低	差 ~ 中	粗 ↓ 细
海滩砂	单峰对称正态曲线为主	多对称、偶有负偏态	中等至微尖	好	
沙丘砂	单峰曲线，微不对称	正偏态	中等	极好	
风成坪地砂	双峰曲线，不对称	正偏态	尖锐	好	

四、粒度分析在沉积环境中的应用

沉积岩的粒度受搬运介质、搬运方式及沉积环境等因素的控制，反过来这些成因特点必然会在沉积岩的粒度性质中得到反映，这正是应用粒度资料确定沉积环境的依据。下面简要介绍一些方法。由于 *C—M* 图的应用前面已经描述，故这里主要描述用概率累积曲线图判断沉积环境

1. 概率累积曲线图的解读

现代和古代不同沉积环境的样品用筛析法做粒度分析，对具有不同特征的概率累积曲线图进行归纳和成因分类，同时研究和解释沉积物搬运方式与粒度分布的关系。沉积物的粒度一般不是表现为单一的对数正态分布，因此，其概率图总是由几条相交的直线段（称为次总体）构成（图 3－16）。

据研究，一般碎屑沉积物（或岩）包括三个次总体，这是由基本搬运方式的不同所造成的。搬运方式包括悬浮、跳跃和滚动三种，相应的在粒度概率曲线上形成了三个次总体，它们分别代表着样品中的悬浮搬运组分、跳跃搬运组分和滚动搬运组分。

水流一般可划分为层流和涡流。一般在水流的上部以层流为主，向下涡流增多。在正常水流中，沉降速度小于涡流垂直速度的细小颗粒在水中呈悬浮状态，构成悬浮负载（或悬浮载荷）；而较大的颗粒则下沉，成为底负载（或底载荷、床砂载荷）。水流对下沉组分的搬运方式又有两种，即跳跃搬运和滚动搬运。下面分别介绍各搬运组分的特点。

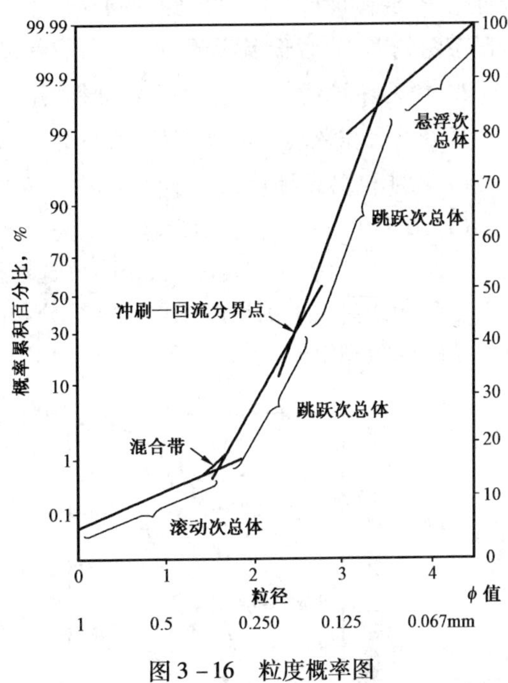

图3－16 粒度概率图

1）悬浮搬运组分

最细的颗粒在水流中呈悬浮搬运，其颗粒大小一般小于0.1mm，但这个数据不是固定的，它取决于搬运介质的搅动程度，或者说悬浮的最大粒度是水流搅动强度的标志。在悬浮负载与底负载之间有一定数量的交替。大多数沉积物中都包含一些从悬浮状态沉积下来的细粒组分，它们在粒度概率图中形成一个独立的悬浮搬运次总体（即细粒尾部），居于图3－16的右上方。

2）跳跃搬运组分

呈跳跃搬运的颗粒，其大小一般在0.1mm以上，最大可达1mm。最大粒度受水的流速、水深以及底层性质等因素的控制。跳跃搬运是指一边跳跃一边向前搬运。颗粒跳跃的高度从底面向上可达数十厘米。在跳跃层中，最粗的颗粒集中于底部。

跳跃搬运的方式在动荡的水中或流水中容易对颗粒进行分选，因此跳跃次总体是沉积样品中分选最好的组分。它往往作为主要部分构成沉积物的主体。在几种常见的河成、海成沉积中都是以跳跃次总体为主，悬浮次总体只作为次要组分填充于跳跃组分的颗粒间。在一般环境中，跳跃次总体在粒度概率图上表现为一个直线段居于图的中央，因常占最大的百分含量所以线段最长。但在一些特殊环境，如在海滩砂中，跳跃次总体可以发育为两个粒度次总体，表现为两个相交的线段，两者在中值和分选上略有差别。

3）滚动（或称为牵引、推移）搬运组分

这是最粗粒的组分，它们只能沿底面滑动、滚动、拖曳前进。在陡坡处滚动颗粒较多，在坡度较缓的地方，滚动颗粒明显减少。在粒度概率图上，滚动次总体居于左下方，是与上述两个次总体在中值和分选上均不相同的粗粒次总体。多数砂质沉积物都包括上述三种搬运方式所形成的组分，因此多数概率图由三条直线构成。直线段的斜率代表分选性，线段越陡说明分选越好。每一个直线段有一定的粒度区间和一定的斜率，表明沉积物中每一个粒度次总体都具有一定的平均粒径和标准偏差。各直线段的交点称为交切点。有的样品在两个粒度次总体间有混合带，表现为两线段圆滑接触。为保证作图的精度，构成每一个线段至少要有四个粒度点控制。

搬运介质水动力条件的不同、沉积时流体的性质以及自然地理条件的不同，造成砂质沉积物被搬运和沉积上的差别，这些在概率图上会有所反映，具体表现为直线段数目、线段区间、含量百分比、线段坡度、混合度、线段间交切点以及粗细尾端切割点位置上的差异。因此，仔细分析概率图的形态，对于判断沉积环境很有帮助。

2. 常见环境的概率累积频率曲线图

常见的沉积环境有以下四种。

1）海滩和浅海环境

（1）海滩砂：由三个或四个粒度次总体构成。在概率图上，跳跃次总体被分为两个直线段，两者斜率稍有差别但均较陡，说明分选性很好。跳跃组分具有这一特点，是由于其中包括了向岸流和回流两种沉积造成。悬浮组分和滚动组分含量都很少，相应的在图上线段很短，有时甚至缺少滚动组分（图3－17）。

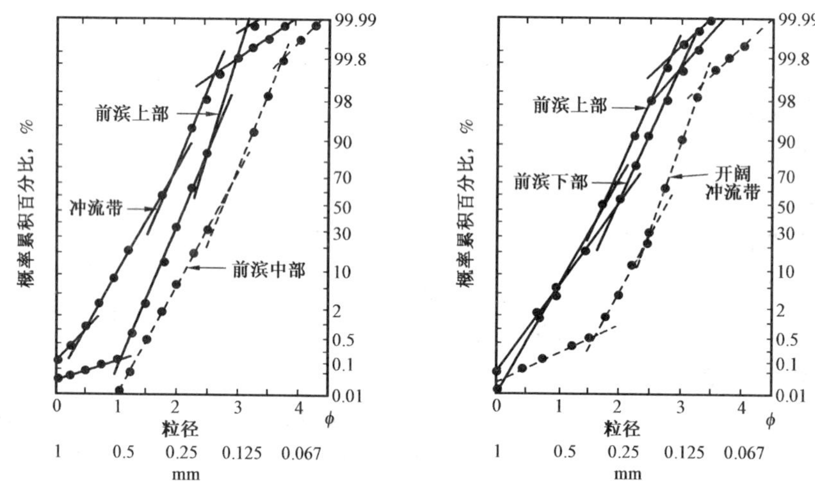

图3－17　海滩砂的粒度概率图

（2）沙丘砂：样品取自海滩附近的沙丘背上，在沙丘砂中跳跃组分的含量比海滩砂更高，一般占98%，分选更好，在图上再现为一个很陡的直线段。滚动组分含量很少，这是因为风的携带能力有限，很粗的砂粒不能搬至沙丘。悬浮组分的含量也少，形成细的尾部。（图3－18）。

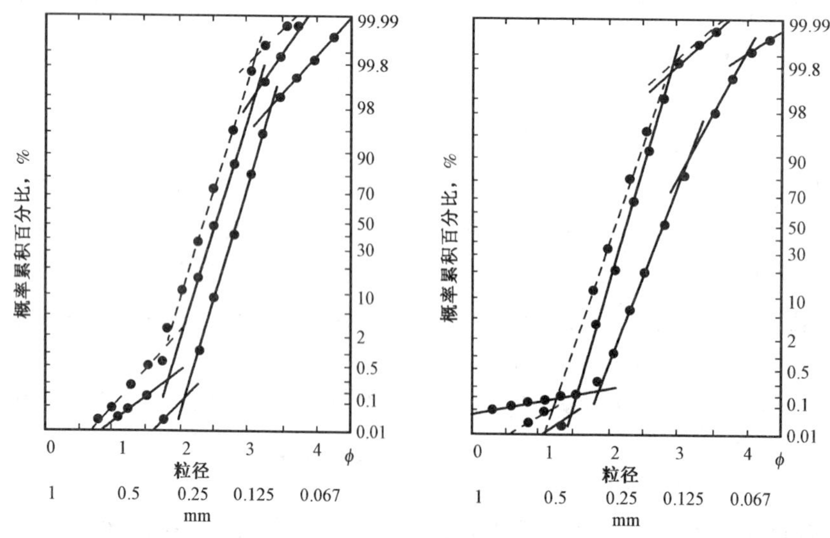

图3－18　海滩沙丘砂的粒度概率图

(3)波浪带浅海砂:样品取自低潮线至水深5.1m处,全部采样地区的沉积物表面都具有波痕。样品无例外地发育有三个粒度总体,仍以跳跃总体为主要成分,分选很好。这是波浪多次往返搬运簸选的结果,其粒度区间在(2.0~3.5)ϕ之间。悬浮组分含量不多,其数量多少可能与物源性质有关。由于缺乏强水流,滚动组分常表现很差的分选性(图3-19)。

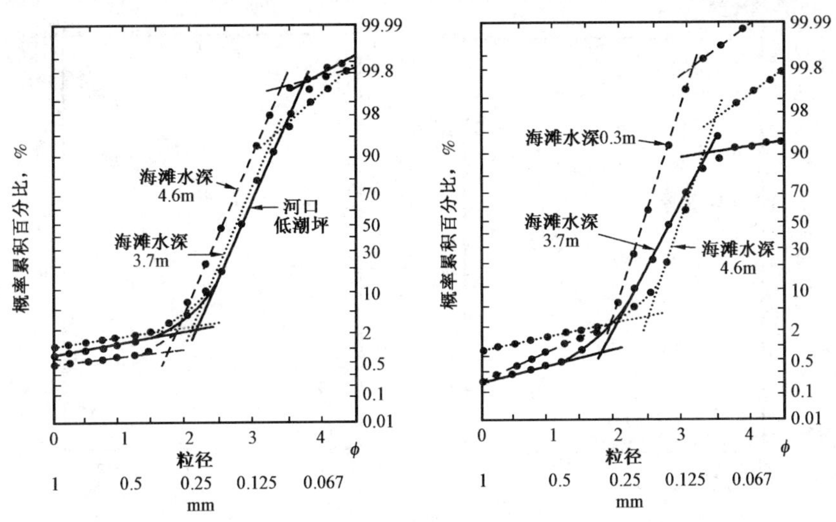

图3-19 波浪带浅海砂的粒度概率图

2)三角洲和河口环境

三角洲是复杂的过渡环境。海成三角洲位于河流入海处,是由海与陆交替作用形成的沉积复合体,从概率图上看,其形式也是介于河流沉积与浅海沉积之间。由于物源性质的不同,砂质沉积位置的不同和水流强度上的差别,使得三角洲砂的概率图复杂多样。难于用一种模式概括。实际上,海成三角洲中包括了各种亚相环境,不同亚相环境的粒度分布特点也不一样。例如,分流河口沙坝砂的粒度分布与浅海波浪带砂相似;支流河道砂,由两种粒度(悬浮组分和跳跃组分)组成,悬浮组分含量达20%,其概率图形式与河流沉积相似(图3-20)。

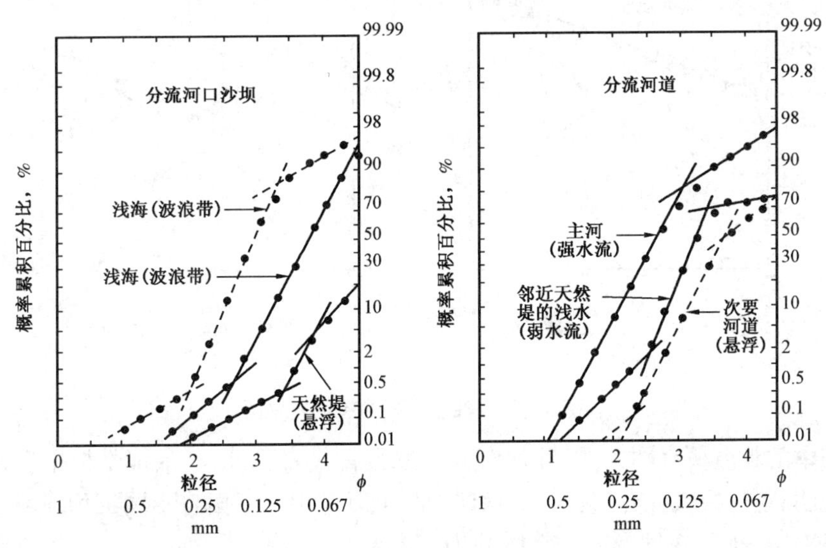

图3-20 分流河口沙坝砂及支流河道砂的粒度概率图

3）河流环境

河流沉积物粒度概率图的主要特点是悬浮次总体比较发育，其含量达30%，悬浮次总体与跳跃次总体之间的交截点在 ϕ 值区间内（2.75～3.5mm），跳跃总体的倾斜多在60°～65°范围内，一般不存在滚动组分（图3－21）。

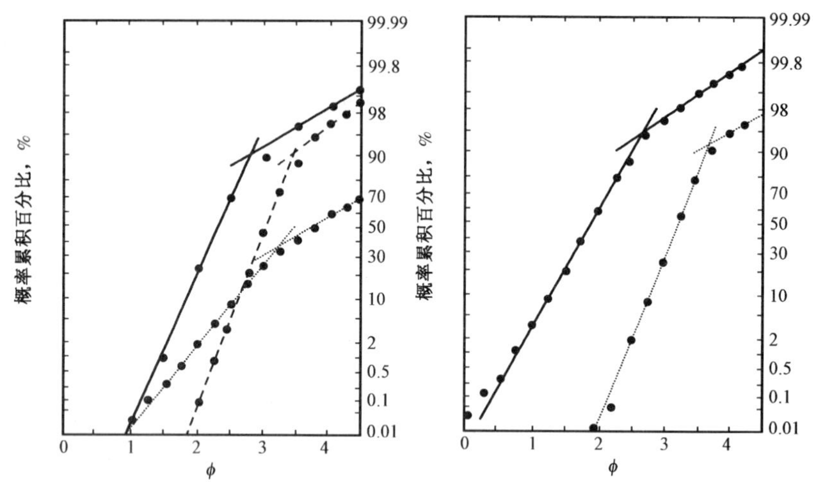

图3－21　现代河道砂的粒度概率图

4）浊流环境

浊流沉积的粒度概率图的特点很突出，悬浮次总体含量大，但是分选性很差。悬浮次总体与跳跃次总体的交截点在1.5ϕ以下（图3－22）。

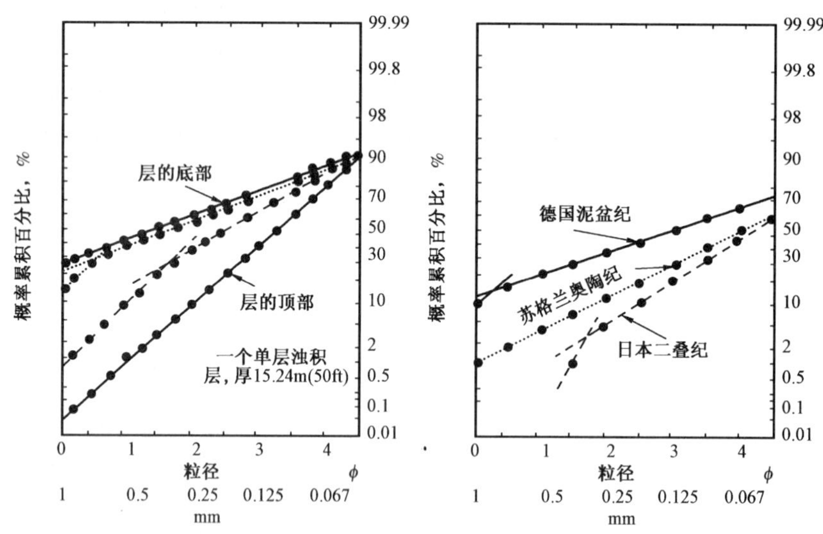

图3－22　浊流沉积的粒度概率图

上面列举的粒度概率图模式，除浊流样品取自古代岩石外，其余都是根据现代沉积作出的。实践证明，上述模式在鉴定古代沉积环境时可以应用。下面将不同沉积环境中砂岩沉积物的粒度概率图的特点列于表3－7中，供对照参考。

表 3-7　不同沉积环境砂质沉积物的粒度概率图特征

种　类	特征												主要特征
	跳跃组分(A)				悬浮组分(B)				滚动组分(C)				
	百分含量%	分选	C. T. (ϕ)	F. T. (ϕ)	百分含量%	分选	A. B. 混合	F. T. (ϕ)	百分含量%	分选	C. T. (ϕ)	A. C. 混合	
风成沙丘	97~98	很好	1.2~2.0	3.0~4.0	1~3	中等	中等	4.0~4.5	0~2	差	1.0~0	少	跳跃组分含量较高,分选极好
海滩	50~99	很好	0.5~2.0	3.0~4.25	0~10	中好	少	3.5~4.5	0~50	中	-1.0~无极限	中等	跳跃组分含量高,分为二段直线
波浪带浅海	35~90	好 很好	2.0~3.0	3.0~4.5	5~70	中等 差	多	3.75~4.5	0~10	差	0~无极限	少	三种组分都有,三段直线,以跳跃组分为主
河流(河床)	65~98	中	-1.5~-1.0	2.75~3.5	2~3.5	差	少	>4.5	变化	差	无极限	少	变化大,以跳跃组分为主,经常含有悬浮组分
天然堤	0~30	中	2.1~1.0	2.0~3.5	60~100	差	多	>4.5	0~5			无	单一种悬浮组分
浊流	0~70	中 差	1.0~2.5	0~3.5	30~100	差	多	>4.5	0~40	中 差	无极限	多	常只有悬浮组分,层内有递变现象

注:C. T. 代表粗粒一端的截点;F. T. 代表细粒一端的截点。

第七节　碎屑岩与油气的关系及研究方法

我国已发现的油气田中,储集岩大多数为碎屑岩类,其中砂岩和粉砂岩是良好的储集油气的岩石。

一、碎屑岩的储集特性

碎屑岩的孔隙由原生孔隙和次生孔隙两部分组成。原生孔隙又包括粒间孔隙和微孔隙,前者是指碎屑颗粒原始格架间的孔隙,后者是指直径小于0.5mm的孔隙,例如,泥杂基间孔隙、粘土矿物晶间孔隙、岩屑内孔隙以及矿物解理缝隙等微缝隙。据统计,微孔隙度通常可达百分之十几,但因其喉道极小,渗透率一般很低。

研究表明,不少油田的碎屑岩储集层均以次生孔隙为主。次生孔隙绝大部分形成于成岩后生期,一般都是易溶岩石组分溶解形成,例如,碳酸盐、硫酸盐和氯化物等矿物。一些难溶的硅酸盐矿物可能于成岩早期先被易溶矿物交代,然后再发生溶解形成次生孔隙。碎屑岩的储集性能通常以孔隙度和渗透率两个参数来衡量。

孔隙度,通常采用有效孔隙度,它是指岩石中互相连通的孔隙空间体积与岩石总体积之比,以百分数表示。成岩和后生变化(主要是压实作用和胶结作用)能使孔隙度由现代砂中的50%或更大减少到石英岩的接近于零。形成储集岩的大多数砂岩的孔隙度为5%~20%。

渗透率表示岩石在一定压差下使流体通过的能力，其单位为达西(D)。由于储油砂岩的渗透率一般较小，故常用其千分之一单位即毫达西(mD)表示。据报道，现代砂的渗透率可达(10～100)达西以上，但在大多数固结的砂岩中很少超过(1～2)达西。在很多储油砂岩中，渗透率一般只有几至几百毫达西。

在碎屑岩储集层中，孔隙度与渗透率之间可以有很大的相关关系。一般说来，砂岩的渗透率越好，其孔隙度越高，但这种关系并不总是这样，如孔隙度高的砂岩，其渗透率不一定很好，这是因为渗透率的好坏，除了受影响孔隙的那些因素控制外，还取决于孔隙本身的形状和大小，特别是孔喉半径的影响。

良好的碎屑储集岩大多数是中砂岩和细砂岩，其次是粗砂岩和粗粉砂岩，个别地区还有砾质砂岩和细砾岩。它们储集性能的好坏与岩性有很密切的关系。砂岩的孔隙度取决于粒度组分、排列方式以及胶结物的数量和成分。砂—粉砂岩的有效孔隙度随粒度中值的增大而升高，又因粘土物质的混入、填塞了部分孔隙而降低。显然，碎屑物质的分选性及其填隙物性质对孔隙度都有很大的影响。胶结物数量的增多，会使孔隙度急剧下降。硅质胶结物发育时，孔隙度降低最多；粘土胶结物对孔隙度影响最小；而碳酸盐胶结物介于两者之间。

影响渗透率的岩石特性有粒度、分选、格架颗粒的排列、胶结作用和层理。粒度中值和分选性对渗透性的影响比对孔隙度的影响大得多。实验证明，疏松砂岩粒度越细，分选性越差，其渗透性就越低。因此，在具有递变层理的浊积岩层序中，粒度向上变细，渗透率也就相应降低。

在其他条件相同时，砂的排列紧密程度也对孔渗有显著影响，颗粒排列越紧密，有效孔隙度就越低，因而渗透率也越低。例如，鄂尔多斯盆地延长统中的某段砂岩储集层，其中胶结物极少，岩石主要靠矿物颗粒紧密镶嵌而固结，薄片中颗粒界限很不清楚，石英未见次生加大现象，孔隙空间为颗粒压紧变形后留下的残留孔隙。这种孔隙小而不规则，连通性很差，一般物性极差。

层理对渗透率也有很大影响，因为在层理发育的砂岩中常夹有薄的泥质纹层，这种泥质纹层渗透率低，可以阻碍流体的垂直向流动。所以，渗透率具有明显方向性，其平行层面方向的水平渗透率较大，垂直层面方向的渗透率较小。一般生产中采用的渗透率是指水平渗透率。

填隙物(胶结物和杂基)对渗透率的影响首先表现在数量上。实验证明，化学胶结物含量在5%以下，粘土杂质含量在5%～10%之间，对渗透率没有明显影响。随着填隙物数量增多，对渗透率的影响显著增大，以致成为主导因素，而粒度的影响退居次要地位。就填隙物成分而论，硅质影响最大，钙质次之，粘土影响最小。这主要是因为粘土杂基本身具有比较发育的微孔，这部分微孔通常在粘土含量不大于20%的情况下，由于颗粒支撑使孔隙内的填隙物避免受压紧作用得以保存。正是因为粘土杂基的这种特性才使得砂岩的储集性能比一般化学胶结物要好。碎屑颗粒间填隙物的微孔必须借助于扫描电镜方可进行观察。

碎屑的矿物成分对渗透率也有影响。一般来说，纯石英砂的渗透率较高，岩石的渗透率随着长石、特别是深度风化长石和岩屑含量的增加而降低。从砂岩类型看，石英砂岩的储油物性最好，这是因为石英不易风化，表面光滑，对油吸附能力弱；与之相反，岩屑尤其是喷出岩屑和片状岩屑等，对油有吸附作用，影响岩石渗透率。因此，岩屑砂岩一般不是良好储油岩。我国大多数油田的砂岩类型多属长石砂岩，长石含量常高达30%～40%，甚至可达50%以上，一般渗透性良好，有的还是高产油层，这是因为碎屑长石主要是钾长石和酸性斜长石，风化程度较低，表面光洁，不怎么吸附油，对岩石物性影响不大。所以，在评价砂岩的储油性能好坏时，要具体分析碎屑成分影响储油物性的原因,分清长石和岩屑的类型及其风化程度。

综上所述,碎屑岩的储油物性与岩性的关系十分密切,而且也较为复杂,常常是几种因素综合起作用。一般来说,影响储油物性的主要因素是颗粒大小和分选好坏,其次,是颗粒排列紧密程度和填隙物的成分和数量;至于碎屑颗粒成分的影响远不及上述各种因素。

碎屑岩结构主要受沉积条件和成岩、后生作用控制。其中沉积条件控制岩石的原生结构,粒度、分选和杂基含量;而成岩、后生作用(主要是压实、压溶、胶结和重结晶作用等)进一步引起岩石发生变化。故碎屑岩储集性能的好坏,除受沉积条件影响外,最终还取决于成岩、后生阶段孔隙被改造的情况。研究成岩及后生作用的性质、强度及其相对时间,不仅可了解砂岩的成因,有助于阐明储集性能的控制因素和变化规律,而且还有利于了解油气运移历史,确定油藏形成的时间,为更有效地寻找油气富集地区指出方向。所以,对含油气盆地成岩及后生作用的规律进行研究是一项十分重要的课题。

二、砂岩的研究方法及其意义

对于碎屑岩(包括粉砂岩)的研究,不仅要在野外进行详细观察描述,而且还必须做大量的室内工作。

在野外(或岩心)要观察碎屑岩的颜色、成分和结构,对岩石定出大类名称,并研究其构造、产状以及与其他岩石的关系。此外,还应当注意岩石的含油情况,按规定把它们划分出一定等级,如油砂(饱含油)、油浸(不均匀含油)和油斑(斑点状含油)等。

在室内工作中,薄片鉴定是最基本的手段之一,用来详细研究砂岩成分、结构以及成岩、后生变化,以便正确地予以命名和进行成因分析。其他常用手段还有机械分析、重矿物含量分析等。为了确定碎屑岩的储集性能,可用专门方法测定砂岩的孔隙度和渗透率。用扫描电镜、阴极发光及 X 射线衍射和图像分析等现代化手段,再结合压汞分析,可以进一步研究碎屑岩孔隙结构、胶结物的类型和数量,进而阐明成岩环境的特点及其对储油物性的影响。同时地震和测井也是研究砂体形态、分布及其内部组成和含油性的非常重要的手段。

野外工作和实验室分析的结合,对地层的划分和对比,以及古地理、古构造、古气候等方面的研究,可以提供重要的依据。

复习思考题

1. 杂基与胶结物的异同点是什么? 各有何作用?
2. 简述碎屑岩的结构。
3. 举例说明三级命名。
4. 砂岩的命名与三级命名在哪些方面不同?
5. 碎屑岩的沉积后阶段主要发生了哪些作用,各有何特点?
6. 什么是底砾岩? 它的存在说明了什么?
7. 画图说明直方图、频率曲线图、累积频率曲线图和概率图的坐标、数据来源和判读方法。
8. 简述 C—M 图各段的含义,并说明牵引流和重力流的 C—M 图的特点。
9. 粒度参数有哪些? 各有何意义?
10. 在手标本上如何辨别钙质胶结、硅质胶结、泥质胶结和铁质胶结?

第四章　粘　土　岩

[**学习目标**]通过本章的学习，掌握粘土岩的颜色与物质成分之间的内在联系，掌握常见泥、页岩的识别标志；通过粘土岩的结构、构造特点，深入理解粘土岩的形成环境条件和分布规律，为以后研究油气的成因奠定基础。

粘土岩是由含量在50%以上、粒度小于0.01mm的粘土矿物所组成的沉积岩。它在地壳中分布很广，占沉积岩总量的50%左右，是沉积岩中最常见的一类岩石。钻井中经常遇到粘土岩，大量钻井事故都由它而生。

粘土岩是母岩在风化过程中所产生的细微碎屑质点和胶体矿物的混合物。粘土物质多为胶体沉积，也有机械沉积，只有少量是岩浆岩、凝灰岩、石灰岩等风化壳产物，称为表生粘土或残留粘土岩。实践证明，含大量有机质的黑色粘土岩，是重要的生油岩，我国各油区的生油岩，绝大多数都是粘土岩，具有一定厚度的粘土岩也可作为盖层。

第一节　粘土岩的物质成分

构成粘土岩的最主要矿物为粘土矿物，它们大多数来自母岩的风化产物，以悬浮方式被搬运到水盆地中沉积形成；由水盆地中的胶体及直接形成的自生粘土矿物及由火山灰蚀变产生的粘土是比较少见的。此外，粘土岩中少量碎屑矿物则主要为粉砂与砂，粘土岩中常含有一些有机质、腐泥质、沥青质及生物遗体等。现代海洋粘土沉积物与淡水沉积物中，有机质的含量变化于1%~5%之间，有机质中有60%~90%是由化学成分不同的生物遗骸及氨基酸组成。

一、粘土岩的矿物组成

1. 粘土矿物

粘土矿物主要来源于长石类矿物经化学风化的终端产物，高岭石、蒙皂石（又叫胶岭石、微晶高岭石）、伊利石（又叫水云母、伊利水云母）等。这三类矿物的物理性质各不相同，所以，它们在粘土岩中的含量直接影响粘土岩的物理性能。粘土矿物的搬运和沉积是以胶体形态进行的。主要粘土矿物的物理特性见表4-1。

表4-1　主要粘土矿物的物理特性

矿物	高岭石	伊利石	蒙皂石
化学分子式	$Al_4[Si_4O_{10}][OH]_3$	$K_1Al_2[(Si,Al)_4O_{10}][OH]_2 \cdot nH_2O$	$(Al_2,Mg_3)[Si_4O_{10}][OH]_2 \cdot nH_2O$
颗粒大小，mm	0.01~0.001	0.02~0.001	0.02~0.005
形态	疏松鳞片状，土状	鳞片状	土状
显光镜下集合体外貌	等轴形，鳞片状，六边形，边缘不平整	长形片状，不规则鳞片状，边缘轮廓清楚	扇状，束状，鳞片状，轮廓不清楚
结晶格架	层状结构，但层间坚固，不活动	介于高岭石与蒙皂石之间	层状结构，层间格架不坚固可活动

续表

矿物	高岭石	伊利石	蒙皂石
浸水之后	浸水后格架不活动，水分子不能进入层间，体积保持不变	介于高岭石与蒙皂石之间	浸水后层间格架分离，水可进入层间格架，增加层间距离，矿物膨胀体积增大
吸附性	弱	中等	强
膨胀性	极小	不大	显著
可塑性	强	中等	弱
耐火性	强	中等	弱

2. *碎屑矿物*

碎屑物质多为粉砂级，一般粒径都小于 0.01mm，是机械混入物，属陆源碎屑矿物，例如，石英、长石、云母及其他少量的岩屑（如酸性喷出岩、硅质岩、板岩等）及重矿物碎屑。碎屑矿物构成了粘土岩中的砂或粉砂部分，对于判断母岩成分、物质来源方向和粘土岩成因以及进行地层的划分、对比等提供了依据。

3. *自生矿物*

自生的粘土矿物在水盆地内生成，包括沉积（主要是胶体沉积）、成岩和后生阶段生成的粘土矿物，例如，铁的氢氧化物和氧化物、碳酸盐和硫酸盐、硫化物、磷酸盐、蛋白石等，可形成粗大的晶体，这些矿物含量虽少，但它们可以影响粘土岩的性质，又能反映粘土岩的形成条件及成岩后生变化。

除以上几种组分外，还含有数量不等的有机质，主要是腐泥质、沥青质、碳质及动植物遗体等。有些暗色的粘土岩中有机质的含量很高，正因为含有有机质，才使泥岩可能成为生油岩。

二、粘土岩的物理性质

粘土岩的特殊物理性质，对钻井速度和安全关系密切，这些性质主要有以下几方面。

1. *可塑性*

粘土岩浸水后可由外力改变其形状，当外力去掉后并不复原，这种性质称为可塑性。有些粘土岩随深度增加可塑性也随之加大。据研究，在4000m 深井下，脆性页岩也向可塑性过渡。

在可塑性地层中钻进，转数不可过高，因为转数越高、钻头牙齿与岩石接触时间越短；而对于塑性大及多孔性岩石，钻头牙齿加压和转动使岩石由变形到破碎需要较长时间。所以，合理的钻压与钻速配合十分重要。另外，由于岩石的可塑性可被上覆地层挤入井中从而使井径缩小造成卡钻。第四系地层中半固结的泥岩，可塑性极大，所以在岩心出筒时因粘滞作用而使岩心伸长，收获率往往超过 100%，故岩心归位时应考虑压缩。

2. *吸水性*

某些粘土岩能吸收大量水分使体积显著膨胀，有时可达 50%，甚至更多。如胶岭石粘土岩的膨胀性最强，能吸收相当于本身体积 8 倍的水分，吸水后体积可膨胀 10 ~ 30 倍，因此，又称为膨润土，利用这一性质，常作为钻井液的原料。粘土岩的这种很强的吸附能力和离子交换性能不仅限于表面分子，还可沿颗粒间的接触边界及裂隙渗入内部，从而松动其分子间的联系。粘土岩本身含水量与所处深度成反比，当深部岩层一旦被钻开，泥浆中液相即可被大量吸收，虽然岩石强度降低可使钻速加大，但对井壁的稳定性实为不利。粘土岩的吸水性，还可使井底岩屑形成很大可塑性团块,成为钻头的工作刃(刮刀刃或牙轮齿)和井底间的垫层,不仅影响钻速,而且增大钻头磨损。如果这种可塑性团块使钻头泥包,起钻时可造成抽汲井喷,或诱使地层空隙压力释放而致井壁坍塌。

3. 吸附性

粘土吸附气态物质、液态物质、脂肪、有机物质、碱类等的性能称为吸附性。由于各种粘土矿物吸收颜色的性质不同,因此,可以借助有机色剂来鉴定粘土矿物。在粘土岩中以蒙皂石粘土岩的吸附性最强,常用于净化石油;高岭石粘土岩的吸附性最差;有机质向石油转化过程中吸附性也起很大作用。

4. 非渗透性

粘土岩的非渗透性是指在地层压力条件下流体能否通过岩石的性质称为渗透性。粘土岩颗粒细小,颗粒间仅有微毛管孔隙,其直径小于0.2μm。在这种孔隙中因流体与介质分子之间的巨大引力,常温常压条件下,液体在其中不能流动,即使在地层温度和压力条件下,也只能引起分子或分子团的扩散。因此,粘土岩是一种非渗透性的岩石。这种非渗透性,使粘土岩成为石油及天然气在地下保存的良好的盖层。据统计,世界上334个大油气田中,以粘土岩作为盖层的占65%。我国的大庆及渤海湾地区油田都是以粘土岩作为油气藏的盖层。

第二节　粘土岩的结构、构造和颜色

一、粘土岩的结构

粘土岩颗粒微小,其结构需在显微镜下观察的称显微结构。肉眼观察时,粘土岩中最常见的结构有以下几类。

1. 按粒度分类

(1)泥质结构:粘土质点含量大于95%,几乎全由0.01mm以下的细微质点组成,岩石均一致密。如果质点更细,则呈致密状结构,或呈凝胶状结构。具有泥质结构的粘土岩,用牙咬或手捻时,感觉不出颗粒的存在,用小刀能切出光滑的切面,加水滚搓可成很细(直径可达0.5mm)的长泥条,具贝壳状断口。多出现于静水环境中,多为胶体化学沉积。

(2)砂泥质结构:粘土质含量大于50%,若粉砂含量5%~25%,称为含粉砂泥质结构;粉砂达25%~50%时,则称为砂泥质结构。用牙咬或手捻有明显的颗粒感觉,断口不平整,刀切面不光滑,搓碎后在手掌中用水轻轻冲洗,可将泥质冲走而留下粉砂。多形成于河漫滩或靠近海、湖边缘地区。

2. 按结晶程度分类

根据粘土岩矿物的结晶程度及晶体形态可将粘土岩结构划分为非晶质结构、隐晶质结构、显晶质结构和粗晶结构。非晶质结构不显光性;隐晶质结构微显光性;显晶质结构可见细小粒状、鳞片状、纤维状结构;粗晶结构为重结晶后形成的较大晶体,如高岭石重结晶呈蠕虫状晶体。这些结构多需在偏光显微镜下观察。

3. 按粘土矿物集合体的形状分类

按粘土矿物集合体的形状分为胶状结构、鲕状结构和豆状结构。

(1)胶状结构:岩石由凝胶老化形成,可见脱水裂隙和贝壳纹。

(2)鲕状结构:鲕粒直径一般小于2mm,鲕粒由粘土矿物组成,并有核心和同心层结构,核心常是生物碎屑或矿物碎屑。一般多认为是在温暖或温热气候、地形平缓、介质动荡的浅海条件下形成。

(3)豆状结构:豆粒直径大于2mm,一般无同心层。均由粘土矿物组成,有时被有机质或氧化铁污染而带颜色。

4. 其他结构

这是指在粘土岩的沉积环境和成岩过程中形成的结构。

(1)斑状粘土结构:在细小的粘土基质中,有较粗大的粘土矿物晶体。例如,高岭石粘土岩常具有斑状粘土结构,大晶体多是重结晶作用生成的。

(2)生物粘土结构:为富含动植物残体、碎片、微生物遗骸的粘土岩。一般颜色较深,富含有机质。这种结构是判断沉积环境的重要依据。

(3)砾状或角砾状结构:这种结构是由粘土物质沉积后尚未完全固结时,受波浪冲击而产生的碎屑(同生砾石)又被粘土物质胶结而成。也有的是成岩阶段由胶体脱水体积收缩所致。

二、粘土岩的构造

存在于粘土岩中的构造类型不多,主要有如下几种构造。

1. 粘土岩的层理构造

粘土岩一般发育薄的水平层理,发育良好而细层厚度小于1cm者称为页理。页理的形成是由于片状矿物,如水云母、绢云母、绿泥石等,沿层面排列所致,实际上是一种定向构造,又叫稳层理构造。湖成粘土岩常呈小的韵律性层理。水平层理说明粘土岩的形成环境多在静水或流动性十分微弱、搅动力不强的水动力条件下沉积而成。

粘土岩有时也发育块状构造。

2. 粘土岩的层面构造

粘土岩常见的层面构造有泥裂、雨痕、晶体印痕等,它们都能反应沉积条件。此外,在粘土岩中常含有各种矿物成分的结核,如菱铁矿、黄铁矿和方解石等。这些结核可以说明沉积时介质的物理化学条件和自然地理条件,如黄铁矿和菱铁矿的存在,说明当时为还原环境。

3. 显微构造

显微构造是指矿物质点的光学性质在显微镜下的显现,如鳞片状、毡状、定向构造等。

除上述构造外,由于物质成分及颜色的不同,还可形成斑点构造、巢状构造、带状构造、条纹构造、网状构造和虫孔构造等。

三、粘土岩的颜色

粘土岩的颜色多样,它取决于粘土矿物的成分、杂质、有机质的含量及所含色素的颜色,如含有铁质化合物常为绿、红、褐、黄色,含有游离碳常为灰、黑等色。粘土岩也常见因褪色而呈混杂色。

成分较纯的高岭石粘土岩、水云母粘土岩、胶岭石粘土岩,常呈白色、浅灰色、淡灰黄色或淡绿色等。粘土岩中色素离子的含量对颜色影响很大,如含 Fe^{3+} 较多时使粘土岩呈红色、紫色;含 Fe^{2+} 较多时则呈灰色、绿色等;含锰的氧化物(如 MnO_2)可使颜色呈褐色或黑色;含多种色素就呈现杂色斑点。

含有机碳的粘土岩可呈深浅不同的灰黑色,有机碳的含量越高,粘土岩的颜色就越深;沥青质的存在可使岩石呈现不同色调的褐色；有时由于细分散的 FeS_2 混入，可使岩石呈灰黑色，它是在还原条件下形成的；粘土岩中若含有较多的海绿石、绿泥石、孔雀石、蓝铜矿时，可呈绿色或蓝色，它们形成于弱氧化—弱还原环境。

在用颜色判别生成环境时，必须查清是原生色还是次生色。因为在风化作用下原生的黑色、灰黑色粘土岩也可被氧化成红色。

第三节 粘土岩的分类及主要类型

一、粘土岩的分类

粘土岩的分类是一个复杂的问题，这是因为粘土岩的成因和成分比较复杂；组成粘土岩的矿物颗粒极为细小，精确鉴定和定量统计困难；在成岩作用中又极易变化。因此，虽有不少人从不同角度对粘土岩进行分类，但均有不足之处。到目前为止，还没有一个完善的分类。一般先按成岩作用中的变化和页理的发育程度分为泥岩和页岩，然后再按结构或成分细分，见表 4 -2。

表 4 -2 粘土岩综合分类

<table>
<tr><td colspan="2" rowspan="3">结构及成分</td><td colspan="4">固结程度</td></tr>
<tr><td rowspan="2">未—弱固结
（未重结晶）</td><td colspan="2">固结
（未—中等重结晶）</td><td>强固结重结晶矿物
>50%</td></tr>
<tr><td>无页理</td><td>有页理</td><td rowspan="15">泥板岩</td></tr>
<tr><td rowspan="3">结构（粉砂或砂含量）</td><td><5%</td><td>粘土</td><td>泥岩</td><td>页岩</td></tr>
<tr><td>5% ~25%</td><td>含粉砂（砂）粘土</td><td>含粉砂（砂）泥岩</td><td>含粉砂（砂）页岩</td></tr>
<tr><td>25% ~50%</td><td>粉砂（砂）质粘土</td><td>粉砂（砂）质泥岩</td><td>粉砂（砂）质页岩</td></tr>
<tr><td rowspan="7">粘土矿物成分</td><td>高岭石</td><td>高岭土</td><td>高岭石泥岩</td><td>高岭石页岩</td></tr>
<tr><td>蒙皂石</td><td>蒙皂石粘土</td><td>蒙皂石泥岩</td><td>蒙皂石页岩</td></tr>
<tr><td>伊利石</td><td>伊利石粘土</td><td>伊利石泥岩</td><td>伊利石页岩</td></tr>
<tr><td>海泡石</td><td>海泡石粘土</td><td>海泡石泥岩</td><td>海泡石页岩</td></tr>
<tr><td>高岭石、蒙皂石</td><td>高岭石—蒙皂石粘土</td><td>高岭石—蒙皂石泥岩</td><td>高岭石—蒙皂石页岩</td></tr>
<tr><td>高岭石、伊利石</td><td>高岭石—伊利石粘土</td><td>高岭石—伊利石泥岩</td><td>高岭石—伊利石页岩</td></tr>
<tr><td>蒙皂石伊利石</td><td>蒙皂石—伊利石粘土</td><td>蒙皂石—伊利石泥岩</td><td>蒙皂石—伊利石页岩</td></tr>
<tr><td rowspan="4">混入物成分</td><td>钙质</td><td rowspan="4"></td><td>钙质泥岩</td><td>钙质页岩</td></tr>
<tr><td>铁质</td><td>铁质泥岩</td><td>铁质页岩</td></tr>
<tr><td>硅质</td><td>硅质泥岩</td><td>硅质页岩</td></tr>
<tr><td>有机质</td><td>黑色泥岩、碳质泥岩</td><td>黑色页岩、碳质页岩、油页岩</td></tr>
</table>

粘土岩的结构分类是按岩石中粉砂、砂的含量划分,可分为三类。

(1)粘土岩:粘土级颗粒含量大于95%。

(2)含粉砂(砂)粘土岩:粉砂(砂)含量为5%~25%。

(3)粉砂(砂)质粘土岩:粉砂(砂)含量为25%~50%。

按矿物成分可把粘土岩分为单矿物和复矿物粘土岩两大类。单矿物粘土岩,粘土矿物成分单一,主要粘土矿物含量大于50%。按主要矿物可命名为高岭石粘土岩、蒙皂石粘土岩等。复矿物粘土岩是由两种以上粘土矿物组成,可采用矿物复合名称来命名,如伊利石—高岭石粘土岩等。

二、粘土岩的主要岩石类型

1. 伊利石粘土岩

伊利石粘土岩又名水白云母粘土岩,是分布最广的一类粘土岩。多呈水平层理,显微镜下常见杂乱构造及定向构造。我国西北、西南各含油盆地中的粘土岩多是伊利石粘土岩,常为良好的生油岩及盖层。

2. 高岭石粘土岩

高岭石粘土岩以高岭石为主,含量达90%以上,化学成分中Al_2O_3含量较高,常在30%以上,仅次于SiO_2含量。江西景德镇高岭村的高岭石为在湿热气候条件下形成的风化残积型高岭石粘土岩。沉积型高岭石粘土岩多形成于各种大陆环境(如湖泊、沼泽、河漫滩、牛轭湖等)及近岸的海洋环境中。

3. 蒙皂石粘土岩

蒙皂石粘土岩又称蒙皂岩、斑脱岩、膨润土等,主要由蒙皂石组成,此外,还有蛋白石、方解石、石膏等,有时也有有机物。土状,有滑感,吸水性强,吸水后体积剧烈膨胀。吸附性强,可塑性差。可用作石油化工产品及其他工业产品的净化剂,并可用于石油钻井液原料。

4. 泥岩

泥岩不具有页理构造,遇水不立即膨胀。常用机械混入物命名,例如,钙质泥岩、砂质泥岩、碳质泥岩等。

巨厚的粘土迅速沉积,在承受上覆压力压缩时,上部及下部被压实固结,渗透性减弱,而中部的部分流体无处可去,处于欠压实状态,孔隙度大,其中流体比上下压力均高,可能出现高压异常。例如,我国华北钻探古潜山油藏时就发现深埋于地下千米左右的泥岩竟是高压含水软泥。国外也有类似报道,所以在巨厚沉积泥岩中钻进时要予以注意。

5. 页岩

页岩固结较致密,具有页理构造,通常以伊利石和高岭石为主要成分,机械混入物较多,按其成分和颜色可进一步划分。

(1)钙质页岩:$CaCO_3$含量不超过25%,主要为粘土矿物,颜色多,常见为红色、紫色、灰绿色等,滴盐酸起泡,质地坚硬,但性脆。常见于陆相红色地层,也可见于海相、潟湖相中,例如,四川侏罗系、三叠系中页岩即常含方解石。常与石灰岩、泥灰岩共生。

(2)铁质页岩:含Fe^{3+}的氧化物或氢氧化物呈红色、紫红色;含有Fe^{2+}的菱铁矿、绿泥石、黄铁矿的则为绿色、黑绿色,有近似贝壳状的断口,多产于海相地层。

(3)硅质页岩:普通页岩SiO_2含量约58%,而硅质页岩可高达85%,其硅质可能来自海底火山喷发及硅藻类生物,质地坚硬,与钙质页岩的区别是滴盐酸不起泡。

(4)黑色页岩:有机质与粘土质混合,常含黄铁矿,是在温暖气候条件下还原环境中沉积形成,例如,深湖、沼泽、潟湖等,其中常富含胶体物质,钻井中易破碎。有时含沥青质可能为生油层,与碳质页岩区别在于黑色页岩不染手。

(5)碳质页岩:含大量已碳化的有机质,可见到植物残迹,岩石松软可以染手,常与煤层共生,我国二叠系、侏罗系含煤地层中均有,生成于湖泊及沼泽地带。灰分大于30%,可作为低能燃料。

复习思考题

1. 观察泥页岩的颜色时应注意什么问题?
2. 钙质页岩与硅质页岩在手标本上如何区别?
3. 碳质页岩与黑色页岩在手标本上如何区别?
4. 页岩与泥岩的根本区别是什么?
5. 粘土岩在石油工业中的意义是什么?

第五章 火山碎屑岩

[**学习目标**]通过对本章的学习，了解火山碎屑岩物质成分特点，对火山碎屑岩的结构特征与陆源碎屑岩进行比较和区分，重点掌握火山碎屑岩的分类和主要岩石类型。

火山碎屑岩是火山作用形成的各种火山碎屑物质堆积后经多种方式固结形成的岩石。它是介于火山岩与正常沉积岩之间的一种过渡岩石类型，兼有两者的特点。与火山碎屑岩相伴生的常有熔岩、次火山岩（超浅层侵入岩）和正常沉积岩类。火山碎屑岩一般形成于火山喷发时期，通过对其研究，可以了解火山活动的情况。火山碎屑岩常在正常沉积岩中呈夹层出现，对地层的划分和对比具有重要意义。

火山碎屑岩在自然界分布非常广泛，从前寒武纪到第四纪均有分布。我国东部地处环太平洋火山活动地带，中、新生代沉积岩中广泛发育火山岩与火山碎屑岩系。火山岩及火山碎屑岩系中赋存有丰富的矿产资源，例如，铜、铁、铅、锌、汞、铝、明矾石、萤石和稀有及放射性元素。未脱玻化的玻屑凝灰岩可作膨胀珍珠岩原料，浮石状凝灰岩可作优良水泥的混合原料，蒙皂石化凝灰岩可作吸附剂、脱色剂、填料、制模材料等。

第一节 火山碎屑岩的成分

火山碎屑岩主要由火山碎屑物质组成，其次含一定量的正常沉积物、熔岩物质等。火山碎屑物质按其组成及结晶状况分为岩屑（岩石碎屑）、晶屑（晶体碎屑）和玻屑（玻璃碎屑）三种类型。

一、岩屑

岩屑形状多样，大小不一，可为微细至数米的巨块。依其形态可分为刚性和塑性两种类型。前者多为已凝固的岩浆或火山基底及通道的围岩，当火山爆发时炸碎而成，在搬运和堆积成岩过程中一般不再发生形态变化；后者又称为塑性玻璃岩屑、浆屑或火焰石等，由尚未固结或未完全固结的熔浆团块，在喷出后经塑性变形而成，有玻璃质结构。塑性熔浆团块喷至空中，在飞行过中，由于旋转，中央离心力大，形成中间大，两端小，形如纺锤状、梨状的岩屑，称为火山弹。也有一些塑性熔浆，由于喷发高度不大，堆积时尚未凝固，后在上覆迅速堆积物的压力作用下压扁拉长，断面常呈撕裂状、火焰状、树枝状、透镜状、条带状等，称为火焰。塑性岩屑粒度一般大于2mm，内部常见斑晶，可具有气孔、杏仁和流纹构造。在正交光下可见梳状边、球粒、镶嵌等脱玻化结构。

二、晶屑

晶屑是矿物晶体的碎屑，多为早期析出的斑晶随熔浆炸碎而成，粒度大小一般不超过2~3mm。外形不规则，常呈棱角状，柔性较大的黑云母晶屑，可出现扭折、弯曲现象。由于发生喷发的主要是粘度较大的酸性岩浆，因此，最常见的晶屑是石英、钾长石和酸性斜长石，其次是黑云母、角闪石，辉石和橄榄石极少见。石英晶屑表面极为光洁，具有不规则熔蚀外形（图5-1）。

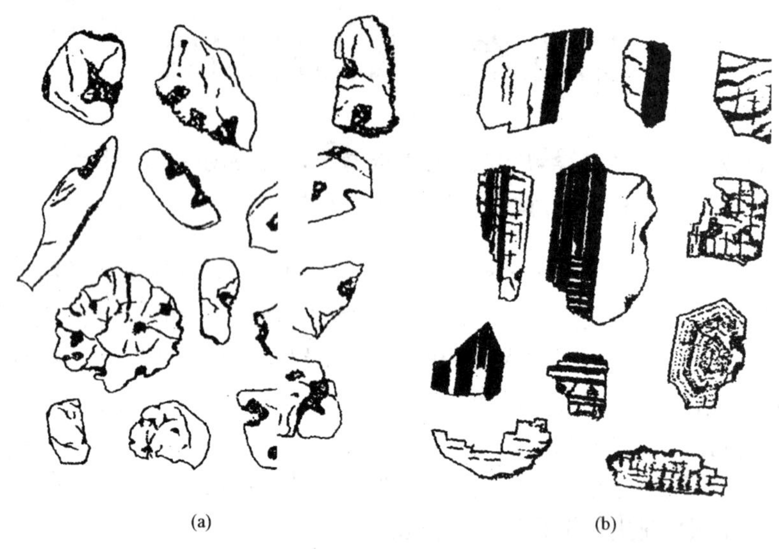

图5－1　石英晶屑和长石晶屑

(a)石英;(b)长石

三、玻屑

玻屑是气泡化的岩浆爆碎的产物,喷发时一般尚未完全凝固。粒度大小一般在0.1～0.01mm之间,很少超过2mm,在2～0.01mm之间的称为火山灰,小于0.01mm的称为火山尘。有半塑性和塑性玻屑之分。半塑性玻屑一般简称玻屑,基本保存了爆破后的气孔壁的原始形态,如弧面状、镰刀状、鸡骨状等。塑性玻屑在堆积时仍为可塑状态,可发生棱角圆化、压扁拉长、平行定向等形态和排列方式上的变化。塑性玻屑与塑性岩屑的区别是,前者粒度一般小于2mm,没有斑晶,通常不见气孔、杏仁体,内部一般不见球粒和镶嵌结构。(图5－2)。

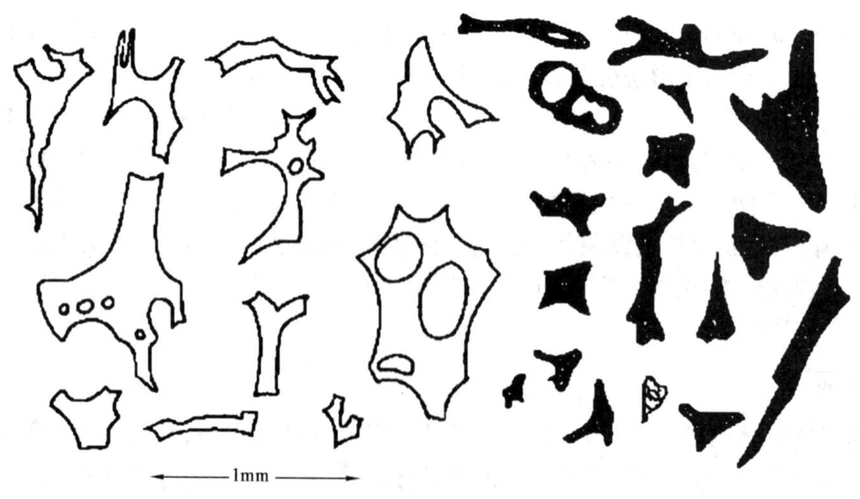

图5－2　弧面棱角状玻屑

第二节　火山碎屑岩的结构、构造和颜色

一、结构

火山碎屑岩的结构可按粒度和成因特征进行分类。

1. 粒度结构

按照粒度，火山碎屑可划分为火山集块（大于100mm）、火山角砾（100～2mm）、火山灰（2～0.01mm）、火山尘（小于0.01mm）。

（1）集块结构：火山碎屑物的粒度大于100mm且含量大于50%。

（2）火山角砾结构：火山碎屑物粒度介于100～2mm之间且含量大于75%。

（3）凝灰结构：火山碎屑物粒度介于2～0.01mm之间且含量75%。

（4）尘屑结构：火山碎屑物粒度小于0.01mm且含量大于75%。

2. 成因结构

（1）塑变（熔结）结构：主要由塑性玻屑和塑性岩屑彼此平行重叠熔结而成，可含少量的刚性碎屑，根据主要碎屑粒度的大小可进一步分为熔结集块结构、熔结角砾结构和熔结凝灰结构。

（2）碎屑熔岩结构：是火山碎屑岩向熔岩过渡的一种结构，火山碎屑物被熔岩胶结。根据主要碎屑的粒度大小可作进一步划分。

（3）沉火山碎屑结构：是火山碎屑岩向正常沉积岩的过渡类型结构，以火山碎屑为主，混入有少量的正常沉积物。

（4）凝灰沉积结构：是以正常沉积物为主的过渡类型的结构，在正常沉积物中混有少量的火山碎屑物质，如凝灰砾状结构、凝灰泥质结构等。

二、构造

火山碎屑岩常见的构造有下述几种。

1. 假流纹构造

假流纹构造由压扁拉长的塑变玻屑和塑变岩屑定向排列形成，一般无气孔及杏仁体而有别于流纹构造。

2. 火山泥球构造

火山泥球构造是火山灰级碎屑物质凝聚成球状、豆状，中心粒度较粗，边缘变细，具有同心层构造。一般认为是当雨滴通过喷发云时由湿润的火山灰凝聚而成的。

3. 斑杂构造

斑杂构造是火山碎屑物在颜色、粒度、成分上分布不均，无一定的排列方向，由此表现出来的一种杂乱构造。

4. 平行构造

平行构造泛指由伸长状的火山碎屑物，如透镜体、饼状体、熔岩团块和条带等定向排列所组成的构造，其连续性和平行性不如假流状构造。

三、颜色

火山碎屑岩常具有特殊鲜艳的颜色，例如，紫红、嫩绿、浅红、浅黄、灰绿等，是野外识别火

山碎屑岩的重要标志之一。颜色主要取决于物质成分，中基性火山碎屑岩颜色深，呈暗紫红、墨绿等色；中酸性火山碎屑岩颜色较浅，常呈粉红、浅黄等色。其次取决于次生变化，如绿泥石化则显绿色，蒙皂石化则呈灰白或浅红色。

第三节　火山碎屑岩的分类及主要类型

一、火山碎屑岩的分类

火山碎屑岩兼有火山岩和沉积岩的一些特性，因此在分类上需考虑的因素较多。在此推荐使用孙善平(1978)的分类方案(表5－1)。该分类中首先依据火山碎屑岩向沉积岩和熔岩过渡的特征分，把火山碎屑岩分为向熔岩过渡类型、正常火山碎屑岩类型和向沉积岩过渡类型三个大类，据成岩方式和结构构造特征进一步分为五个亚类，每一亚类又据火山碎屑的粒径分为三种。

表5－1　火山碎屑岩分类

<table>
<tr><td>大类</td><td rowspan="2">向熔岩过渡的火山碎岩（火山碎屑熔岩）</td><td colspan="3">正常火山碎屑岩</td><td colspan="2">向沉积岩过渡的火山碎屑岩</td></tr>
<tr><td>亚类</td><td>熔结火山碎屑岩亚类</td><td>普通火山碎屑岩亚类</td><td>层状火山碎屑岩亚类</td><td>沉积火山碎屑岩亚类</td><td>火山碎屑沉积岩亚类</td></tr>
<tr><td>火山碎屑物相对含量</td><td>10%～90%</td><td colspan="3">>90%</td><td>90%～50%</td><td>50%～10%</td></tr>
<tr><td>成岩作用方式</td><td>熔岩胶结</td><td>熔结状</td><td>以压实胶结为主，有部分火山灰分解物质</td><td>火山灰分解物质胶结及压实胶结</td><td colspan="2">化学沉积物及粘土胶结</td></tr>
<tr><td>火山碎屑粒度，mm</td><td colspan="6">岩石名称</td></tr>
<tr><td>>100</td><td>集块熔岩</td><td>熔结集块岩</td><td>集块岩</td><td>层状集块岩</td><td>沉集块岩</td><td rowspan="2">凝灰质砾岩</td></tr>
<tr><td>100～2</td><td>角砾熔岩</td><td>熔结角砾岩</td><td>火山角砾岩（火山砾角砾岩）</td><td>层状火山角砾岩</td><td>沉火山角砾岩</td></tr>
<tr><td><2</td><td>凝灰熔岩</td><td>熔结凝灰岩</td><td>凝灰岩</td><td>层状凝灰岩</td><td>沉凝灰岩</td><td>凝灰质砂岩；凝灰质粉砂岩等</td></tr>
</table>

二、火山碎屑岩主要类型

1. 正常火山碎屑岩类

火山碎屑物含量大于90%，正常沉积物和熔岩物质极少。按成岩作用方式和结构构造特点，又可分为普通火山碎屑岩、熔结火山碎屑岩和层状火山碎屑岩三个亚类。

1) 普通火山碎屑岩亚类

普通火山碎屑岩亚类成岩方式以压结为主，常叠加有水化学胶结，胶结物往往为火山灰分解物，由蛋白石和粘土矿物（如蒙皂石）构成，重结晶后变成玉髓和水云母集合体。一般成层构造不明显。火山碎屑物质主要由集块、火山角砾、火山砾、晶屑和半塑性的玻屑组成，以刚性和半塑性碎屑为主，没有堆积后的压扁、拉长等塑性变形现象。按岩石中主要碎屑（含量大于50%）的粒度可分为火山集块岩、火山角砾岩和凝灰岩等类型。当不同粒级的火山碎屑含量混杂时，定名可据各种碎屑的含量投点（图5－3）确定复合名称，如角砾凝灰岩、集块角砾岩等。

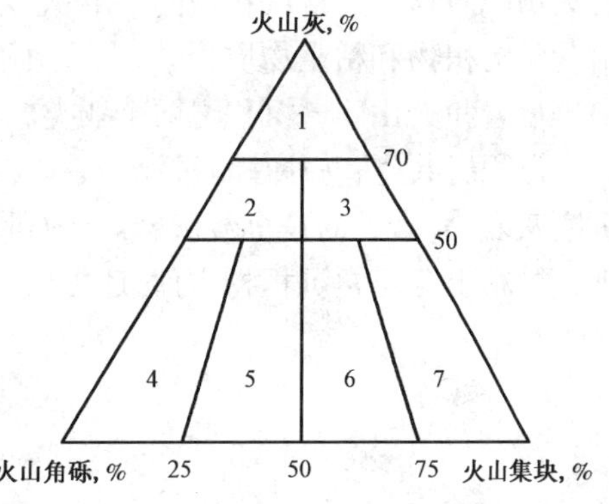

图5－3　火山碎屑岩粒度分类

2) 熔结火山碎屑岩亚类

火山碎屑物在堆积后仍具有较高的温度，处于可塑状态，在上覆物质的负荷压力下，经变形、熔结而成熔结火山碎屑岩亚类。岩石具熔结结构，碎屑主要由晶屑、塑变岩屑、塑变玻屑和火山尘组成，也可有少量的刚性岩屑，由于塑变碎屑拉长定向而具有假流纹构造。根据碎屑的粒度分为熔结集块岩、熔结角砾岩和熔结凝灰岩（图5－4）。

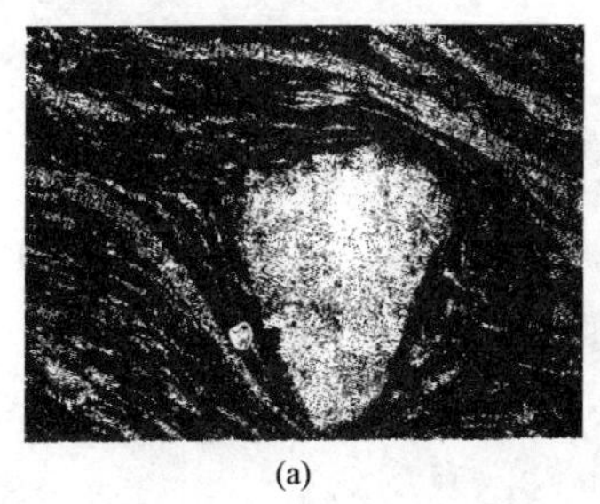
(a)

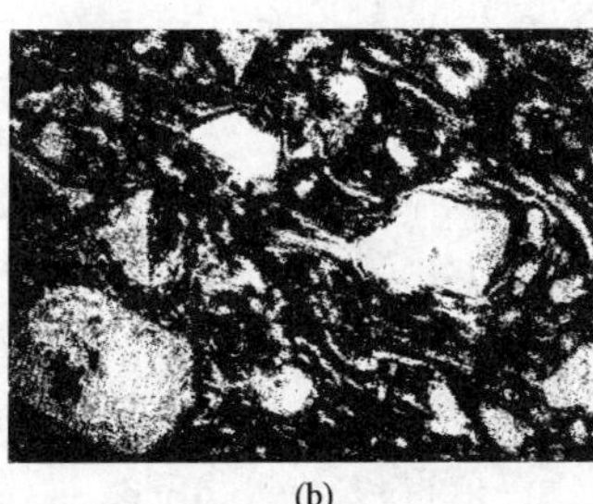
(b)

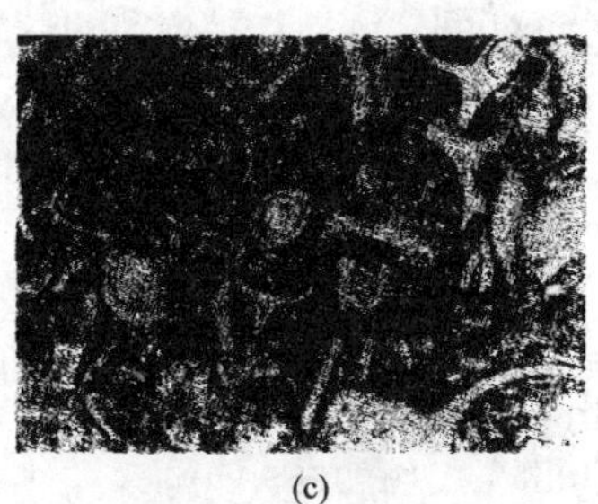
(c)

图5－4　流纹质熔结凝灰岩的玻屑和塑变岩屑的变形
(a)熔结凝灰岩；(b)熔结角砾岩；(c)熔结集块岩

3) 层状火山碎屑岩亚类

层状火山碎屑岩亚类是指具有明显的韵律层理和成层构造的火山碎屑岩，以层状凝灰岩较常见。层状凝灰岩一般是火山灰在水盆中堆积形成的，其中正常沉积物体积分数小于10%，火山碎屑主要为玻屑、刚性—半塑性岩屑和火山尘，由火山灰和火山尘分解的少量水化学沉积物胶结，部分为压实胶结。当正常沉积物体积分数大于10%时，就过渡为沉凝灰岩。

2. 向熔岩过渡的火山碎屑熔岩类

向熔岩过渡的火山碎屑熔岩类其火山碎屑含量为10%～90%，变化较大，由熔浆胶结。碎屑熔岩类的成因多样，已固结的熔岩表壳在下部熔浆继续流动和逸出的气体发生爆炸的情况下，使表壳破碎再被熔岩胶结形成角砾熔岩和集块熔岩；爆发能量不足时，往往在从火山口中抛出碎屑的同时，也有熔岩溢出，降落到熔岩中的碎屑物质被熔岩胶结形成各种碎屑熔岩；当熔岩以较大的冲力从火山口喷发时，使熔岩中的斑晶大部分破碎，形成以晶屑为主的晶屑凝灰熔岩；岩浆在地下的隐爆作用常使内部的斑晶破碎也可形成晶屑凝灰熔岩。凝灰熔岩中的碎屑以晶屑为主，也可有少量刚性岩屑，但一般不出现玻屑。

3. 向沉积岩过渡的火山碎屑岩类

向沉积岩过渡的火山碎屑岩类为火山碎屑岩与正常沉积岩间的过渡类型，由落入水盆中的火山碎屑物与正常沉积物同时堆积形成。岩石中正常沉积物含量可达10% ~90%，碎屑物由化学沉积物和粘土物质胶结，也可由压实固结成岩。根据火山碎屑物的含量可分为沉积火山碎屑岩和火山碎屑沉积岩两个亚类。常见的为沉积火山碎屑岩，它常与正常火山碎屑岩和正常沉积岩共生，并往往呈过渡关系。根据火山碎屑的粒度可分为沉集块岩、沉火山角砾岩和沉凝灰岩等，常见的是沉凝灰岩。岩石具层理构造，韵律层较发育。在碎屑物中常见有磨圆的砾、砂、粘土等正常沉积物，有时还可出现生物化石和生物碎屑。

复习思考题

1. 什么是火山碎屑岩？它的物质组成是什么？
2. 按照粒度，火山碎屑岩分为哪些类？各类的特点是什么？
3. 火山碎屑岩在颜色上有何特点？
4. 在手标本上，如何区别火山碎屑岩与沉积岩和岩浆岩？

第六章 碳酸盐岩

[学习目标]通过对本章学习,要求掌握碳酸盐岩的矿物成分、结构组分、构造以及石灰岩和白云岩的分类命名原则、主要类型和特征。了解白云岩的生成机理、白云岩的主要类型、碳酸盐岩的成岩作用以及碳酸盐岩沉积与油气的关系。

碳酸盐岩是指主要由沉积的碳酸盐矿物(方解石、白云石等)组成的沉积岩。主要的岩石类型为石灰岩(方解石含量大于50%)和白云岩(白云石含量大于50%)。它们经常还和陆源碎屑及粘土组成各种过渡类型的岩石。

据统计研究,碳酸盐岩约占沉积岩总量的20%,在地壳中的分布仅次于泥质岩和碎屑岩。在我国,沉积岩占全国总面积的75%,而碳酸盐岩占沉积岩覆盖面积的55%。南方的震旦系、古生界及三叠系,北方的元古界及古生界,都是以碳酸盐岩为主,分布比较广泛。

第一节 概 述

一、碳酸盐岩的矿物成分

碳酸盐岩主要由碳酸盐矿物组成,还含有非碳酸盐自生矿物及陆源碎屑混入物等。现代碳酸盐沉积物中主要矿物为文石、方解石、高镁方解石以及少量白云石。

文石主要分布于温暖地区的浅海灰泥沉积物及碳酸盐颗粒(如鲕粒、球粒及团块等)之中,部分出现在海滩岩、生物礁及浅海碳酸盐颗粒沉积物的胶结物中。

方解石为深海有孔虫及深海碳酸盐沉积物的特征矿物,在温暖的浅海地区不是主要的沉积矿物。

高镁方解石大都发现于温暖浅海的钙质红藻和许多无脊椎动物的外部骨骼中,在某些海滩岩中也可发现作为胶结物存在。

由于文石、高镁方解石是准稳定矿物,随着沉积物被埋藏及成岩变化,或遇淡水作用,文石可转变为方解石;而高镁方解石在析出所含的镁离子后,也转变为方解石。方解石属稳定矿物,一般不发生成分变化。因此,组成各个地质历史时期中的石灰岩的主要碳酸盐矿物都是方解石,沉积形成于温暖清洁的浅海环境。

二、碳酸盐岩的化学成分

碳酸盐岩的主要化学成分为 CaO、MgO 及 CO_2。其余氧化物有 SiO_2、TiO_2、Al_2O_3、Fe_2O_3、FeO、K_2O、Na_2O、H_2O 等。其化学成分与粘土陆源石英及硅质生物、燧石的存在有关。此外,碳酸盐岩中还存在某些微量元素,如 Sr、Ba、Rb、V、Ni 等,根据它们的含量及其比值,可以作为判断环境类型的辅助依据。

三、碳酸盐岩与油气

碳酸盐岩油气田在世界油气分布中占有重要地位。目前世界上70多个产油国家(或地区)中,几乎都发现有碳酸盐岩油气藏。据统计,碳酸盐岩油田的储量占世界石油总储量的50%以上,或者占油气总储量的40%;而产量已占世界总产量的60%以上。据世界198个大油田统计,碳酸盐岩油田占74个。我国碳酸盐岩地层分布十分广泛,局部也发现了大型油气田,例如,陕甘宁盆地中部奥陶系碳酸盐岩气田和四川盆地石炭—二叠系气田,以及新疆塔里木盆地的东部奥陶系浅海台地—斜坡相碳酸盐岩大型油田。

碳酸盐岩和粘土岩一样,只要具备生油条件(丰富的生油原始物质和适合于有机质向石油和天然气转化的还原环境),就可以成为良好的生油岩。在碳酸盐岩中,除原生储集空间外,由于成岩作用的影响,可形成大量次生储集空间,同时构造运动也可形成大量裂隙,所以碳酸盐岩也可成为良好的储集岩,而在碳酸盐岩沉积的盆地内,致密的石灰岩、泥灰岩、白云岩、石膏及盐层都可成为良好的盖层。故在碳酸盐岩地层中,具有良好的生储盖组合,例如,自生自储自盖沉积旋回式生储盖组合和“新生古储”型生储盖组合等,从而可以形成多种类型的油气藏。这些均说明,在碳酸盐岩中寻找油气资源的前景是广阔的以及我们学好碳酸盐岩的必要性。

第二节 碳酸盐岩的结构组分

碳酸盐岩的结构组分不仅是岩石分类命名的主要依据,而且是环境分析的重要标志。一般经过波浪和流水作用沉积而成的碳酸盐岩,常常具有颗粒(粒屑)结构,即由颗粒、泥晶基质、亮晶胶结物、孔隙等四种结构组分构成。由原地生长的生物构成岩石骨架的生物岩或礁灰岩,常具有生物骨架结构,即由造架生物和粘结生物以及充填孔隙的颗粒或泥晶基质及亮晶胶结物构成。由化学沉淀或生物化学作用而成的石灰岩与白云岩,常具有泥晶或微晶结构,一般属于低能环境沉积产物。具有上述结构类型的岩石经过重结晶作用,或者石灰岩经过白云化作用形成的白云岩,常具有大小不同的晶粒结构和各种残余结构。

因此,从结构的角度来看,碳酸盐岩的基本结构组分主要有颗粒、泥、胶结物、晶粒和生物格架五种。此外,还有一些次要的结构组分,如陆源物质、其他化学沉淀物质和有机质等;也还有一些派生的结构组分,如孔隙。这些次要的和派生的组分对岩石性质都有一定的影响,对岩石的成因及沉积环境分析都有重要意义,而孔隙对油、气、水的运移和储集就更为重要了。但就组成岩石的基本组分来说,还仍然是上述五种基本组分。下面分别介绍这五种基本结构组分及与油气关系密切的派生组分——孔隙。

一、颗粒

碳酸盐岩颗粒相当于陆源碎屑岩的碎屑颗粒,但其内涵较为复杂。碳酸盐岩颗粒泛指沉积盆地内由化学、生物化学成因的碳酸盐沉积物,在波浪、潮汐等水流作用下就地或经短距离搬运而形成的一系列碳酸盐岩颗粒。福克(1959,1962)称其为“异化颗粒”,也可简称其为“颗粒”。按其成因和组成特征,颗粒又分为内碎屑、鲕粒、藻粒、球粒和生物颗粒等若干类型。

1. 内碎屑

内碎屑系指沉积盆地中已沉积的弱固结或固结的碳酸盐沉积物,在波浪、潮汐等水流作用下,经冲刷、破碎、磨蚀、搬运、再沉积而形成的颗粒。也可以是其他作用形成。来自盆地之外,由母岩经剥蚀搬运而来的碳酸盐岩碎屑应属于陆源碎屑。

内碎屑通常就是同沉积地层的物质或者是下伏沉积层的碎屑,大部分内碎屑还保留有塑性变形的外形和破裂构造。

同陆源碎屑一样,内碎屑可以按粒径大小划分粒度级别并命名(表6-1)。

表6-1 碳酸盐岩中内碎屑粒级划分及命名

内砂屑	砾屑	砂 屑					粉 屑		泥屑
		极粗砂屑	粗砂屑	中砂屑	细砂屑	极细砂屑	粗粉屑	细粉屑	
粒级,mm		2.0	1.0	0.5	0.25	0.1	0.05	0.01	0.005

我国北方寒武系及奥陶系地层中广泛分布的竹叶状砾屑[图6-1(a),(b)],是砾石级内碎屑最好的实例。与这种砾屑共生的常有砂屑等。其基质多为灰泥,亮晶少见。这种竹叶状砾屑是在浅水的海洋环境中,半固结或已固结的碳酸盐岩层,经强大的水流、潮汐或风暴作用,把它破碎、磨蚀、搬运并再堆积而成。

内碎屑砾石的排列方位对恢复古地理环境具有一定意义,这一点类似于砾岩中砾石。就地堆积的内碎屑多作大体平行于岩层层面方向的排列,单向水流搬运形成的内碎屑堆积常作单向倾斜排列(叠瓦状构造),潮汐流或正常波浪流搬运堆积的内碎屑多作双向倾斜排列,强风暴流形成的砾屑堆积多呈放射状、倒小字形、菊花状排列以及杂乱状堆积。正常水流搬运形成的砾屑和砂屑表面具有明显的磨蚀痕迹。

砂级的内碎屑称为砂屑[图6-1(c)]。砂屑多为泥晶石灰岩的碎屑,圆度及分选一般都较好,也有形状不规则和分选差的砂屑。

粉砂级的内碎屑称为粉屑[图6-1(d)]。粉屑分布广泛,其特征基本同砂屑,仅粒级小于砂屑;但是,圆度和分选均较好的粉屑难与球粒区别。

泥级的内碎屑称为泥屑。这种成因的泥屑,与化学沉淀成因的泥晶或微晶,以及泥级的生物碎屑,现在仍难以确切鉴别。因此,描述泥屑常使用泥、灰泥、云泥、碳酸盐泥等概括性术语。

内碎屑的粒径大小,反映沉积盆地水动力的性质和能量强度。

关于内碎屑的成因,主要有两种观点:第一,内碎屑是由已固结或半固结的碳酸盐岩层,经机械破碎、磨蚀、搬运和再堆积而形成的;第二,内碎屑是化学凝聚作用先形成葡萄石,然后再被磨蚀、破碎、搬运和再堆积的产物。砾屑和砂屑主要产出于水动力能量较强的浅水台地、浅滩以及潮汐水道内。此外,风暴流也能引起较深浅海(即正常浪基面以下的浅海)底床的碳酸盐沉积物发生同生破碎,形成特殊构造排列的扁片状砾屑灰岩。粉屑和泥屑主要产出于潮上带、潮间带、潮下带以及障壁岛(滩)后的滞流低能环境。

2. 鲕粒

鲕粒是一种由核心和包壳组成的粒径小于2mm的球形或椭球形颗粒。其核心可以是陆源碎屑、内碎屑、生物碳酸盐颗粒等。包壳由化学沉淀形成的呈同心状或放射状排列的微晶碳酸盐矿物所组成。

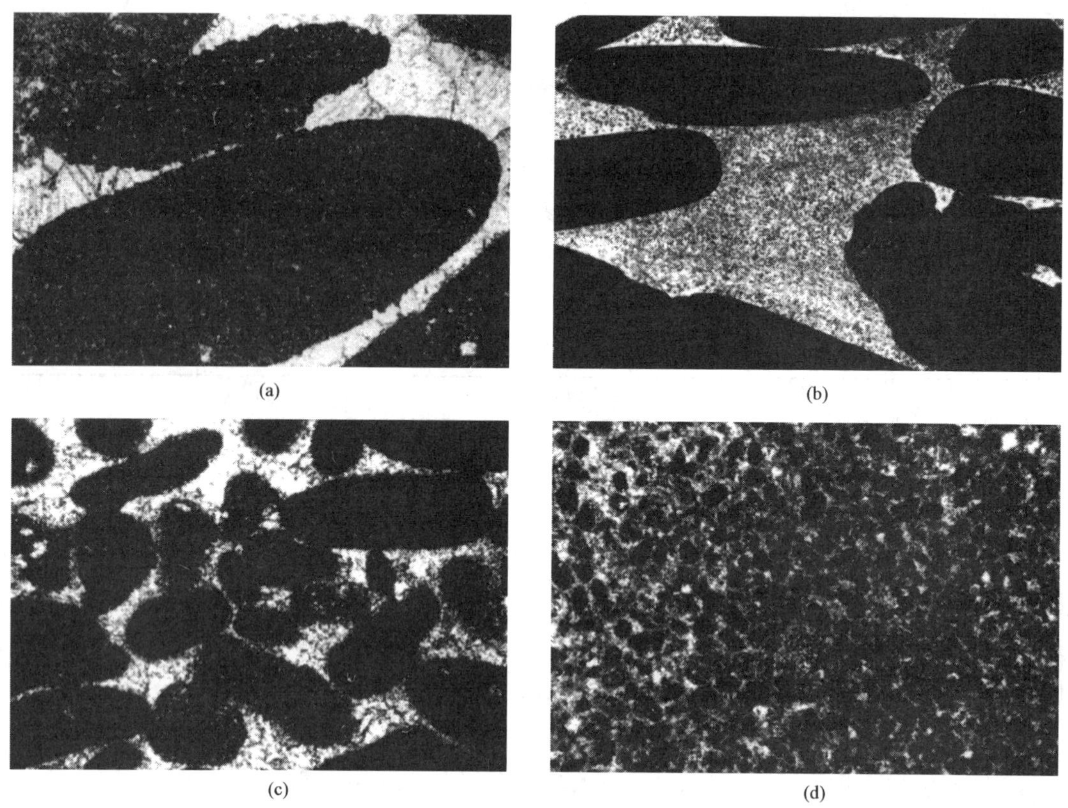

(a) (b) (c) (d)

图6-1 内碎屑(冯增昭,1994)

(a)砾屑,砾屑石灰岩,河南登封下寒武统馒头组,单偏光,×50;(b)砾屑,竹叶状砾屑石灰岩,内蒙乌海上寒武统固山组,放大机直拍,×6;(c)砂屑,砂屑石灰岩,安徽淮南下寒武统毛庄组,单偏光,×50;(d)粉屑,粉屑石灰岩,安徽淮南下寒武统馒头组,单偏光,×50

准确地说鲕粒属于包壳粒的范畴。包壳粒是碳酸盐岩中最常见的造岩颗粒,是由核心物质和包裹核心的包壳层所组成,其形状如鲕者称鲕粒;粒径大于2mm、形状如豆者称豆粒;与藻类沉积作用相关、具有不等厚包壳层而其形状大致如果核者称核形石。产于碳酸盐岩洞穴中的鲕、豆粒和核形石通称为洞穴珍珠,简称"穴珠"。

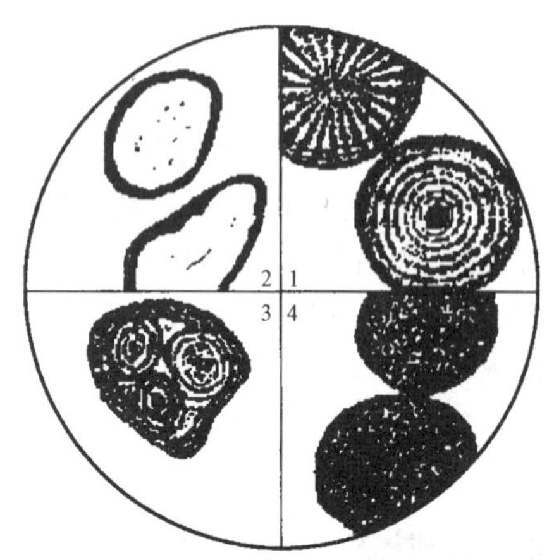

图6-2 鲕粒的原生类型

1—正常鲕;2—表皮鲕;3—复鲕;4—假鲕

根据内部组构不同,原生沉积鲕粒分为四种基本类型:正常鲕、表皮鲕、复鲕、假鲕(图6-2)。

(1)正常鲕:具有同心层状或放射状包壳,包壳厚度通常远大于核心的半径。

(2)表皮鲕:又称为薄皮鲕、表鲕,包壳层的厚度远小于核心的半径,通常只由一两个薄层组成。

(3)复鲕:是指在一个较大的鲕粒中包含有数个较小的鲕粒。复鲕与其内部包含的小鲕粒之间的联结关系,一般有两种情况:一是连续过渡的包裹关系;一是具有明显的间断和不连续性，即复鲕外壳层与小鲕粒表层之间有冲刷侵蚀间断现象等。

(4)假鲕：是指形状、大小与鲕粒相近且无内部结构的碳酸岩颗粒。

除以上原生鲕粒外，还可见到由于后期改造而成的单晶鲕与多晶鲕，它们是指整个鲕粒基本上由1个球形的外壳和其中的1个方解石晶体或若干个方解石晶体构成，核心与同心层均不复存在，则称为单晶鲕与多晶鲕。这种鲕粒多是刚形成的鲕粒在成岩作用早期遭受淡水淋滤作用，其核心与同心层被溶解，然后又被充填的结果，也可能是重结晶的产物。

根据鲕粒的内核心与外壳分布位置，还可将原生鲕粒划分为同心鲕和偏心鲕。

(1)同心鲕：指鲕的内核心与外壳层的中心为同一圆心。绝大部分鲕为此种类型，它是高能条件下形成的，故又称为高能鲕。

(2)偏心鲕：指鲕的内核心与外壳层的中心明显不在同一位置上，内核心往往偏向一侧，这种鲕常常是在低能环境和静水环境下形成的，故又称为低能偏心鲕或静水鲕。鲕核偏沉方向具有示底性。

对于鲕粒的成因，主要有无机与有机两种说法。持有机成因论的学者(Rothpletz，1982；Drew，1914等)认为，鲕粒的形成与藻类以及细菌的作用有关。无机成因说主张碳酸盐鲕粒是在碳酸盐过饱和且扰动的水体环境中，由溶液中析出的碳酸钙(主要是文石)围绕着被水扰动浮起的质点为核心沉淀而成的。该学说被当代人们所普遍认可。

把直径大于2mm类似于鲕粒的颗粒通常称为豆粒。

一种观点认为豆粒多数具有较大核心，形成豆粒的环境相对稳定、时间较长，豆粒生长速度较快，介质搅动较为强烈。另一种情况是多数人根据豆粒往往不具有核心，具有豆粒结构的岩层常不具有水流证据的交错层理，豆粒不与其他常见的碳酸盐颗粒共生以及豆粒常以多边形的边缘相互结合等特征，主张豆粒并不是被搬运的颗粒，而是在成岩作用阶段的原地形成物。

3. 藻粒

藻粒包括藻包粒、团块等。

(1)藻包粒：通常是大小不等、外形不规则的球形颗粒。藻包粒与鲕粒的区别主要在于富含有机质，同心壳层既不规则(往往为弯曲状、皱纹状、波状)，又宽窄不一(呈花朵状、花瓣状)，而且往往不连续。藻包粒的同心壳层是属于藻纹层构造的一种特殊类型，它是富藻纹层和富屑纹层相间的纹层构造。

核形石(图6-3)也是一种藻包粒，也由核心和包壳两部分组成，因其状如果核，故称为核形石。也有人称其为"藻灰结核"。

核形石在碳酸盐岩中分布十分广泛。对核形石的成因分歧不大，普遍认为其与蓝绿藻类包缠、粘结和捕集灰泥加积有关。

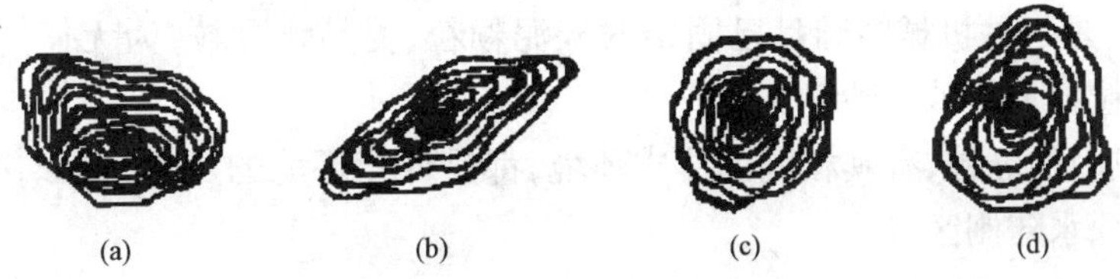

图6-3 核形石的三种类型

(a)、(b)SS-I型；(c)SS-C型；(d)SS-R型

实际上，核形石在碳酸盐岩中具有双重属性。它既是一种颗粒类型，又是一种叠层构造，其最终形态是机械（沉积盆地的水动力条件）和生物（藻类的生长和生命活动）作用相互综合的产物。以叠层构造的观点，除将其统称为球状叠层石外，又常按包壳的叠积方式把核形石分为反转堆叠型（SS－I）、同心加积型（SS－C）和紊乱叠积型（SS－R）为主的三种结构类型（图6－3）。

（2）团块及凝聚颗粒：又称为葡萄状颗粒或巴哈马石，是一种外形不规则的复合颗粒集合体。团块粒径一般大于2mm，其颗粒内部可为藻包粒、团粒、鲕粒、内碎屑等，并被碳酸盐泥晶粘结在一起。

4. 球粒

球粒是由微晶碳酸盐矿物所组成的不具有内部构造的、表面光滑的球形或卵形颗粒（图6－4）。球粒的粒径一般限于0.1～0.03mm，少数可达0.5～0.7mm。因此，根据粒度、光滑表面、内部构造均一性等特点，很容易与鲕粒、内碎屑、藻包粒等颗粒组分相区别。

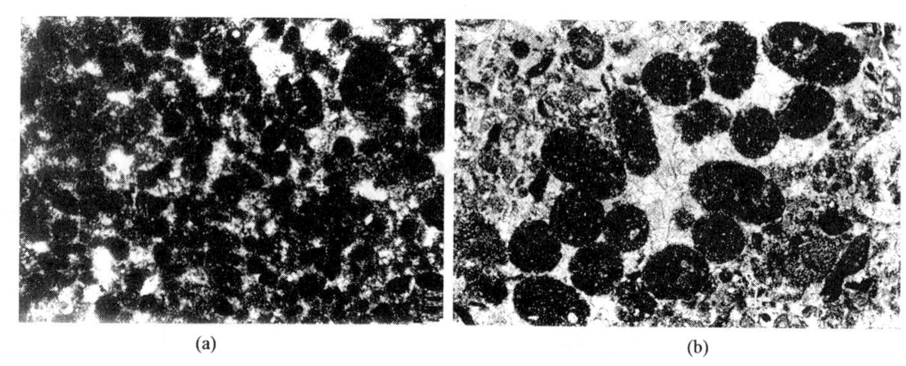

(a) (b)

图6－4 球粒与粪球粒（冯增昭，1994）

（a）球粒，球粒石灰岩，球粒多呈椭球形，圆度、分选均较好，粉砂级，色暗；（b）粪球粒，生屑石灰岩，粪球粒圆度极好，有机质含量高，呈堆出现；四川泸县洞4井下二叠统，单偏光，×30

关于球粒的成因，有人提出是由无机凝聚作用形成的，有人认为是生物凝聚作用的产物，还有人主张是无脊椎动物的粪粒。从现有资料分析，球粒至少有三种成因类型。

（1）藻球粒：产生于碳酸盐泥晶（微晶）沉积软泥中，在成岩作用阶段由细菌、有机质、藻类作用凝聚、加积或滚动所形成。

（2）粪球粒：由无脊椎动物的粪粒组成。在巴哈马地区以及犹他州大盐湖中球粒软泥分布的地区，发育有腹足类、小虾类的粪粒，这些粪粒是吃碳酸盐软泥动物的排泄物。因此认为，在现代和古代碳酸盐岩中那些富含有机质并呈拉长形的球粒和旋转椭球状颗粒均属生物的粪粒。

（3）假球粒：是一种机械磨圆且已固结的灰泥颗粒、泥晶化颗粒，为无任何内部构造的极小浑圆状颗粒，粒径为粉砂—砂级。

上述各种成因的球粒，有其相同的形成环境，都是低能环境的产物，例如，礁后潟湖、潮间带、潮上带及较深水陆棚区等。

5. 生物颗粒

生物颗粒，又称为生物组分，也称生物碎屑、化石碎屑、化石碎片等。大多数无脊椎动物和造岩藻类化石都是由碳酸盐矿物组成。因此，生物颗粒是多数碳酸盐岩内常见的颗粒组分。

生物碎屑按破碎程度可分为四级。

(1)自形:化石完整,能明显地反映各门类生物特有的生长形态(图6-5)。

图6-5　生物碎屑石灰岩

单偏光, ×30

(2)半自形:化石有所破碎,保留部分各门类生物特有的生长形态。

(3)砂砾级它形:化石较强烈破碎,各门类生物特有的生长形态遭到破坏,但通过其他特征仍可鉴定出大的门类。

(4)粉砂级它形:化石强烈破碎,显微镜下鉴定大的门类也较困难。

生物碎屑的磨蚀程度用弱、中、强表示,可依据化石的破碎面圆化程度来判定。生物碎屑的大小除与破碎程度有关外,很大程度取决于生物本身的生长习性。

化石颗粒组分的显微结构特征可通过显微镜观察鉴定。化石显微结构主要指其组成晶体和晶体组构的形态、大小、排列方向及其相互关系。根据方解石(或文石)晶体的空间形态和排列组合,其生物组分可以分为粒状、纤(柱)状、片状、单晶四大显微结构类型。

二、泥

这里所说的泥是指碳酸盐泥,相当于碎屑岩的杂基,但它不是陆源的,而是盆地内形成的细小的碳酸盐泥屑。碳酸盐泥具有泥晶或微晶结构,晶粒小于0.03mm($\phi>5$),充填于颗粒组分之间,对颗粒起某种胶结作用。根据具体成分,可分为"灰泥"和"云泥"。灰泥是方解石成分的泥,也称为"微晶方解石泥";云泥是白云石成分的泥。

布拉特(Blatt,1972)认为碳酸盐泥(泥晶)的可能成因与来源有以下四种可能。

(1)较大的碳酸盐颗粒,经波浪和水流的机械磨蚀作用而形成;

(2)生物磨蚀作用,当生物吃下较大的碳酸盐颗粒,在体内将它消化磨成粉末而成;

(3)由海水直接发生无机化学沉淀所产生的泥状文石针;

(4)钙质藻类组织内的针状文石,腐烂后分离而形成文石针泥。

泥晶基质具有典型的泥状结构,易与晶粒较大的亮晶碳酸盐胶结物区别。然而,当泥晶基质重结晶后,变成新生变形亮晶碳酸盐矿物时,则与亮晶胶结物较难区别。这种现象,在时代较老的碳酸盐岩地层中是十分常见的。

三、胶结物(亮晶、淀晶)

胶结物是指沉淀于颗粒之间孔隙中的结晶方解石或其他矿物,对颗粒起胶结作用,相当于碎屑岩中的胶结物。由干净的、较大的方解石晶体组成,晶粒常大于0.01mm,它是在较强的水动力条件下,原始粒间的灰泥被冲刷掉以后,富含$CaCO_3$的水溶液在成岩期于孔隙中沉淀形成的明亮晶体。

亮晶方解石胶结物与粒间灰泥的区别有三点。

(1)亮晶晶粒粗大,灰泥则较小;

(2)亮晶清洁明亮,灰泥则较污浊;

(3)亮晶胶结物常呈现出栉壳状等特征的分布状况,灰泥没有这种结构(图6-6)。

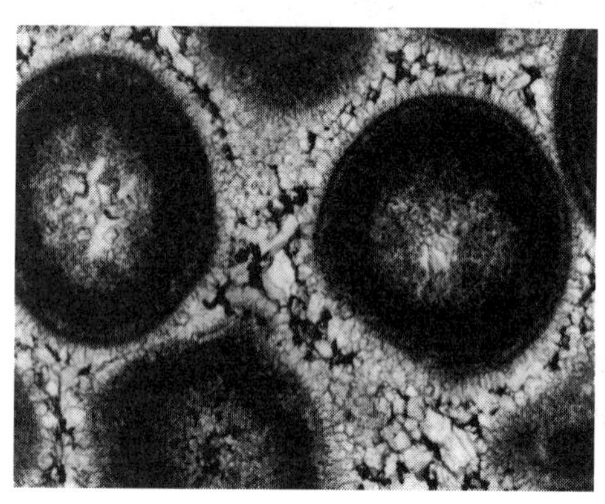

图6-6 亮晶胶结物

单偏光,×30

当岩石发生重结晶时,灰泥常变为较大的晶体,这时,要区分两者常有一定的难度,当重结晶作用不太强烈时,两者的区别主要表现在以下两方面。

(1)亮晶胶结物的栉壳状结构仍隐约可见,晶形较好,晶体边缘平直,晶体较明亮(图6-6);

(2)灰泥重结晶的方解石晶体常呈粒状,晶面弯曲并互呈镶嵌状,晶体的明亮程度较差,可见灰泥的残余,决不呈栉壳状结构。

重结晶作用强烈时,无法将二者区分开,这时只好把这两种非颗粒成分统称为填隙物。

若岩石中的颗粒数一定,则当亮晶多时,代表岩石形成时的水动力强,灰泥多时,代表水动力弱,这一点类似于碎屑岩中的杂基作用。

在碳酸盐岩中,作为胶结物的矿物常为方解石和白云石,有时可见石膏、硅质等胶结物。胶结物本身的结构有栉壳状、粒状、次生加大边、镶嵌及连生胶结结构等。胶结类型与碎屑岩相似,也可分为基底式、孔隙式、接触式胶结及它们之间的过渡类型。

四、晶粒

晶粒是晶粒碳酸盐岩(也称结晶碳酸盐岩)的主要结构组分。

晶粒可根据其粒度划分为砾晶、砂晶、粉晶、泥晶等(表6-2)。砂晶还可以再细分为极粗晶、粗晶、中晶、细晶及极细晶;粉晶还可再细分为粗粉晶和细粉晶。

表 6-2　碳酸盐岩中晶粒粒级划分及命名

晶粒	砾晶	砂晶					粉晶		泥晶
		极粗晶	粗晶	中晶	细晶	极细晶	粗粉晶	细粉晶	
粒级,mm		2.0	1.0	0.5	0.25	0.1	0.05	0.01	0.005

泥晶、细粉晶的方解石和白云石,主要是原生或准同生成因;粗粉晶以上的方解石和白云石主要是次生的,即重结晶或交代作用的产物。

晶粒也可以根据其形状特征划分为自形晶、半自形晶、它形晶,还可以按其相对的大小划分出斑晶(指对于周围的晶粒来说,其晶体较粗大)和包含晶(指大晶体中包含的小晶体)。

五、生物格架

生物格架一般是指原地生长的群体生物(珊瑚、苔藓、海绵、层孔虫等)以其坚硬的钙质骨骼所形成的骨骼框架。

另外,一些藻类(蓝藻和红藻)的粘液可以粘结其他碳酸盐组分,如灰泥、颗粒、生物碎屑等,从而形成粘结格架,如各种叠层石以及其他粘结格架。骨骼格架及粘结格架都是生物格架,它们是礁碳酸盐岩必不可少的结构组分。

六、孔隙

世界上石油天然气储量约有一半储存于碳酸盐岩地层的储集孔隙中。碳酸盐岩孔隙主要分为原生孔隙和次生孔隙两种。

1. 原生孔隙

主要是指形成于沉积作用阶段的孔隙。

(1)粒间孔隙:当颗粒堆积时,由于颗粒相互支撑构成的孔隙。粒间孔隙的发育程度与颗粒的丰富程度、分选性、粒度、排列方式以及沉积环境中水的淘洗程度等因素有关。

(2)遮蔽孔隙:在堆积过程中,由于较大颗粒的遮挡,在其下部所保留的孔隙空间。

(3)体腔孔隙:骨骼生物死后,软体部分腐烂留下的空间,称为生物体腔孔隙。

(4)生物格架孔隙:主要由造礁的群体生物(珊瑚、海绵、层孔虫、苔藓虫,钙藻等)所筑造成的固体格架中间的孔隙。

(5)鸟眼及干缩孔隙:由未被填充的鸟眼构造及干裂缝造成的孔隙。

(6)生物钻孔:由未被填充的生物钻孔形成的孔隙。

(7)窗格和层状空洞:由藻纹层之间蓝藻纹层腐烂或干化收缩所造成的孔隙。

(8)重力滑动破碎形成的孔隙:是碳酸盐半固结软泥或固结层在同生或准同生期遭受重力挤压滑动,使岩层破裂而形成的孔隙。

2. 次生孔隙

主要形成于成岩及后生作用阶段,由原生组构溶解改造形成的孔隙。

(1)粒内溶孔:为形成于颗粒内部的溶蚀孔。

(2)铸模孔(又称为溶模孔):是在选择性溶解作用下,使原生的颗粒或晶粒全部溶蚀而保留原来颗粒或晶粒外形的一种孔隙。

(3)晶间孔隙:指组成碳酸盐岩的矿物晶粒之间的孔隙。

(4)其他溶蚀孔隙:既包括原生粒间孔隙改造变化形成次生的粒间孔,也包括在碳酸盐岩中发育的不规则的溶孔、溶洞、溶缝、溶沟以及缝合面等。

还应引起注意的是，孔隙大小及其连通性对油气运移、储集和金属矿物的富集条件将起决定性作用。孔径大于1mm的岩石，对储集油气最为有利。

Choquette等(1970)提出了一个按孔隙形成的组构选择性和非组构选择性划分类型、代号和修饰术语的方案(图6-7)，可供研究孔隙时参考。

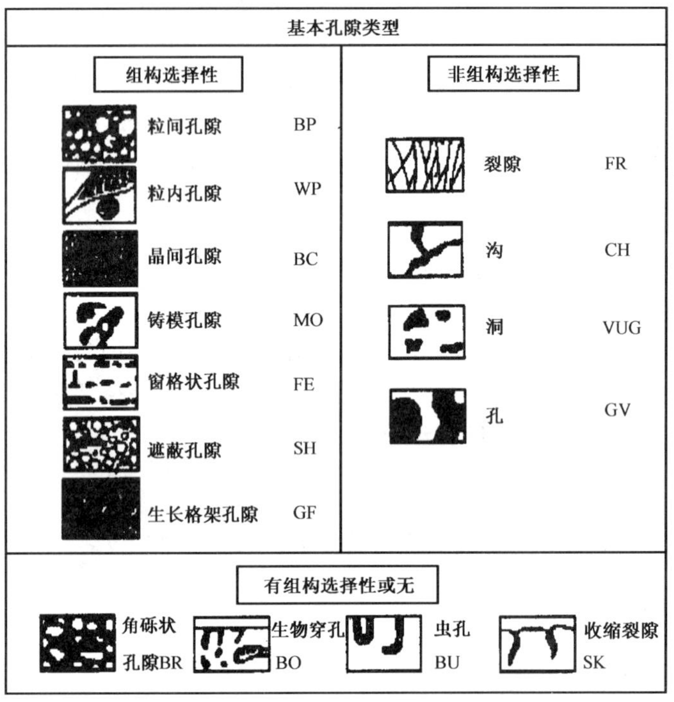

图6-7 碳酸盐岩的孔隙及孔隙系统的地质分类(Choquette和Pray,1970)

第三节 碳酸盐岩的构造

碳酸盐岩的构造十分多样，几乎具有全部沉积岩的构造类型。在这里，只讲述一些碳酸盐岩中特有的构造类型。

一、缝合线构造

缝合线是碳酸盐岩成岩过程中压溶作用的产物，是发育在碳酸盐岩岩层内形态复杂的界面，即压溶面。缝合线具有波状、锯齿状、指状，并且上下对应部分吻合的特征(图6-8)。

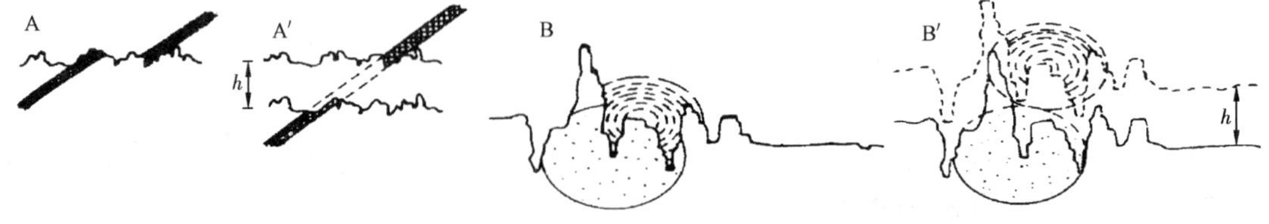

图6-8 根据被缝合缝切割的矿脉和鲕粒复原，计算压溶时岩层损失厚度(姜在兴,2003)

h—损失厚度的最低值限；A′B′—AB的复原图

压溶形成的缝合线在纵向上表现出来的“波幅”反映物质损失的最小厚度，一般幅度为几毫米至几厘米，最大可达1m左右（Bathurst，1971）。如果缝合线切穿过两个鲕粒（或其他颗粒），当它们呈锯齿状缝合线时，可以依此估算出缝合线形成时岩层压溶损失厚度的最低值。

二、鸟眼构造

在泥晶或粉晶石灰岩中分布的大小在毫米级、多呈定向排列的、多数充填有方解石或硬石膏的孔隙，在偏光显微镜下观察，形似鸟眼的构造。

主要存在于低能条件下所形成的泥晶、团粒、藻团粒等沉积碳酸盐纹层中。

鸟眼构造由1～3mm大小、大致平行于纹层碳酸盐岩层面分布、形如鸟眼状的透镜状或不规则的孔网构成。在现代沉积中，鸟眼孔有的尚未被充填；而在古代地层中，通常为亮晶方解石或泥晶充填。

鸟眼构造主要发育于潮上带下部和潮间带上部，它是一种很好的指相标志。鸟眼构造发育于层内，通常在干裂带以下的沉积层中产生，其成因多数人认为主要有以下三种。

（1）气泡作用：位于潮间带上部的沉积层中所含的空气以及有机质腐烂分解所产生的气体形成。

（2）收缩作用：潮上带沉积物因蒸发失水收缩而形成。这种成因所造成的鸟眼孔壁多不光滑。

（3）藻类腐解作用：潮间带被埋藏的藻类腐烂后所形成的空洞。这种孔洞的外形往往不规则。

三、虫孔及虫迹构造

虫孔及虫迹构造包括生物穿孔、生物潜穴、生物爬行痕迹等。

虫孔及虫迹构造可以指示生物特征及其活动情况，是非常有用的环境分析标志。

四、叠层石构造

叠层石构造也称为叠层构造或叠层藻构造，简称为叠层石。

叠层石由以下两种基本层组成。

（1）富藻纹层：又名为暗层，藻类组分含量多，有机质高，碳酸盐沉积物少，故色暗。

（2）富屑纹层：又名为亮层，藻类组分含量少，有机质少，故色浅。

这两种基本层交互出现，即形成叠层石构造。

叠层石中藻组分主要是丝状或球状的蓝绿藻。根据对现代碳酸盐沉积物中蓝绿藻的观察研究，得知这种藻主要生活在潮间浅水地带，营光合作用生长，分泌大量粘液，这种粘液可以捕集碳酸盐颗粒和泥，就像捕蝇纸捕粘苍蝇一样。一般说来，在风暴期或高潮期，被风暴水流或潮汐水流带来的碳酸盐颗粒和泥，将大量地被这种富含粘液的藻席捕获，从而形成富碳酸盐的纹层。相反，在非风暴，则主要形成富藻的纹层。也有另外的观察表明，在白天，藻类光合作用兴旺，主要形成富藻纹层；在夜间，则主要形成贫藻的纹层。

叠层石的形态多样（图6－9），但基本形态只两种，即层状的（包括波状的等）和柱状的（包括锥状的等），其他形态都是这两种基本形态的过渡或组合。一般说来，层状形态叠层石生成环境的水动力条件较弱，多属潮间带上部的产物；柱状形态叠层石生成环境的水动力条件较强，多为潮间带下部及潮下带上部的产物。

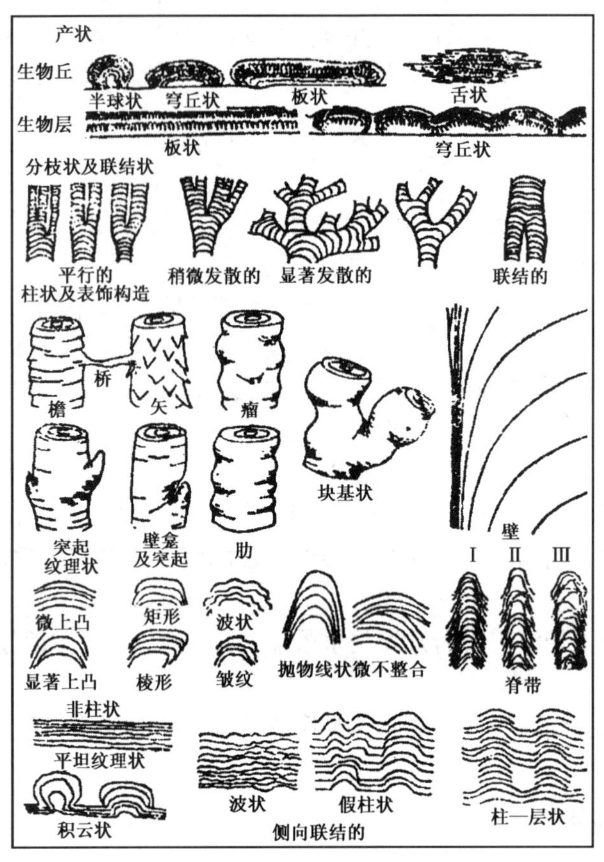

图6－9　叠层石的形态类型(瓦尔特,1976)

五、示底构造

在碳酸盐岩的孔隙中,如在鸟眼孔隙、生物体腔孔隙以及其他孔隙中,常见两种不同特征的充填物。在孔隙底部或下部主要为泥晶或粉晶方解石,色较暗;在孔隙顶部或上部为亮晶方解石,色浅,且多呈白色。两者界面平直,且同一岩层中的各孔隙的类似界面都相互平行。这两种不同的孔隙充填物代表两个不同时期的充填作用。底部或下部的泥粉晶充填物常是上覆盖层遭受淋滤作用时由淋滤水沉淀,上部或顶部的亮晶方解石则是后期充填,两者之间的平直界面代表沉淀时的沉积界面,与水平面是平行的。因此,根据这一孔隙构造,可以判断岩层的顶底,故称为示底构造。

第四节　石　灰　岩

一、石灰岩的成分分类

1. 基本分类方案

根据碳酸盐岩中方解石和白云石的相对含量,首先把碳酸盐岩划分为石灰岩和白云岩两大类;然后再划分出一系列的过渡类型,见表6－3。

表6-3 方解石和白云石系列的岩石类型(冯增昭,1993)

<table>
<tr><th colspan="2">岩石类型</th><th>方解石,%</th><th>白云石,%</th><th>CaO: MgO</th></tr>
<tr><td rowspan="3">石灰岩类</td><td>石灰岩</td><td>100~95</td><td>0~5</td><td>>50.1</td></tr>
<tr><td>含云石灰岩</td><td>95~75</td><td>5~25</td><td>50.1~9.1</td></tr>
<tr><td>云质石灰岩</td><td>75~50</td><td>25~50</td><td>9.1~4.0</td></tr>
<tr><td rowspan="3">白云岩类</td><td>灰质白云岩</td><td>50~25</td><td>50~75</td><td>4.0~2.2</td></tr>
<tr><td>含灰白云岩</td><td>25~5</td><td>75~95</td><td>2.2~1.5</td></tr>
<tr><td>白云岩</td><td>5~0</td><td>95~100</td><td>1.5~1.4</td></tr>
</table>

表6-3中的岩石类型是以95%、75%、50%、25%、5%为界限划分的,也可用90%、75%、50%、25%、10%为界限划分。

在野外工作阶段,通常把石灰岩—白云岩系列划分为以下四个类型。

(1)石灰岩:方解石含量大于75%。

(2)云质石灰岩:方解石含量为75%~50%,白云石含量为25%~50%。

(3)灰质白云岩:白云石含量为75%~50%,方解石含量为25%~50%。

(4)白云岩:白云石含量大于75%。

在石灰岩和粘土岩中间,也存在着一系列的过渡岩石类型,见表6-4。

表6-4 石灰岩和粘土岩系列的岩石类型(冯增昭,1993)

<table>
<tr><th colspan="3">岩石类型</th><th colspan="2">方解石,%</th><th colspan="2">粘土矿物,%</th></tr>
<tr><td rowspan="4">石灰岩</td><td colspan="2">纯石灰岩</td><td colspan="2">100~95</td><td colspan="2">0~5</td></tr>
<tr><td rowspan="2">含泥石灰岩</td><td>微含泥石灰岩</td><td rowspan="2">95~75</td><td>95~90</td><td rowspan="2">5~25</td><td>5~10</td></tr>
<tr><td>含泥石灰岩</td><td>90~75</td><td>10~25</td></tr>
<tr><td colspan="2">泥质石灰岩</td><td colspan="2">75~50</td><td colspan="2">25~50</td></tr>
<tr><td>粘土岩</td><td colspan="2">灰质粘土岩
含灰粘土岩
纯粘土岩</td><td colspan="2">50~25
25~5
5~0</td><td colspan="2">50~75
75~95
95~100</td></tr>
</table>

对于石灰岩和砂岩(或粉砂岩)之间的一系列的岩石类型,其类型划分和命名原则同上。在野外工作阶段,通常以75%,50%,25%为界限,划分出石灰岩、粘土(砂、粉砂)质石灰岩、灰质粘土(砂、粉砂)岩、粘土(砂、粉砂)岩等四个类型。

2. 两级或三级分类命名原则

含量大于50%的,即用它定岩石的基本名称,以"××岩"表示;凡含量在50%~25%之间的,用它定岩石基本名称的主要形容词,以"××质"表示,写在基本名称之前;凡含量在25%~10%(或25%~5%)之间的,用它定岩石基本名称的次要形容词,以"含××(的)"表示,写在最前面;含量小于10%(或小于5%)的,一般不反映在岩石名称中。

例如,某一岩石,含白云石70%,方解石30%,则该岩石属白云岩范畴,可称为"灰质白云岩";某一岩石,含白云石60%,方解石30%,粘土10%,则该岩石仍属白云岩范畴,可称为"含泥灰质白云岩"。

如果岩石中没有含量大于50%的成分,则采用复名原则,即把含量50%~25%的成分联合起来定岩石的基本名称;含量小于25%的,原则同上。例如,某一岩石,含方解石45%,白云石35%,粘土20%,则该岩石可称作"含粘土的云—灰岩"或"含粘土的白云—石灰岩"。请注意,含量较多的写在后面,含量较少的写在前面,二者用—字线相连。

这个二级或三级分类命名原则,是个可以普遍适用的原则。在野外工作阶段,两级就基本上够用了。

二、石灰岩的结构分类

1. 福克的分类

福克(Folk,1959,1962)的石灰岩分类基本上是一个三端元的分类。这三个端元是:

(1)异化颗粒,简称颗粒;

(2)微晶方解石泥,简称为微晶,即灰泥或泥晶;

(3)亮晶方解石胶结物,简称为亮晶。

福克以这三个主要结构组分作为三角形图解的三个端点,把石灰岩划分为三个主要的类型,即Ⅰ为亮晶异化石灰岩;Ⅱ为微晶异化石灰岩;Ⅲ为微晶石灰岩(图6-10)。

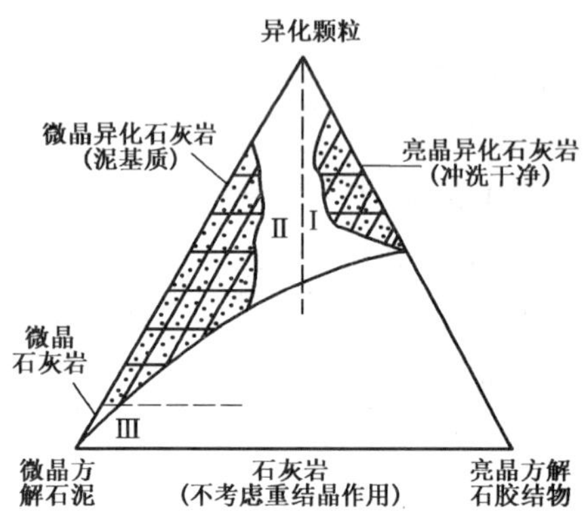

图6-10　石灰岩的结构分类(一)(福克,1962)

亮晶异化石灰岩主要由异化颗粒组成,其粒间孔隙主要为亮晶方解石充填,或者无充填,很少含有微晶方解石泥。这种石灰岩是在水动力条件很强的环境中形成的,强大且持续的水流或波浪使异化颗粒得到很好淘洗,把微晶方解石泥冲洗走,因此沉积下来的主要是分选很好的异化颗粒。在异化颗粒沉积以后,再从粒间水中沉淀出亮晶方解石,成了它们的胶结物。这样,就形成了亮晶异化石灰岩。这种石灰岩与粘土杂基含量很少的砂岩很相似。

微晶异化石灰岩主要由异化颗粒和微晶方解石泥组成,不含或很少含亮晶方解石胶结物,形成这种石灰岩的水动力条件比形成亮晶异化石灰岩的水动力条件弱得多,因此微晶方解石泥很难被水冲洗走,所以异化颗粒和微晶方解石泥一起沉积下来,形成微晶异化石灰岩。由于异化颗粒的粒间孔隙已被微晶方解石泥充填,所以就没有多少空间再让粒间水占据,因此也就不可能沉淀出较多的亮晶方解石。这种石灰岩与粘土质砂岩很相似。

微晶石灰岩几乎全部由微晶方解石泥组成。这是水动力条件很弱的环境的产物。这种石灰岩与粘土岩很相似。

福克把亮晶异化石灰岩和微晶异化石灰岩称为异常化学岩,把微晶石灰岩称为正常化学岩。此外,福克还把由生物格架组成的礁石灰岩称为生物岩,这是福克分类中的第Ⅳ类石灰岩。

在这四个主要石灰岩类型的基础上,福克又根据异化颗粒的类型及其他特征,把石灰岩再细分为十一个类型(图6-11)。

根据异化颗粒、微晶方解石泥、亮晶方解石胶结物在岩石中的相对百分含量,尤其是微晶方解石泥及亮晶方解石胶结物的相对含量,福克仿照碎屑岩的结构成熟度的概念,提出了石灰岩的成熟度的概念(图6-12)。

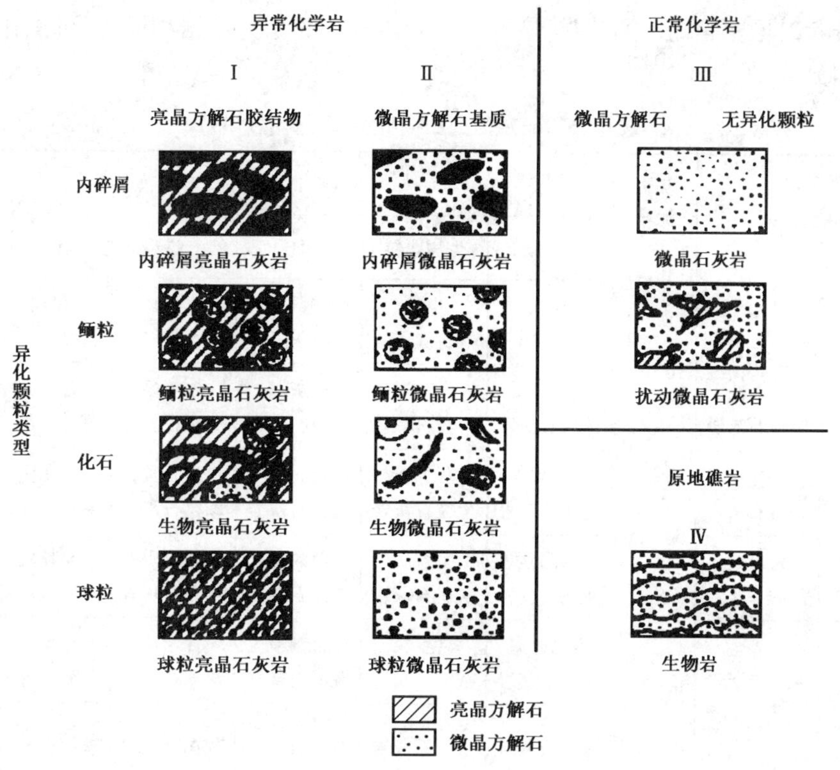

图 6－11　石灰岩的结构分类(二)(福克,1962)

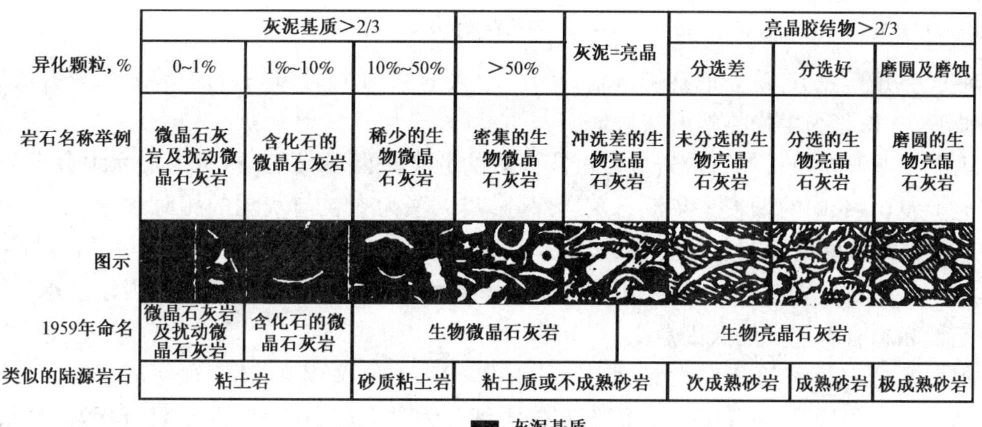

	灰泥基质＞2/3				灰泥=亮晶	亮晶胶结物＞2/3		
异化颗粒,%	0~1%	1%~10%	10%~50%	＞50%		分选差	分选好	磨圆及磨蚀
岩石名称举例	微晶石灰岩及扰动微晶石灰岩	含化石的微晶石灰岩	稀少的生物微晶石灰岩	密集的生物微晶石灰岩	冲洗差的生物亮晶石灰岩	未分选的生物亮晶石灰岩	分选的生物亮晶石灰岩	磨圆的生物亮晶石灰岩
图示								
1959年命名	微晶石灰岩及扰动微晶石灰岩	含化石的微晶石灰岩	生物微晶石灰岩			生物亮晶石灰岩		
类似的陆源岩石	粘土岩		砂质粘土岩	粘土质或不成熟砂岩		次成熟砂岩	成熟砂岩	极成熟砂岩

图 6－12　石灰岩的结构成熟度图示(福克,1962)

福克分类的主要特点,是把碎屑岩的结构观点系统地引入到碳酸盐岩中来,他首先提出异化颗粒和异常化学岩的观点,从此打破了石灰岩为“化学岩”的传统观念。异常化学岩也和碎屑岩一样,由颗粒(异化颗粒)、填隙物(微晶方解石泥或亮晶方解石胶结物)和孔隙组成。它除了是化学沉淀成因的以外,同时还受水动力学条件控制。所谓“异常”就在这里。

2. 本书推荐的分类

本书推荐冯增昭等提出的分类,该方案同前述分类的划分依据相同,但可操作性强,同属结构—成因分类,见表6－5。

表6－5　石灰岩的结构分类(冯增昭,1993)

<table>
<tr><th colspan="3" rowspan="2">颗粒—灰泥系列</th><th rowspan="2">灰颗
泥粒
%</th><th colspan="5">颗　　粒</th><th rowspan="3">晶
粒</th><th rowspan="3">生物格架</th></tr>
<tr><th>内碎屑</th><th>生物颗粒</th><th>鲕粒</th><th>球粒</th><th>藻粒</th></tr>
<tr><td rowspan="6">Ⅰ颗粒—灰泥石灰岩</td><td rowspan="3">Ⅰ(1)
颗粒
石灰岩</td><td>Ⅰ(2)
颗粒石灰岩</td><td rowspan="6">10　90
25　75
50　50
75　25
90　10</td><td>内碎屑
石灰岩</td><td>生粒
石灰岩</td><td>鲕粒
石灰岩</td><td>球粒
石灰岩</td><td>藻粒
石灰岩</td></tr>
<tr><td>含灰泥
颗粒石灰岩</td><td>含灰泥质
碎屑石灰岩</td><td>含灰泥
生粒石灰岩</td><td>含灰泥
鲕粒石灰岩</td><td>含灰泥
球粒石灰岩</td><td>含灰泥
藻粒石灰岩</td><td rowspan="5">Ⅱ晶粒石灰岩</td><td rowspan="5">Ⅲ生物格架石灰岩</td></tr>
<tr><td>灰泥质
颗粒石灰岩</td><td>灰泥质内
碎屑石灰岩</td><td>灰泥质
生粒石灰岩</td><td>灰泥质
鲕粒石灰岩</td><td>灰泥质
球粒石灰岩</td><td>灰泥质
藻粒石灰岩</td></tr>
<tr><td>颗粒质
石灰岩</td><td>颗粒质
灰泥石灰岩</td><td>内碎屑质
灰泥石灰岩</td><td>生粒质
灰泥石灰岩</td><td>鲕粒质
灰泥石灰岩</td><td>球粒质
灰泥石灰岩</td><td>藻粒质
灰泥石灰岩</td></tr>
<tr><td>含颗粒
石灰岩</td><td>含颗粒
灰泥石灰岩</td><td>含内碎屑
灰泥石灰岩</td><td>含生粒
灰泥石灰岩</td><td>含鲕粒
灰泥石灰岩</td><td>含球粒
灰泥石灰岩</td><td>含藻粒
灰泥石灰岩</td></tr>
<tr><td>无颗粒
石灰岩</td><td>灰泥石灰岩</td><td>灰泥石灰岩</td><td>灰泥石灰岩</td><td>灰泥石灰岩</td><td>灰泥石灰岩</td><td>灰泥石灰岩</td></tr>
</table>

注:本表岩石名称与邓哈姆(1962)的岩石名称对应如下:颗粒石灰岩—颗粒岩,含灰泥颗粒石灰岩和灰泥质颗粒石灰岩—泥质颗粒岩(泥粒岩),颗粒质灰泥石灰岩和含颗粒灰泥石灰岩—颗粒质泥岩(粒泥岩),灰泥石灰岩—泥岩,晶粒石灰岩—结晶碳酸盐岩,生物格架石灰岩—格架岩、粘结岩、障积岩。

在这一分类表中,首先把石灰岩划分为三个大的结构类型,即Ⅰ为颗粒—灰泥石灰岩;Ⅱ为晶粒石灰岩;Ⅲ为生物格架石灰岩。

第Ⅰ大类颗粒—灰泥石灰岩分布最广。它的分类是两端元的,这两个端元组分即为颗粒与灰泥。表6－5中的颗粒—灰泥石灰岩部分,其纵项为颗粒与灰泥的相对含量,横项为颗粒类型。颗粒与灰泥的相对百分含量,定量地反映沉积环境的水动力条件和能量,因此,表6－5中颗粒—灰泥石灰岩部分,从下往上水体能量逐渐增强,即从静水逐步变为强动荡水。因此,这一定量标志有着重要的成因意义。

根据颗粒—灰泥的相对含量,以90%(10%)、75%(25%)、50%(50%)、25%(75%)、10%(90%)为界限,可把颗粒—灰泥石灰岩再细分为六个岩石类型,即颗粒石灰岩、含灰泥颗粒石灰岩、灰泥质颗粒石灰岩、颗粒质灰泥石灰岩、含颗粒灰泥石灰岩、灰泥石灰岩,见表6－5中的Ⅰ(2)。也可仅仅根据颗粒的含量,把颗粒—灰泥石灰岩划分为颗粒石灰岩、颗粒质石灰岩、含颗粒石灰岩以及无颗粒石灰岩四个岩石类型,见表6－5的Ⅰ(1)。实践证明,Ⅰ(1)比Ⅰ(2)更便于应用。

上述岩石类型,还可根据颗粒类型再进行细分。

在颗粒石灰岩中,如果能够较确切地把基质中的亮晶方解石胶结物和灰泥(或泥晶)区分开,也可以使用亮晶颗粒石灰岩和灰泥(或泥晶)颗粒石灰岩的术语。

还应指出,此表中所有的这些颗粒—灰泥石灰岩的名称,都是岩石类型的名称,而不是某一具体岩石的名称。对于某一具体的岩石,其名称还应根据更具体的颗粒类型来确定。例如,内碎屑石灰岩,可以是砾屑石灰岩、竹叶石灰岩、砂屑石灰岩等;生粒石灰岩可以是三叶虫碎屑石灰岩、海百合茎石灰岩等;鲕粒石灰岩可以是正常鲕石灰岩、表皮鲕石灰岩、单晶鲕石灰岩等;球粒石灰岩可以是粪球粒石灰岩等;藻粒石灰岩可以是藻碎屑石灰岩等。

第Ⅱ大类晶粒石灰岩,主要以晶粒这一结构组分确定。这一大类石灰岩,基本上全由晶粒组成,几乎不含其他结构组分。它又可根据晶粒的粗细,再细分为粗晶石灰岩、中晶石灰岩、粉晶石灰岩、泥晶石灰岩等。此处的泥晶石灰岩与颗粒—灰泥石灰岩中的灰泥石灰岩是一种岩石,称为灰泥石灰岩或泥晶石灰岩。除泥晶石灰岩外,其他较粗的晶粒石灰岩大多是次生变化即重结晶作用或交代作用的产物。

第Ⅲ大类生物格架石灰岩,是一个独特类型的石灰岩,其特征是含有原地的生物格架结构组分。它包括障积岩、粘结岩和骨架岩。

三、石灰岩的主要类型及特征

1. 内碎屑灰岩

内碎屑灰岩(图6-1)中的内碎屑可以大到漂砾级,最小到粉屑级,它们的填隙物可以是灰泥杂基或亮晶胶结物,或两者均有。内碎屑的圆度因搬运磨蚀程度而明显不同,潮上砾屑石灰岩或礁前塌砾石灰岩多呈棱角状碎屑;浅水波浪环境的内碎屑灰岩,磨圆度良好;风成沙丘或海滩砂石灰岩的磨圆度特别好。

内碎屑灰岩的分选性和颗粒磨圆度一样多变。冲洗干净、分选好的内碎屑灰岩,例如,竹叶状石灰岩,通常代表浅水并受强烈的波浪和流水作用的环境,灰泥被簸选走,而内碎屑被亮晶方解石胶结,一般均为颗粒灰岩类,波痕、交错层理及冲刷构造常见。

2. 鲕粒石灰岩

鲕粒石灰岩中鲕粒的含量大于50%,由于填隙物性质不同,有亮晶鲕粒灰岩及灰泥鲕粒灰岩。按鲕粒类型不同有正常鲕灰岩、放射鲕灰岩、复鲕灰岩、表皮鲕灰岩以及早期压实的变形鲕灰岩与经过成岩重结晶的单晶鲕灰岩及多晶鲕灰岩等。鲕粒灰岩一般形成于温暖浅水、中等搅动的环境,常产于水下浅滩及潮汐沙坝或潮汐三角洲地区。放射状鲕多产于咸化潟湖及盐湖中。

四川三叠系嘉陵江组所产鲕粒碳酸盐岩包括表皮鲕、负鲕所组成的石灰岩,以及鲕粒白云岩。负鲕石灰岩及鲕粒白云岩都是重要的天然气储集岩(图6-13)。

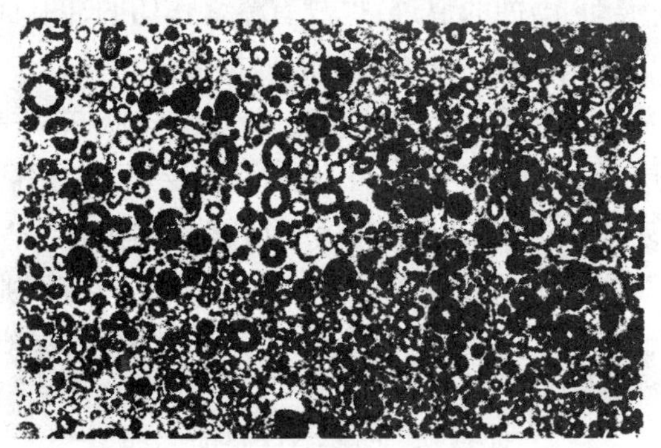

图6-13　鲕粒石灰岩(冯增昭,1994)

鲕粒类型较多,有正常鲕、表皮鲕、椭形鲕等,粒间以灰泥为主;

四川江安下三叠统嘉陵江组,自然光,×4

3. 球粒石灰岩

常见有泥晶球粒灰岩、亮晶球粒灰岩及泥晶似球粒灰岩等，它们堆积在低到中等能量的环境中，例如，广阔的潮坪及相邻的潟湖。我国南方泥盆系、三叠系等地层中广泛发育球粒灰岩，一般为局限海及潮坪环境产物（图 6－4）。

4. 亮晶生物碎屑灰岩

生物碎屑主要是破碎或离解的较大的钙质介壳屑，混有较小的完整介壳，为较干净的亮晶方解石胶结。这种灰岩分布很广，介屑内部可以是晶簇状亮晶方解石充填结构，也可以是新生变形的粒状方解石。此种岩石常见的是亮晶海百合灰岩，其颗粒为单晶的海百合茎骨片，胶结物常为共轴生长边胶结，在岩石断面上由于有大量粗大而明显的解理而造成一种粗粒重结晶灰岩的外貌。亮晶生物碎屑灰岩大规模的产出，可以和现代的潮间和潮下的介壳滩堆积相比拟。我国海南三亚湾就有亮晶胶结的生物砂海滩岩。

5. 泥晶生物（碎屑）灰岩

泥晶生物（碎屑）灰岩由生物介壳或介屑埋置于灰泥杂基中而构成。可能是原地的生物遗体被碳酸盐泥掩埋，或者是漂入的外来介屑，不分大小，一起被灰泥所埋。沉积水体可深、可浅，但属静水环境。在礁体的隐蔽部分及礁后潟湖中也常见各种泥晶生物（碎屑）灰岩，这些生物（碎屑）可以是介形虫、有孔虫、软体动物、绿藻类以及枝状层孔虫等。

6. 白垩

白垩是一种非常特殊的生物泥晶灰岩，成分很纯，碳酸钙含量达 90% 以上，主要杂质以蒙皂石和伊利石为主；海绿石普遍可见，但含量很少，还含有自生黄铁矿、碱性斜长石，以及浸染状、颗粒状或结核状胶磷矿等。白垩常疏松多孔，孔隙度可达 36% ~65%。以西欧和北美的部分上白垩统的白垩最为典型。

7. 结核（瘤）状石灰岩

石灰岩具有薄的波状层或薄的断续透镜体，有的变成不规则的（有时界限不清）较纯的石灰岩结核，夹在钙质的或白云质的页岩中。结核不是沉积的团块，无放射状或同心状的内部构造；也不是砾石，缺乏任何滚动、磨蚀的痕迹；也没有流水作用的冲刷面和砂纹交错层等。结核常被旋涡状的粘土杂基包围起来，是一种典型的成岩构造。

关于结核状灰岩的成因可有多种，一种意见认为结核状灰岩是原始的薄的灰质层夹在富粘土质和塑性的岩层之间，由于石灰岩和粘土夹层的差异压实作用，使石灰岩在塑性粘土层间发生横向运动并拉开，形成透镜状或结核状构造。另一种说法认为结核状灰岩是成岩分异加上差异压实作用形成的。第三种成因认为结核是由海底溶解作用形成的。第三种成因的结核状灰岩，从生物化石及形成作用来看，是典型的深海环境的成岩产物。

8. 生物格架石灰岩

生物格架石灰岩包括骨架灰岩（或生物礁灰岩）、隐藻粘结灰岩、障积灰岩等三大类型灰岩。

（1）骨架灰岩是一种制造骨架的碳酸盐生物构筑体。骨架构成岩石主体，再通过粘结作用，形成固定在海底上的坚硬的具有抗浪的碳酸盐岩礁。造骨架的生物有珊瑚、石枝藻、层孔虫等，并形成不同的生物骨架灰岩。现代骨架灰岩通常是由多种生物组合而成。古代骨架灰岩的造礁组分随着地质历史的演化而变化，每一个时期都有其特有的组合（图6－14）。

图6－14　生物骨架灰岩
单偏光，×30

生物骨架灰岩通常在海底形成一个隆起，超出同期沉积物，称为碳酸盐建隆。其隆起状块体的规模、大小、形态各异（如点礁、礁丘、环礁、层状礁等），并且取决于海水深度、温度、地形、盆地的升降速度以及海进、海退变化。生物骨架灰岩较易受白云石化作用的影响，因而常常可见生物骨架灰岩全部被交代成白云岩。

（2）隐藻粘结灰岩是一种主要由分泌粘液的藻类（蓝藻、绿藻），通过分泌碳酸盐，沉淀和捕集、粘结碳酸盐颗粒物质形成的岩石。

（3）障积灰岩又可译为滞积灰岩或栅积灰岩，指含有原地带根茎的生物，通过阻挡作用将沉积物（主要是灰泥）截获堆积而成的灰岩。现在已发现的障积灰岩主要是灰泥丘（生物丘），这种碳酸盐泥丘在古代和现代海底均有发育。组成障积灰岩的基本矿物是泥晶方解石。障积灰岩主要形成于碳酸盐沉积陆棚斜坡带。

9. *晶粒石灰岩*

晶粒石灰岩是一类较特殊的石灰岩，主要由方解石晶粒组成。其中晶粒较粗的晶粒石灰岩大都是重结晶作用或交代作用的产物。这类岩石的原始沉积结构和构造，可以通过阴极发光法等方法识别。

10. *豹皮灰岩*

豹皮灰岩是一种具有黄色、红褐色不规则斑状的石灰岩。因貌似豹皮，故得此名。基质为隐晶或微晶方解石，斑纹主要为白云石。一般认为它是由白云化作用而成。中国寒武、奥陶系地层中常见。

第五节　白　云　岩

一、白云岩的分类

白云岩主要是由白云石矿物所组成的碳酸盐岩。在白云岩的分类中，主要包括成分分类、结构分类以及成因分类。

1. *关于白云岩的成分分类*

白云岩的成分分类见表6－3，根据方解石和白云石的相对含量划分出岩石类型。至于白云石与粘土岩、砂岩及粉砂岩的过渡类型以及有关命名原则，也可仿表6－4类推。

在野外工作阶段，通常以75%、50%、25%为界限，划分出白云岩、粘土（砂、粉砂）质白云岩、白云质粘土（砂、粉砂）岩、粘土（砂、粉砂）岩等四种类型。

2. 关于白云岩的结构分类

在白云岩的结构分类中,应强调以下三点。

第一,石灰岩的结构分类系统和命名原则基本上适用于白云岩。所不同的仅是矿物成分,即石灰岩的成分主要是方解石,而白云岩的成分主要是白云石。因此,只要把石灰岩结构分类表中的“石灰岩”改为“白云岩”,“灰”改作“云”,则石灰岩的结构分类方案就可基本上适用于白云岩了。

第二,在白云岩中,晶粒结构发育,除泥晶结构外,粉晶、细晶、中晶以至粗晶结构都相当常见。晶粒较粗的,晶形常较好,多为自形或半自形晶,其集合体常呈砂糖状。

第三,在白云岩中,交代结构发育,如晶粒较粗的白云石菱形体交代各种颗粒及化石等。石灰岩中的云斑、白云岩中的石灰岩残余体等,也是交代作用所致。根据交代结构及与其伴生的其他交代现象的有无,可把白云岩划分为两个类型,即具有交代结构的白云岩和不具交代结构的白云岩。

3. 关于白云岩的成因分类

根据白云岩的生成机理,可把白云岩划分为原生白云岩、次生白云岩和其他白云岩三大类。

(1)原生白云岩:以化学沉淀方式从水体中直接沉淀出化学计量的白云石所组成的白云岩。

(2)次生白云岩:一切非原生沉淀作用形成的白云岩。可进一步分为同生白云岩、准同生白云岩、成岩白云岩、后生白云岩。

(3)其他白云岩:包括碎屑白云岩、化学白云岩、风化白云岩、地层白云岩、构造白云岩等。

二、白云岩生成机理

1. 原生沉淀作用

关于白云岩的成因问题,人们最关心的是在近代碳酸盐沉积物中,是否有真正的原生的白云石,即是否真正有以化学沉淀的方式从水体中直接沉淀出来的白云石。到目前为止,在常温、常压条件下,在实验室中尚未合成出真正的、化学计量的白云石。实例:(1)澳大利亚考龙潟湖的“原生白云石”;(2)美国加利福尼亚深泉盐湖中的白云石。

2. 毛细管浓缩作用(蒸发泵作用)

在现代热带地区的潮上带,刚沉积不久的松散沉积物,粒间充满海水,由于蒸发作用不断散发,同时,海水通过毛细管作用不断补充,久而久之,这些粒间水的含盐度不断增加,并沉淀出石膏。石膏的沉淀,使粒间水或表层水中的 Mg/Ca 比率大大提高(可达 20:1),这种高镁的粒间盐水与文石颗粒经常接触,促使文石被交代,被白云化作用,使文石转化为白云石(图 6-15)。这种作用发生于准同生期。

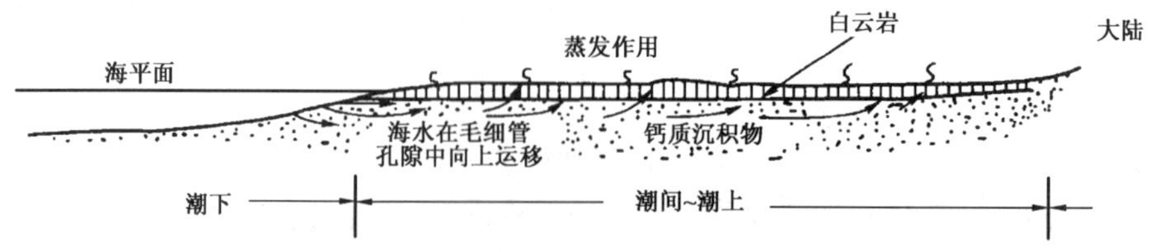

图 6-15　毛细管蒸发泵作用交代白云岩形成机理示意图(方邺森,1987)

3. 回流渗透白云化作用

在潮上地带形成的高镁粒间盐水，当其对表层沉积物的白云化基本完成后，产生这种高镁盐水的地质条件仍继续存在，由于高镁盐水的相对密度较大，当地表无出路时，其向下回流渗透是必然的。这种向下回流渗透的高镁盐水，在其穿过下伏的碳酸钙沉积物或石灰岩时，必然会使它们发生白云化，从而形成白云岩或白云化的石灰岩(图 6－16)。

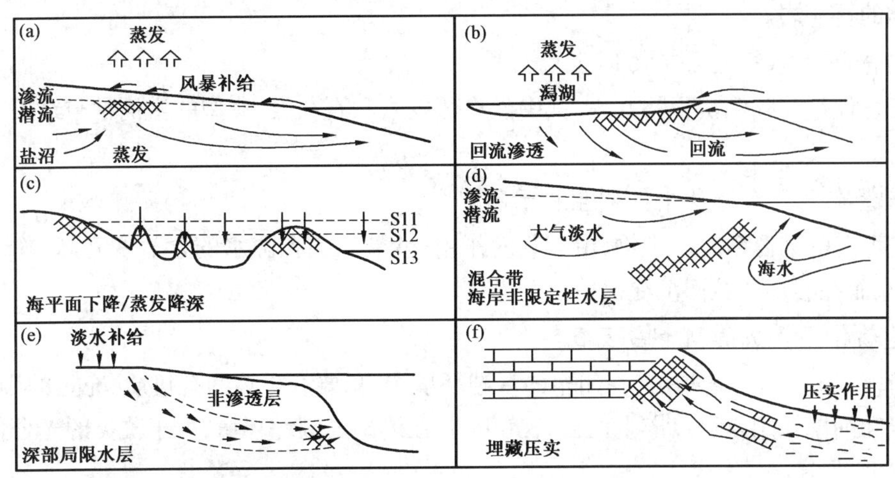

图 6－16　白云化流体通过沉积物时产生白云化机理模式图(Tucker,1991)

图中打网格者表示白云岩,1,2,3 表示海平面变化阶段

4. 混合白云化作用

巴迪奥扎蔓尼(1973)用实验方法证明，大气水与正常海水的混合液对方解石和白云石的饱和程度有不同的影响。

当 5% 的海水与 95% 的地下淡水混合时，白云石已经饱和，但方解石并不饱和；当 30% 的海水与 70% 的淡水混合时，白云石早已过饱和，而方解石仍然不饱和。因此，在海水为 5% ~ 30% 的混合液的范围内，将发生方解石被白云石交代的作用——白云化作用。

5. 其他白云化作用机理

白云岩生成机理的观点和学说是多种多样的，我们必须具体情况具体对待。常见的观点有以下三种。

(1) 埋藏白云化作用。

常温下，实验室不能从水中直接沉淀出白云石，但当温度在 100°C 以上时就可以沉淀，说明温度升高有利于白云石的形成。这种机理能否形成大量的白云石是长期争论的焦点，即是否有足够的 Mg^{2+} 的来源。

(2) 调整白云化作用。

(3) 玄武岩淋滤白云化作用。

三、白云岩的主要类型

1. 准同生(或同生)及早期成岩白云岩

1) 与蒸发岩共生的准同生白云岩

白云岩与海相或非海相的蒸发岩互层，具有典型的微细晶均质结构，缺乏碳酸钙沉积物被交代的标志特征,并很少与正常石灰岩共生。常见的有纹层、鸟眼、干裂、膏盐晶洞等蒸发潮坪的特殊构造,白云岩常处在海退系列的上部,夹在石灰岩与蒸发岩之间。

2)与石灰岩共生的早期成岩白云岩

白云岩呈夹层产于石灰岩为主的地层中。在剖面上,顶部常为潮坪纹层状微晶白云岩(准同生);中间为豹斑白云岩或疙瘩状白云岩,或为鲕粒白云岩(早期成岩);下部为正常的含海相生物的石灰岩。

3)与陆源沉积物成互层的同生白云岩

白云岩仅仅与陆源沉积物共生,其中没有蒸发岩和石灰岩,典型的实例是与红层共生的同生白云岩。

4)分散在陆源沉积物中的同生白云石晶体

在潮坪上的陆源砂粒沉积物,由于蒸发作用,砂粒间的孔隙水的含盐度升高,Mg/Ca 比值也增高,从而在石英颗粒间沉淀出白云石晶体。

5)生物作用生成的同生白云石

拉劳(Lalou,1957)曾指出,在闭塞的潟湖环境中,只要有足够的有机质、充足的阳光照射、适当高温和细菌作用就可以产生白云石沉积物;在潟湖及潮坪环境,由于藻类的光合作用可提高 pH 值,促进白云石生成。

2. 碎屑白云岩

在大陆斜坡地带,由浅水潟湖、陆棚的白云岩碎屑经过重力作用横向移动,离开了它们原来生成的环境,而在较深水斜坡—盆地边缘环境中再堆积,形成与大量石灰岩碎屑混在一起的海底碎石堆积浊积扇碎屑白云岩。另外,潮坪白云岩薄壳,通过干裂产生砾片,经潮汐改造后再沉积可以形成碎屑白云岩夹层;也可以是白云岩中的膏盐夹层经淡水溶蚀,形成盐溶崩塌而形成角砾白云岩。这种白云岩应属于碎屑岩的范畴。

3. 晚期成岩及后生白云岩

1)层内白云岩

层内白云岩是碳酸盐岩地层内形成的白云岩,可能是晚期成岩阶段由于碳酸盐沉积物高镁方解石调整出的 Mg^{2+},进入地层水中引起的白云石化;或者地层中囚捕的海水与地下淡水混合产生白云石化;也可能是邻层粘土层中挤压出的含 Mg^{2+} 的水引起碳酸盐沉积物的白云石化;或源于上部的向下渗透的含高浓度 Mg^{2+} 的咸水引起的白云石化所形成。

2)沿地层不连续面形成的白云岩

一种成因是沿不连续面向下延伸的不规则的白云岩帽,如果与蒸发潮坪或咸化潟湖无关,而是广海陆棚上碳酸盐沉积物的白云石化,即混合及调整作用成因。当然也可以是高 Mg^{2+} 的咸水渗透成因,后者常与蒸发潮坪及咸化潟湖沉积共生。还有一种可能的成因是海水通过潮坪沉积物往上蒸发形成白云岩,属于准同生白云岩。

3)后生白云岩

后生白云岩常常受构造控制,与石灰岩常呈侧向过渡或突变接触关系。交代作用的镁来源于深部地下盐水、上部盐水向下渗透、来自岩浆的残余水、地层中的残余海水(曾允孚等,1986)。

第六节　碳酸盐沉积物的沉积后作用

一、成岩作用的主要类型

碳酸盐沉积物的成岩作用类型很多,主要有溶解作用、矿物的转化作用和重结晶作用、胶结作用、交代作用、压实作用与压溶作用等,现分述如下。

1. *溶解作用*

溶解作用是由于碳酸盐沉积物或碳酸盐岩中孔隙水的性质发生了变化,从而引起碳酸盐矿物或其他成分发生溶解的作用。

在碳酸盐岩的各个成岩阶段都可以发生溶解作用。成岩早期的溶解作用常具有选择性的特点。这是由于海洋沉积物内的不稳定组分,例如,构成生物骨骼的文石、高镁方解石以及文石质的鲕粒和晶体比方解石易受溶解而造成的。这类颗粒溶解后常常形成极具特征的溶模孔隙(图6-17)。

在成岩作用晚期阶段,其溶解作用大多不具有选择性(图6-18)。这是水沿节理、裂缝和原生孔隙流动并将它们扩大的一种溶解作用,常形成溶孔、溶缝、溶沟和溶洞。

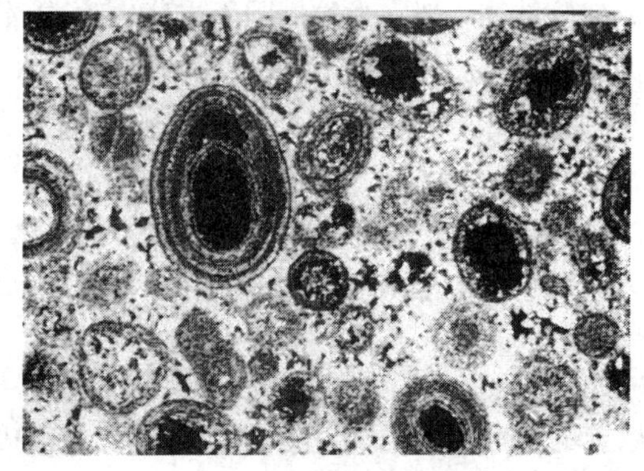

图6-17　选择性溶解作用形成的孔隙(鲕粒溶模孔隙)(冯增昭,1994)

鲕粒石灰岩;四川大竹下三叠统飞仙关组,正交光,×25

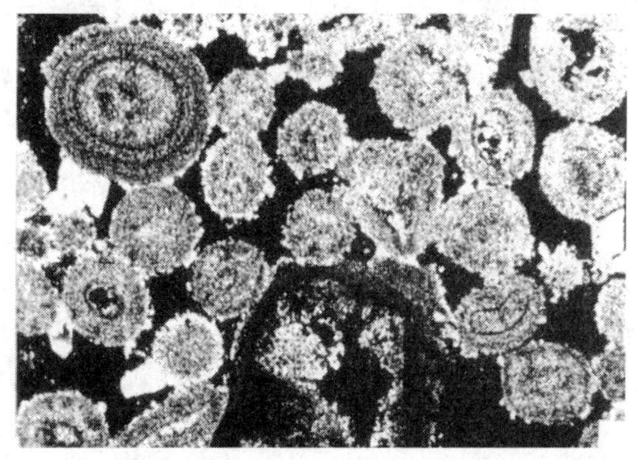

图6-18　溶蚀孔隙(鲕粒白云岩)(冯增昭,1994)

鲕粒间的基质多被溶蚀,鲕粒内部也遭受溶蚀;四川泸县下三叠统嘉陵江组,正交光,×30

溶解作用具有扩大和增加岩石孔隙的作用,形成的新孔隙系统往往又是油气渗滤和储集的有效空间。因此,研究溶解作用及其孔隙特征具有实际意义。

2. *碳酸盐矿物的转化作用和重结晶作用*

碳酸盐沉积物在沉积后作用过程中,常常发生矿物的转化作用、简单重结晶作用和应变重结晶作用。

矿物的转化作用包括两种情况:一种是矿物的同质多象转变,这种转化仅发生晶格和晶形的变化,并不发生化学成分变化,例如,文石转变为低镁方解石即属于这种类型;另一种变化有离子的带出,即有化学成分的变化,但不发生晶格和晶形的变化,例如,高镁方解石转化为低镁方解石时有镁离子的带出,但无晶格和晶形的变化。

重结晶作用分简单重结晶作用和应变重结晶作用。前者指矿物晶体单纯地增大或缩小,后者指在应力作用下矿物晶格发生变形。

福克(Folk,1965)主张应将这些作用明确地分开,但在不能辨认的情况下,则建议用"新生变形作用"一词作为这些作用的统称。也有人将上述这些作用当作广义的重结晶作用看待。实际上,这三种作用也应属于广义的交代作用的范畴。

3. 胶结作用

胶结作用是一种孔隙水的物理化学和生物化学的沉淀作用,作用的结果是在粒间的孔隙中发生晶体生长。这类晶体就是胶结物,它能把碳酸盐颗粒或矿物粘结起来使之变成固结的岩石。

1)碳酸盐胶结物的矿物成分和结晶形态

现代海洋碳酸盐胶结物的矿物成分主要为方解石(即低镁方解石)、文石、镁方解石(即高镁方解石)和白云石。

碳酸盐胶结物主要有三种结晶形态,即泥晶、纤维晶和较粗的粒状晶体。任何一种碳酸盐矿物都可以构成泥晶胶结物;纤维状及针状是文石特有的形态;镁方解石有时也呈纤维状;粒状是白云石和方解石胶结物的特征形态,可呈自形与半自形菱面体、叶片状或它形等。

2)胶结物的世代

充填孔隙的胶结物往往由两个或两个以上世代组成,有时随着世代的不同,其组构和微量元素的组成也随之发生变化。在古代石灰岩中,早期胶结物一般在颗粒周围组成薄边胶结,常见为纤维状或马牙状无铁方解石;后期胶结物多为粒状方解石,有时按含铁量递增或递减的顺序还可组成多期胶结(图6-6)。

4. 交代作用

在碳酸盐沉积物或碳酸盐岩中,原来的矿物和组分被新矿物取代的作用称为交代作用。碳酸盐岩中常见的交代作用有白云石化、去白云石化、硅化、石膏化和硬石膏化、去石膏化、菱铁矿化和黄铁矿化等。

白云石交代方解石(或文石、高镁方解石)的作用称为白云石化作用(图6-19和图6-20),它包括了亚稳定的有序度差的原白云石向稳定的标准白云石转化和白云石对原先生成的碳酸盐沉积物的交代。

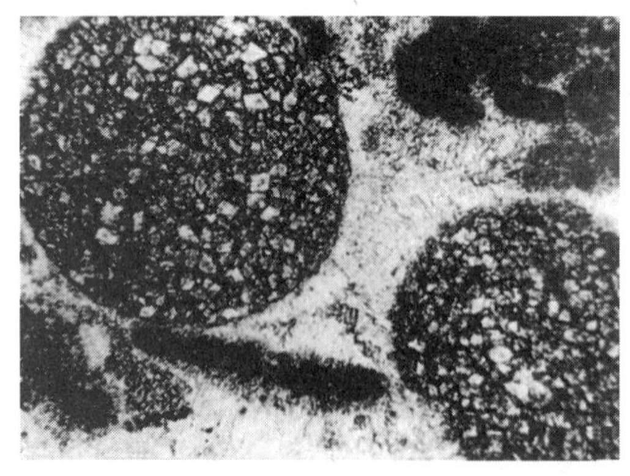

图6-19 鲕粒白云化(王英华,1994)
亮晶颗粒云质灰岩,白云石化仅局限于鲕内,并破坏了鲕粒的原生结构,胶结物及伴生颗粒中均未见白云石化
辽宁金县中寒武统,单偏光,×28

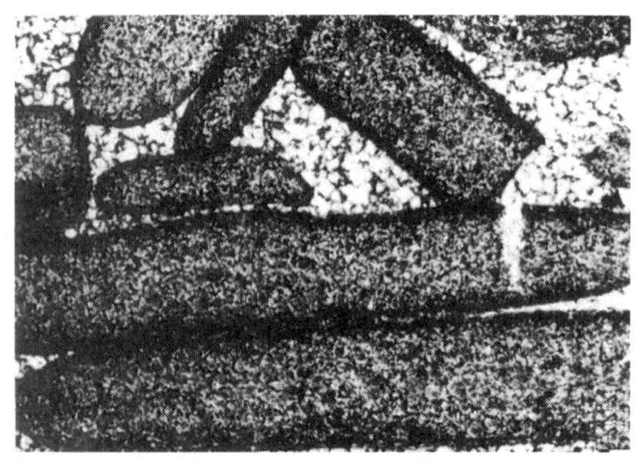

图6-20 竹叶状砾屑白云岩(冯增昭,1994)
竹叶状砾屑的白云石晶粒较细且较污浊,基质的白云石晶粒较粗且较明亮,可见基质中较粗的白云石晶体侵入竹叶的边缘;江苏徐州贾汪下奥陶统,放大机直拍,×11

白云石的方解石化作用称为去白云石化。白云石的晶粒间存在硬石膏、黄铁矿及其他硫化矿物，它们的溶解或氧化会造成去白云石化作用。

在碳酸盐岩中，硅质矿物常交代方解石、白云石等形成交代硅质岩的现象称为硅化作用。硅化作用可发生在同生、成岩、后生的各个作用时期。

石膏和硬石膏交代碳酸盐矿物或组分的现象称为石膏化和硬石膏化。它的发生可能与含硫酸盐的孔隙水活动有关。

硬石膏和石膏的晶体被碳酸盐矿物交代的作用称为去石膏化作用。去石膏化常与地表淡水和细菌的作用有关。

5. 压实作用与压溶作用

1）压实作用

压实作用是指碳酸盐沉积物在上覆岩层的负荷压力下，发生水分减少、孔隙度降低、体积缩小、晶体和颗粒趋向紧密排列的作用。

常见的压实现象有颗粒点接触频率高、颗粒变形、颗粒间线状接触或曲面接触、颗粒压平、颗粒断裂或破裂、颗粒错断、颗粒表皮撕裂或剥离、颗粒外部揉皱、颗粒畸形、潜穴及鸟眼孔隙压缩变形、有机质破碎并变形为不规则细脉等。

2）压溶作用

压溶作用是指在负荷或应力作用下，在颗粒、晶体和岩层之间的接触点上，受到最大应力和弹性应变，化学势能不断增加，使应变矿物的溶解度提高，导致在接触处发生局部溶解的现象。巴瑟斯特（1971）认为，颗粒之间接触处遭受溶解称为压溶。

压溶作用在碳酸盐沉积物的固结阶段就已经开始，成岩阶段此作用继续进行。作用结果可使碳酸盐沉积物或石灰岩的厚度大大缩小，甚至可与侵蚀作用的厚度损失相当。石灰岩中的缝合线构造是压溶作用的最好证据。

二、成岩作用的阶段划分

碳酸盐沉积后作用与油气的储集性能的关系十分密切，因为碳酸盐岩的孔隙是油气的储集空间；这些孔隙的形成、增大、减小甚至消失的整个演化历史，除受沉积作用及沉积环境的控制外，更受碳酸盐沉积物的各种沉积后作用及其沉积后环境的控制。因此，石油地质工作者十分重视碳酸盐沉积后作用与油气储集性能的关系。

《碳酸盐岩成岩阶段划分》SY/T 5478—2003 将成岩作用划分为可以与一定的成岩环境相对应的五个阶段。

（1）同生阶段：可与大气、淡水、环境和海底环境以及混合水环境对应。

（2）早成岩阶段：可与浅埋藏环境对应。

（3）中成岩阶段：可与中—深埋藏环境对应。

（4）晚成岩阶段：可与深埋藏环境对应。

（5）表生阶段：可与表生环境对应。

复习思考题

1. 什么是碳酸盐岩？
2. 碳酸盐岩主要由哪些结构组分组成？
3. 碳酸盐岩的结构组分的类型有哪些？
4. 碳酸盐岩中,除可出现和碎屑岩一致的构造外,还出现哪些特有的构造？
5. 什么是内碎屑？其成因主要是什么？
6. 三级命名原则是如何对岩石进行命名的？
7. 什么是鲕粒？
8. 什么是晶粒？其成因如何？
9. 什么是生物格架？它有哪些类型？
10. 什么是灰泥？何谓亮晶？二者应如何区别？
11. 如何区别重结晶的灰泥和亮晶？
12. 什么是叠层石构造？
13. 什么是鸟眼构造？
14. 什么是缝合线？关于其成因有哪些认识？
15. 简要评述福克的石灰岩分类方案。
16. 按教材中推荐的分类方案,石灰岩分为哪几大类？
17. 试以三级命名法对颗粒—灰泥石灰岩进行分类。
18. 白云石有哪些成因机理？
19. 什么是白云石交代结构？
20. 碳酸盐沉积物的成岩作用有哪些主要类型？

第七章　其他沉积岩

［**学习目标**］通过对本章的学习，掌握蒸发岩的概念、矿物组成、成因及主要类型；了解蒸发岩的分类及与油气的关系。掌握硅岩的概念和主要类型，了解其成因、一般特征及分类；掌握煤的组分、类型及含煤岩系，了解煤的形成演化；掌握油页岩、铝土岩、铝土矿的概念及鉴定特征，了解其类型及成因。

第一节　蒸　发　岩

一、蒸发岩的一般特征

1. 蒸发岩的概念

由于蒸发作用使水溶液高度浓缩而沉淀形成的、易溶盐类矿物占50%以上的沉积岩称为蒸发岩。

蒸发岩是在封闭、半封闭的环境中，由于干旱炎热气候条件下强烈的蒸发作用而形成的。矿物组分为盐类矿物，常见的有天然碱、苏打、芒硝、无水芒硝、钙芒硝、石膏、硬石膏、石盐、泻利盐、杂卤石、光卤石和钾石盐；有的盐湖中还有固体硼砂矿物或含硼、溴、碘的卤水。

蒸发岩一般具有结晶结构，有时可再结晶为数毫米至数厘米的巨晶结构。一般为层状构造，往往也呈角砾状、泥砾状的次生构造，并形成盐溶角砾岩。蒸发岩的形成是由于封闭条件下水体蒸发、金属离子和酸根富集的结果。

蒸发岩的主要岩石类型有石膏岩—硬石膏岩、钙芒硝泥岩、石盐岩、光卤石岩和钾石盐岩等。由于不同地区或不同成岩时代陆地水和海水的化学性质不同（如氯化物型、硫酸盐型和混合型等），产生了含不同盐类矿物组合的现代盐湖和不同盐类组成的古代盐类矿床。中国青海柴达木盆地中的察尔汗盐湖，沉积了光卤石矿层，青海和西藏的一些盐湖中有硼矿沉积。内蒙古、新疆的一些现代盐湖中天然碱相当丰富。在加拿大、前苏联和德国有很大储量的钾石盐矿床，是世界范围内的钾肥矿产供应地；中国河南吴城发现了古代的固体天然碱矿床。盐湖或与固体盐层有关的地下卤水包括多种稀有元素，如硼、溴、碘、铯、锂等，都具有综合利用价值，西藏的盐湖中发现了含锂和铯的沉积矿物。

蒸发岩是重要的化工原料。有些是人类生活所必需的，如石盐、石膏；有些是重要的天然钾肥的来源。大量的勘探资料证实，世界上许多大的蒸发岩盆地也是含油气盆地。在世界上已知的大油气田中，油气层和盐类地层有重要关系的几乎占一半左右。在油盐共存的盆地中，有46%的盆地油气层产于盐类地层之下，41%的盆地油气层产于盐类地层之上，13%的盆地油气层产于盐类地层之间。

2. 蒸发岩的成因

世界上许多大型蒸发岩都是海洋成因的。我国的蒸发岩除了有海洋沉积形成的以外，更多的是在内陆盐湖中形成的,尤其是某些现代钾盐矿床。

海洋或大陆盐湖中所含的大量可溶盐是蒸发岩直接的物质来源。这些水体中的盐分可以来自母岩的化学风化产物,或来自火山喷发时喷出的气体和热液。目前有关蒸发岩的成因理论大都建立在海(湖)盆地盐水浓缩的机理上。下面简要介绍几种较为流行的蒸发岩成因假说。

1)沙坝说

奥克谢尼乌斯(Ochsenius,1877)为解释巨厚盐类沉积提出的一种假说。由于海水的平均含盐度为3.5%,巨厚的(厚数百米)盐类沉积,单纯依靠盐盆本身水的浓缩是不可能的,必须有新海水源源不断地加入,以补偿盐水的消耗。以沙坝和开阔海隔开的潟湖符合这个条件。在干旱气候和蒸发量大于降雨量和淡水流入量的情况下,潟湖中的水在蒸发作用下浓度不断提高,最终导致各种盐类按溶解度大小先后发生沉积。例如,潟湖盆地不断下沉,新的海水不断补充进来,而又不断地蒸发,就将形成巨厚的盐类沉积。

沙坝说得到很多学者的支持。但它不能解释单矿物蒸发岩和大陆洼地中许多盐类矿物的形成,也不能解释古盐矿中普遍不含化石的问题(注入潟湖的水带有大量生物,而盐类沉积无海相化石)。

2)返(回)流说

根据实验数据,正常盐盆中沉积的石盐体积应比石膏体积大30倍。但有些地方情况正好相反,例如,美国得克萨斯西部和墨西哥东南部的特拉华盆地中,上二叠统卡斯泰尔组厚达396~610m的蒸发岩却主要由条带状或层纹状石膏组成,岩石中仅含少量石盐和其他矿物。为了解释这样巨厚的石膏沉积的成因,金(King,1947)提出了返(回)流假说。返流说认为,蒸发盆地的水实质上是由位于浪基面以下的卤水和位于其上的不太浓的表层水组成。正常的海水沿着表层注入盆地补充由于蒸发而消耗的水,而盆地中产生的重盐水在较轻的海水之下回流入海。这样,盆地的水体将长时间地保持一种较低浓度的稳定状态,蒸发浓缩的结果即可形成巨厚的石膏沉积。

3)干化深盆地说

1972年在地中海进行深海钻探,证实晚中新世有$2.50\times10^4km^2$的蒸发岩,主要由白云岩、硬石膏岩和石盐岩组成。蒸发岩中有干裂、交错层等浅水标志,又有深海沉积的夹层。这种既有深海又有浅水沉积的标志,促使许靖华等人(1972)提出了干缩深盆地假说,用干缩和淹没相交替的观点解释地中海蒸发岩的形成。他们认为,在某个地质时期,地中海因干涸可与大西洋完全隔绝,变成了干盐湖。干涸期结束后,海水再次浸没,地中海又恢复为深水盆地并再度沉积了深海沉积层。据研究,地中海在中新世曾多次干涸,海水进入地中海多达10~15次之多,因而形成蒸发岩与深海沉积的互层。

在一个封闭的深盆地内,逐渐地干缩将导致蒸发矿物围绕盐盆按溶解度由小至大的顺序呈带状沉积,形成“牛眼式”的分布(图7-1)。碳酸盐矿物在盐盆的边缘沉积,硫酸盐矿物沿陆棚和大陆斜坡边缘沉积,最易溶的石盐和钾盐沉淀在“牛眼”的中心部分。

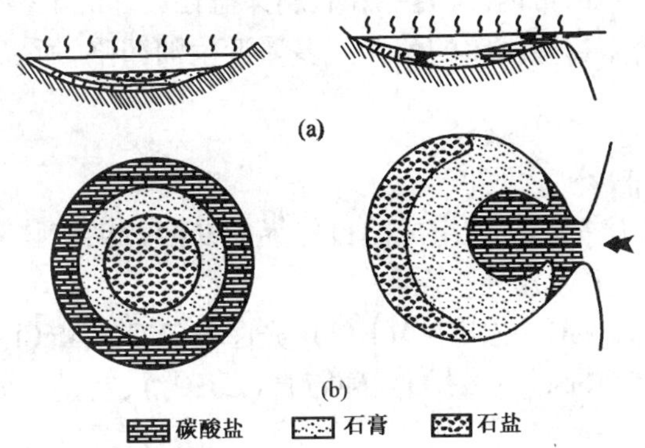

图 7-1　假想的蒸发岩分布模式(Schmalz,1970)
(a)剖面图;(b)平面图

4)大陆说(或沙漠说)

大陆上有许多湖泊,它们往往离海很远并且与海没有联系,带有溶盐的地表水和潜水流入这些盆地,在干热的气候条件下,由于强烈的蒸发作用,水中含盐量不断增高,淡水湖将发展成为咸水湖,盐类达到饱和后,就能逐渐的沉淀出各种盐类。盐湖发展的末期,湖水干涸,成为填满盐类的干盐湖。在现代的沙漠地区可以见到各种发展阶段的盐湖。

内陆盐湖说成因理论是在沙坝说提出后不久,首先由奥地利的瓦尔特提出的,后人称之为"大陆说"或"沙漠说"。

3. 蒸发岩与油气的关系

1)蒸发岩与油气的生成

研究资料指出,厌氧的硫酸盐细菌在高盐度的溶液(例如含盐度超过40%的盐水)中不能生存。所以,蒸发环境有利于有机质的封存和向油气转化。蒸发岩生油问题近年来已受到石油界的重视。根据埃文斯(Evans,1982)的资料,全新世蒸发盐沉积物的有机碳含量可高达15%,所含原始有机质属于喜盐植物、藻类与浮游生物分解的残余物。此外,蒸发岩露头中测得的有机碳含量一般在0.2%~0.5%,这表明蒸发岩具有一定的生油气潜能。

2)蒸发岩对油气运移的影响

在盐盆地中,随着卤水的浓缩,卤水相对密度逐渐增大;当相对密度大的卤水下沉并渗入沉积物中时,将排出烃并促使其运移进入孔隙层中。位于孔隙层之上的蒸发岩盖层则控制着油气的二次运移,使其只能作侧向运移。只有当盐层发生断裂或溶解时才能发生垂直运移。

3)蒸发岩对油气储集层的封隔及储集性的影响

盐岩与石膏岩是油气的良好封隔层已为大家所熟知。此外,蒸发岩对油气储集层的储集性能也有一定的影响,主要表现在下面两个方面:(1)与储集层伴生的蒸发岩,遭受溶解后可以胶结物的形式再充填沉淀于储集层孔隙之中或交代碳酸盐,从而降低储集层的孔隙性;(2)充填储集层中原生孔隙或交代基质的石膏,若被后期孔隙水溶解,将产生板状及条状等形态的溶模孔隙,从而有助于储集层储集性能的改善。

4)蒸发岩对油气圈闭的影响

蒸发岩具有极强的塑性,当沉积厚度较大和承受了巨大的不均衡压力时,就要发生塑性流动。所以,在蒸发岩沉积厚度大的地区,由于差异压实,岩石可以发生塑性向上流动,改变上覆岩层的产状从而形成各种类型的构造圈闭,例如,层状背斜圈闭、未刺穿盐丘顶部的岩性圈闭或超覆于盐丘顶部的砂岩尖灭带内的岩性圈闭、刺穿盐丘翼部的不整合面之下的地层圈闭、盐丘帽中的地层圈闭等。由于这些圈闭的位置大多邻近生油凹陷，所以它们常能成为油气聚集的主要场所。

二、蒸发岩的矿物组成

蒸发岩主要由各种易溶盐类矿物组成。自然界的易溶盐类矿物有100多种，较常见的有四五十种，其中最常见的有下述几种。

（1）卤化物：包括石盐（$NaCl$）、钾石盐（KCl）、光卤石（$KCl \cdot MgCl_2 \cdot 6H_2O$）等。

（2）硫酸盐：包括石膏（$CaSO_4 \cdot 2H_2O$）、硬石膏（$CaSO_4$）、芒硝（$Na_2SO_4 \cdot 10H_2O$）、无水芒硝（Na_2SO_4）等。

（3）硼酸盐：包括硼砂（$Na_2B_4O_7 \cdot 10H_2O$）、柱硼镁石（$MgB_2O_4 \cdot 3H_2O$）等。

（4）碳酸盐：包括苏打（$Na_2CO_3 \cdot 10H_2O$）、天然碱（$Na_2CO_3 \cdot NaHCO_3 \cdot 2H_2O$）等。

（5）硝酸盐：主要有钠硝石（$NaNO_3$）、钾硝石（KNO_3）等。

除易溶盐类矿物外，蒸发岩中还含有其他许多自生矿物，例如，方解石、白云石、菱镁矿、菱铁矿、赤铁矿、有机质等，有时还混有稀有元素和稀土元素，也可含陆源碎屑如云母、石英、岩屑等，更普遍的是含粘土矿物。它们可以是蒸发岩中的杂质，也可在蒸发岩内以结核或条带出现。当易溶盐类矿物减少时，蒸发岩就向其他沉积岩（石灰岩、白云岩、页岩等）过渡。

蒸发岩多呈层状产出，层厚从毫米级的纹层到几十厘米的中厚层不等，常与白云岩、石灰岩、细碎屑岩互层。由蒸发岩构成的沉积序列厚达几百至上千米，分布范围常在几百平方千米以上。但分布地域和时代总体上较为分散。世界上一些大型蒸发岩的产出时代多集中在寒武纪、志留纪、泥盆纪—二叠纪、三叠纪、古近纪和新近纪。我国蒸发岩主要产于三叠系、白垩系、古近系和新近系，其次是奥陶系。由于蒸发矿物易溶，故除极干旱地区外，一般很少见到好的蒸发岩露头，地表可以见到的主要是溶解度相对较小的石膏、硬石膏，多数蒸发岩都是在地下通过钻井发现的。我国大庆、胜利、江汉、塔里木等油田都钻到了白垩纪或新生代的蒸发岩。

蒸发岩的原生沉积构造和结构有水平层理、交错层理、粒序层理、波痕、干裂和微晶结构、自生颗粒结构等。自生颗粒可以是单个盐类晶体，更多的是盐类晶体的集合体。蒸发岩中更常见的结构构造则是经成岩改造后形成的，如块状构造、角砾化构造、多孔状构造、镶嵌结核状构造（也称鸡笼状构造）和斑状变晶结构、半自形或它形粒状变晶结构、交代结构等。在野外，蒸发岩除呈层状、结核状产出外，经常呈底辟构造，即所谓“盐丘”产出（图7－2）。盐丘是一种丘状的刺穿构造。其形成与盆地的基底起伏有关。由于盆底起伏不平，上覆沉积物的地层压力不均衡，具有塑性的盐岩就会向压力较小的方向流动，并穿透上覆地层，形成盐丘。其四周的地层因而向上卷起酷似背斜构造。盐丘构造不仅是一种具有工业意义的盐矿，而且是一种重要的储油圈闭类型。我国塔里木盆地边缘有大量盐丘分布。

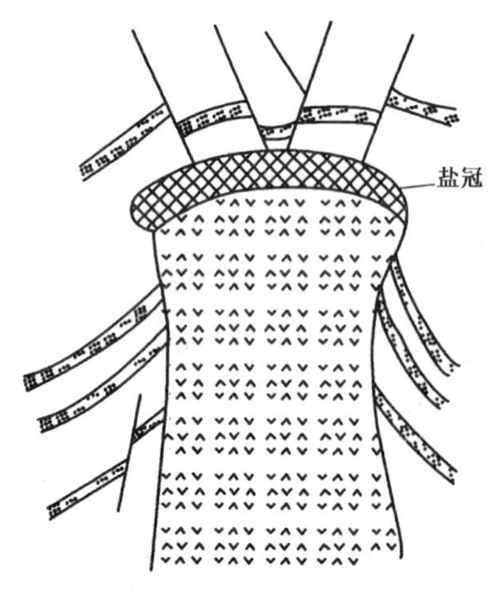

图7－2　盐丘示意剖面图（莱复生等，1967）

三、蒸发岩的分类及主要类型

蒸发岩通常以主要盐类矿物为分类命名的依据。在已知为蒸发成因的前提下，可以在"蒸发岩"前冠以主要盐类矿物命名，例如，石膏蒸发岩、硬石膏蒸发岩、石盐蒸发岩等；如果成因尚未确定，则去掉"蒸发"二字，称石膏岩、硬石膏岩、石盐岩等。地质历史中产出的蒸发岩以硫酸盐蒸发岩为主，其次是氯化物蒸发岩，其他蒸发岩相对较少。

(1)石膏和硬石膏岩：多呈浅色，例如，青灰色、白色、浅红色等。主要矿物为石膏和硬石膏，并常有白云石、石盐、天青石、黄铁矿和各种硅质矿物的混入物。石膏和硬石膏岩常具有粗粒到细粒结晶粒状结构，纹层状构造。呈层状或大透镜状产出，也可呈结核状产出。可以是分散的单个结核，也可紧密堆积形成块状层。

石膏和硬石膏可以相互转变。在温度、压力的作用下，石膏可以脱水变为硬石膏；反之，硬石膏也可以水化为石膏。石膏和硬石膏岩常产于石灰岩、泥灰岩、白云岩之间。如果蒸发旋回较完整时，可形成石膏、硬石膏、石盐，有时夹有不具备工业价值的钾盐薄层。

(2)盐岩：主要成分为石盐，含少量其他氯化物、硫酸盐、粘土、有机质和铁的化合物。纯者无色，因含混入物而呈黑色、灰色、红色和蓝色等颜色。石盐岩一般为粗粒结晶结构，块状构造。呈透镜状或层状产出，常与石膏—硬石膏岩组成互层。但就整个含盐岩系而言，一般下部以石膏层为主，上部以石盐层为主。我国四川震旦纪有世界上最古老的石盐层，厚度在200m以上。

(3)钾镁盐岩：主要由钾盐、光卤石、钾盐镁矾、杂卤石等矿物组成。常与盐岩共生，普遍含石膏和硬石膏，是重要的钾盐矿床。根据岩石中所含主要矿物可分为：钾盐岩(主要矿物为钾盐)、光卤石岩(主要矿物为光卤石、有时有杂卤石)、钾盐镁矾岩(主要由钾盐镁矾、无水钾盐镁矾、杂卤石组成)等。

第二节　硅　　岩

自生硅质矿物含量超过50%的沉积岩称硅岩或硅质岩。国际上一般称之为燧石。硅质岩不包括由机械作用形成的石英砂岩和沉积石英岩，虽然它们的 SiO_2 含量有时可达95%以上。

在沉积岩中，硅岩的分布次于粘土岩、碎屑岩、碳酸盐岩而居第四位，但数量较之砂岩、碳酸盐岩等却要少得多，而且分布极不均匀。前寒武纪是硅岩的产出高峰期，在我国，硅岩的分布也很广，前寒武系老地层中有丰富的硅岩，中、新生界地层中也有大量的硅藻土沉积，例如，山东临朐地区，在古近系和新近系地层中有含磷的硅藻土。

硅岩在工业上有多种用途。燧石岩可作为研磨材料，硅藻土常被作为过滤漂白原料，在制糖业、炼油业和净水工业中广泛应用，也可作为橡胶、油漆、造纸工业中的填料。

一、硅岩的一般特征及分类

1. 成分特征

硅岩的化学成分主要由 SiO_2 和 H_2O 组成，SiO_2 的含量有时可高达99%以上。此外，还常含有数量不等的 Fe_2O_3、Al_2O_3、CaO 和 MgO 等。

硅岩中的硅质矿物主要有蛋白石、玉髓和石英。蛋白石($SiO_2 \cdot nH_2O$)为非晶质，不稳定，易脱水重结晶而成隐晶石英，仅见于中、新生代硅质岩中。玉髓是一种纤维状的 SiO_2矿物，进一步脱水重结晶变为微晶石英。硅岩中的石英都为自生石英，大多由蛋白石和玉髓重结晶形成。

通常情况下，硅岩几乎全由硅质矿物组成，在某些结核状或与其他岩石呈互层的层状硅岩内，其他矿物可能稍多一些，例如，与页岩互层的硅岩可含一些粘土矿物和其他杂质（包括有机质）；与碳酸盐岩互层的硅岩或产于碳酸盐岩中的结核状硅岩可含一定量的碳酸盐矿物。

2. 结构、构造和颜色

硅岩的结构与碳酸盐岩极为相似，有非晶质结构、隐晶结构、鲕粒结构、生物结构及交代结构等。另外，发育叠层构造的硅岩也可具有粘结结构。

在野外，主要的硅岩多以稳定层状产出，层厚一般不大（薄—中层）。次要但更常见的硅岩呈透镜状、条带状或各种形状的结核产在其他沉积岩（常为碳酸盐岩）中。层状硅岩的沉积构造比较简单，多为块状层理，有时可见水平纹层，偶见交错层理、粒序层理及叠层构造。

硅岩的颜色多种多样，常见为灰色、灰黑色和灰白色，或呈红、黄、绿等多种颜色。由于其化学性质稳定，岩性坚硬，不易风化，因而，在露头上，差异风化常使它比共生岩石更为突出。

3. 硅岩的分类命名

（1）按主要硅质矿物成分：硅岩可分为蛋白石硅岩（主要由蛋白石构成）、玉髓硅岩（主要由玉髓构成）、石英硅岩（主要由自生石英构成）。

（2）按产状：硅岩可分为层状硅岩、结核或条带状硅岩。

（3）按结构：硅岩可分为表 7－1 中若干类型。

表 7－1　硅岩的分类

结构类型	结构特征
具有粘结构	有藻纹层：叠层石硅岩
	无藻纹层：藻迹硅岩
具有生物结构	以硅藻为主：硅藻岩（或硅藻土）
	以放射虫为主：放射虫岩
	以海绵骨针为主：海绵岩
具有颗粒结构	颗粒为鲕粒：鲕粒硅岩
	颗粒为内碎屑：内碎屑硅岩
	颗粒为团粒：团粒硅岩
	颗粒为较零星的硅质生物：含硅藻（或放射虫、海绵骨针）硅岩
具有晶粒结构	（普通）硅岩或燧石岩

除上述规范化的分类命名以外，还有一些习惯性或具特殊成因的硅岩名称，如碧玉岩、硅板岩、硅华等。

二、硅岩的成因

硅岩的形成方式主要有两种，一种是原生沉积作用，另一种为交代作用。

1. 原生沉积作用

硅岩的原生沉积作用包括有机成因和无机成因两种类型。

1）有机成因

硅是地壳中分布最广的元素之一，其重量克拉克值约为26%。硅具有强烈的亲氧性质，在地表以硅酸盐矿物或以 SiO_2 组成独立矿物的形式存在。地表水和海、湖水中常含有一定量的硅酸，但通常都是不饱和的。这些硅酸被带入海湖盆地后，可被硅质生物（硅藻、海绵、放射虫等）吸收，最后以生物残骸形式堆积保存下来，这是中生代以来硅岩的一种主要生成方式。古生代或更早时期的硅藻，还没有找到确切的化石证据。但前国际沉积学会主席、美籍华人许靖华仍认为前寒武纪的许多硅岩都是硅藻的沉积产物。实际上，具有硅质硬体的藻类并非只有硅藻，已被证实的最古老硅质藻类是前寒武纪和寒武纪之交的金藻（Allison，1981），大小为16～83μm；也有些人认为是太古宙到古元古代的始球藻，大小约28～32μm，它们在海洋营漂浮生活，当时许多燧石铁建造中的硅岩几乎完全由这类始球藻以“微生物雨”方式堆积而成（LaBerge，1987，Robbinsetal，1987）。我国震旦纪的硅岩也含有相当大小的球状藻细胞，它们是以残余有机质痕迹的形式保存的，被看成是浅海底栖型藻类，这种岩石被称为藻细胞燧石岩。

2）无机成因

对于没有生物标记的硅岩的成因现在还是个有争议的问题。其中完全呈结晶结构并且毫无交代标志的硅岩，除了由生物硅岩重结晶形成外，也可能是原生化学沉淀成因。在现代洋中脊地区有许多热水溶液活动，它们可直接由海底火山作用释放出来，也可由海水与岩浆接触产生，其中溶解有较多 SiO_2，当温度降低后，部分 SiO_2 就会沉淀出来。

2. 交代作用（硅化作用）

硅化作用是自然界常见的一种作用。它是指在沉积岩形成的各个时期，SiO_2 交代方解石、白云石、石膏及生物化石形成硅岩的一种交代作用。大多数硅质结核是交代作用形成的。因为有许多直接标志，例如，结核的形态极不规则，产出往往没有确定的层位，沿石灰岩中的裂隙分布，结核中有不规则的石灰岩斑块，局部还可保留原岩的结构和构造。一般说来，硅化作用常常填塞原岩的孔隙，对储油不利。

需要指出的是，硅岩，特别是厚度较大的硅岩，一般并非只有一种成因，大多都是生物、原生化学沉淀和重结晶作用共同形成的。

三、硅岩的主要类型

1. 硅藻岩（或硅藻土）

硅藻岩主要是由硅藻遗体（硅藻外壳）堆积后，经初步成岩作用形成的一种土状岩石。有时含少量放射虫和海绵骨针，并有粘土、碳酸盐、海绿石、石英和云母等矿物的混入。

硅藻岩为白色或浅黄色，质软而轻，相对密度为0.4～0.8，孔隙度大，可达90%。岩石外貌呈土状，疏松，吸水性、吸收性强，可作为吸附剂和漂白剂。在显微镜下可见生物结构（图7－3）。常有薄水平层理，也有层理极不显著的。

图7－3　硅藻岩（路凤香等，2002）
单偏光，美国加利福尼亚中生界

可以确认的硅藻岩大部分产于古近纪至第四纪的

海相或湖相沉积中，个别也见于白垩纪和侏罗纪，更古老的硅藻因壳体已向玉髓或石英转化而不易识别。山东临朐县山旺所产硅藻岩，有极好的水平层理，为新生界中新统的淡水湖泊沉积。

2. 碧玉岩

碧玉岩颜色多样，有红色、绿色、灰黄色。主要是自生石英、其次是玉髓组成，还可有方解石、菱锰矿、黄铁矿、绿泥石等混入物。

碧玉岩常为隐晶或非晶质结构。颗粒大小在 0.01mm 左右，致密坚硬，贝壳状断口，经常和火山岩共生。浙江西部上震旦统西峰寺组有一套碧玉岩，呈黑白相间条带状，白者为玉髓，黑者为磁铁矿、菱铁矿、有机质等。

3. 燧石岩

燧石岩是最常见的一种硅岩。颜色多样，以灰色、黑色等暗色最为常见。主要矿物成分为隐—微晶石英，还常有粘土矿物、碳酸盐矿物、有机质等混入物。致密坚硬，具有贝壳状断口。

根据产状，燧石岩可分两类：层状燧石岩和结核状燧石岩（燧石结核）。

层状燧石岩常呈条带状、薄层状、不稳定的厚层状夹于碳酸盐岩中，或夹于粘土岩和砂岩中。隐晶质或微晶结构，块状构造，偶见鲕粒。具有鲕粒结构的燧石岩可见水平层理或交错层理。

结核状燧石岩通常称为燧石结核。呈结核状或不规则的条带状夹于碳酸盐岩中，或夹于粘土岩中。结核形状多样，常为顺层分布，成串珠状或结核层。结核与围岩之间接触界线一般是清楚的、突变的，很少见到逐渐过渡关系。结核和层理的关系可以是层理绕过结核，也有结核切穿层理。

燧石岩在老地层中分布广，华北地区前寒武纪地层中有较多的燧石岩，新地层中一般分布少，且蛋白石含量较多。

第三节　煤

煤是一种固体可燃有机岩，主要由植物遗体经生物化学作用和地质作用转变而成。俗称煤炭，属于有机成因的沉积岩。

一、煤的组分及类型

煤中有机质是复杂的高分子有机化合物，主要由碳、氢、氧、氮、硫和磷等元素组成，其中碳、氢和氧的总和约占有机质的95%以上。碳是煤最重要的组分，其含量随煤化程度的加深而增高。泥炭中碳含量为50% ~60%，褐煤为60% ~70%，烟煤为74% ~92%，无烟煤为90% ~98%。

在地表常温、常压下，由堆积在停滞水体中的植物遗体经泥炭化作用或腐泥化作用，转变成泥炭或腐泥；泥炭或腐泥被埋藏后由于盆地基底下降而沉至地下深部，经成岩作用转变成褐煤；当温度和压力逐渐增高，再经变质作用转变成烟煤至无烟煤。

二、煤的形成演化及分类

成煤的原始物质主要是植物。植物分低等植物和高等植物。低等植物主要是各种藻类，构造简单，无根、茎、叶之分，主要由脂肪及蛋白质组成，呈丝状或带状，多繁殖于较深水的湖泊、沼泽及浅海环境。高等植物构造较复杂，有根、茎、叶之分，主要由木质素和纤维素组成，还有树脂、角质层、果壳、孢子、花粉等稳定组分，它们多生长在陆地上或浅水沼泽地带。煤的形成大致可以分为两个阶段。

1. 泥炭化、腐泥化作用阶段

繁殖在沼泽地带的高等植物，死亡后，就在有水覆盖的沼泽中堆积起来。例如，沼泽的水流闭塞，细菌不能充分地分解这些植物遗体，植物中的主要组成部分，木质素和纤维素就会保存下来，在生物化学作用下转变为泥炭。这一作用过程叫"泥炭化作用"。泥炭化作用是腐殖煤形成的第一阶段。

在水流畅通的活水沼泽，细菌就会迅速繁殖起来，细菌分解作用很强烈，高等植物的主要组成部分木质素和纤维素可能几乎全部消耗掉。只有那些最稳定的组分，例如，角质层、孢子、花粉等才可保存下来，进一步就形成了另一类型的煤—残殖煤。

在湖泊中繁殖的低等植物（藻类）及其他浮游生物死亡以后，遗体沉入水底，由于水的隔绝，水底氧气不足，为还原环境，生物遗体得以保存。在细菌的参与下，这些生物体腐烂分解，形成"腐泥"。人们常把低等植物转变为腐泥的过程，称为"腐泥化作用"。这是腐泥煤类形成的第一阶段。如果腐泥煤中的矿物质或灰分含量很高（可达70%以上），而且又具有页理构造，这就是通常所说的"油页岩"。

因此，可以根据成煤的原始物质和形成环境，对煤进行成因分类，见表7－2。

表7－2　煤的成因分类

成因类型		原始物质	形成环境	形成作用
腐殖煤类	腐殖煤	高等植物的木质素和纤维素为主	滞留沼泽	泥炭化作用
	残殖煤	高等植物的稳定组分为主	活水沼泽	残殖化作用
腐泥煤类	腐泥煤	低等植物为主，原有结构保存	较深水沼泽、湖泊、浅海	腐泥化作用
	胶泥煤	低等植物为主，原有结构消失		

2. 煤化作用阶段

这一阶段需经历整个地质时期，可延续数百万年至数千万年，甚至更长。

泥炭（腐殖煤和腐泥煤的统称）堆积下来以后，在上覆沉积物的压力下，所含的水分被挤出，体积逐渐缩小，性质趋于致密。在化学成分上，腐殖酸含量逐渐减少，碳含量逐渐增多。经过这些变化后，泥炭就变成了褐煤。煤田地质学家通常把泥炭转变为褐煤的作用称为泥炭的"成岩作用"。泥炭变为褐煤，是在温度较低（小于70°C）和压力较小的条件下进行的。若温度、压力继续增大，褐煤要进一步发生变化，结构更加紧密，相对密度加大（1.26～1.35），产生了粘结性，出现了光泽，于是转化为烟煤。烟煤外表呈黑色、灰黑色，条痕为黑色，光泽较强，质地致密，硬度较高，性脆而易碎，具有明显的层状构造。煤田地质学家常把由褐煤向烟煤的变化称为煤的"变质作用"。烟煤进一步变化就成为无烟煤。无烟煤色黑而具金属光泽，质地更加致密，结构渐趋均一，硬度大，相对密度高（大于1.36），外表无层状构造。因此，可以根据煤的变质程度对煤进行分类。

我国煤系地层发育，主要的含煤岩系有：石炭—二叠纪煤系、晚二叠世煤系、早—中侏罗世煤系、晚侏罗世—早白垩世煤系、新生代煤系。

第四节 油页岩与铝土岩

一、油页岩

1. 简述

油页岩又称油母页岩，是一种高矿物质的腐泥煤，为低热值固态化石燃料。色浅灰至深褐，含有机质和矿物质。有机质的绝大部分不溶于溶剂，称油母。一般认为油页岩是粉砂、淤泥和低等生物残体腐解的有机质沉积形成的。有机质在厌氧细菌的活动下，经过沥青化作用并与掺入的粉砂、淤泥等形成含矿物杂质较多的腐泥物质。这些腐泥物质在地下深处，经成岩作用和散失挥发物质等物理化学作用，就变为油页岩。

油页岩主要是由藻类等低等浮游生物经腐化作用和煤化作用而生成。一些微小动物、高等水生或陆生植物的残体，例如，孢子、花粉、角质等植物组织碎片，参与油页岩的生成。根据形成的古地理环境，油页岩矿床可划分为近海型和内陆湖泊型。(1)近海型，是指在湖海湾、滨海三角洲外缘以及其他滨海环境中形成的油页岩；(2)内陆湖泊型，是指在内陆湖泊环境中形成的，常与煤共生，或互层出现。油页岩的有机成分有 C、H、O、N、S 等。与煤不同的是，它的碳氢比低(小于 10%)，含油率高，N、S 含量也较高。油页岩的无机成分主要有粘土和粉砂，有时也含方解石、白云石、黄铁矿等。评价油页岩最重要的工艺指标是含油率和发热量，一般工业要求含油率大于 4%。

2. 一般特征

油页岩的颜色多样，有深褐、黑、灰黑、黄褐、浅黄等色，颜色越深，其含油率越高。油页岩风化后，色调变浅，甚至变为灰白色。质地细致，相对密度为 1.4 ~ 2.3，比普通页岩轻。干燥的油页岩相对密度更小，只有 1.3 ~ 1.8。油页岩一般坚韧不易破碎，具有弹性，用指甲刻划，出现油脂光泽；用小刀刮，刮起的薄片可发生卷曲。断口常为极细的贝壳状。含油率高的油页岩，用火柴即可点燃。

油页岩常有发育很好的页理。有时外表看起来呈块状，但一经风化，页理就显现出来了。

油页岩的生成环境与腐泥煤的生成环境近似，主要为水流闭塞的湖泊环境。内陆淡水湖泊、滨海的半咸水湖泊、潟湖，甚至海湾都是形成油页岩的良好环境。

3. 分布

我国油页岩分布很广，几乎各省都有。以地质时代而论，主要有以下六种。

(1)石炭纪油页岩：是我国目前已知地质时代最老的油页岩，例如，广西桂林附近的油页岩。

(2)二叠纪油页岩：见于新疆乌鲁木齐、山西浑源、江西安远、湖南邵阳等地。

(3)三叠纪油页岩：见于鄂尔多斯盆地的上三叠统延长组，分布稳定，是重要的烃源岩。

(4)侏罗纪油页岩：是我国油页岩最发育的时期之一。油页岩多位于含煤岩系中，分布很广，例如，吉林桦甸，四川乐山、犍为、资中等地的油页岩。

(5)白垩纪油页岩：如吉林和龙、四川屏山、甘肃隆德、内蒙古阿拉善左旗等地的油页岩。

(6)古近纪和新近纪油页岩：是我国目前最有经济价值的油页岩。例如，辽宁抚顺的油页岩，形成于内陆淡水湖泊环境，产于古近系煤系地层中，位于煤层之上，分布面积很广，储量很大，可作为煤层的副产品开采。广东茂名的油页岩是滨海潟湖沉积的，其中常见海相化石，色黄褐,含油率平均为8.67%,分布面积广,是我国南方最重要的油页岩产地。其他如广西的宁明、田阳,湖南的湘潭、武岗等地,古近系和新近系也发育有油页岩。

二、铝质岩

1. 一般特征

富含氢氧化铝矿物的沉积岩称为铝土岩,若铝土岩中 Al_2O_3 含量大于40%,且 Al_2O_3∶SiO_2 大于或等于2∶1,即称铝土矿。

铝土岩(铝土矿)的主要矿物成分是铝的氢氧化物,其次是各种粘土矿物、陆源碎屑矿物(主要是石英)、其他自生矿物如方解石、赤铁矿、燧石、菱铁矿等。

常见的铝的氢氧化物矿物有三水铝石、一水软铝石、一水硬铝石三种。其中三水铝石最不稳定,一水软铝石次之,一水硬铝石最稳定。故三水铝石型铝土矿多见于新生代及中生代地层中,而一水硬铝石、一水软铝石型铝土矿多见于古生代及中生代地层中。

铝土岩(铝土矿)的结构与粘土岩极为相似,常见的有泥质结构、粉砂泥质结构、鲕粒及豆粒结构、内碎屑结构等。具有泥质结构或粉砂泥质结构的铝土岩(铝土矿),与粘土岩很相似,区别是铝土岩(铝土矿)无可塑性,硬度和相对密度较大,有时有磁性。内碎屑结构及鲕粒结构的铝土岩(铝土矿),可参照碳酸盐岩的类似结构类型进行分类和命名。

铝土岩(铝土矿)的构造和结构关系密切。泥质结构的铝质岩一般不显层理,内碎屑结构的铝质岩可具层理。

2. 主要类型及成因

根据成因,一般将铝土岩(铝土矿)划分为风化残余型和沉积型两大类。

1)风化残余型的铝土岩(铝土矿)

风化残余型的铝土岩一般以砖红土色面貌出现,其风化母岩多为富铝贫硅的结晶岩(如霞石正长石、玄武岩等),也可以是含有粘土矿物的碳酸盐岩。在半干旱或干湿交替的气候带中,若地形起伏不大,由铝硅酸盐、方解石、白云石等风化析出的碱或碱土金属离子易聚集在风化带中使水溶液呈较强的碱性,这种水溶液可使粘土矿物中的 SiO_2 溶解并随水流失(去硅),残留下来的铝、铁的氧化物和氢氧化物逐渐增多,最后就可形成红土型铝质岩。宏观上,红土型铝质岩多为红、褐或黄色,质地较为疏松,主要矿物常为三水铝石,铁矿物为针铁矿、赤铁矿或它们的水化物,也有一些粘土矿物(以高岭石为主)和残积的石英等碎屑,向下可渐变为新鲜基岩,顶部可覆盖一薄层“铁帽”。我国福建漳浦铝土矿为玄武岩风化残余型铝土矿,从地表富含三水铝石的红土(1~2m)、含少量三水铝石及少量风化玄武岩残余型的红土(1~2m)到风化的玄武岩,分带性很明显。

2)沉积型铝土矿

沉积型铝土矿分为海洋沉积和陆地湖泊或沼泽沉积两大类。

(1)海洋沉积铝土矿:一般形成于海盆地边缘的滨海或潟湖环境内。物质来自毗邻大陆的红土型风化壳。矿物成分较单纯,以三水铝石和一水软铝石为主,经成岩变化后也可转变成一水硬铝石,共生矿物相对较少,多为粘土、针铁矿、绿泥石等。岩石常呈鲕粒、豆粒结构或内碎屑结构等。多呈较稳定的层状分布,延伸可达数十千米,厚度可达数十米,是作为铝土矿开采的理想矿体。我国华北地区的“G层”铝土矿属海洋沉积,它分布在古陆边缘的凹陷地区,位于下古生界碳酸盐岩的古风化剥蚀面之上,中、上石炭统海侵岩系的下部。

(2)陆地湖泊沉积的铝土矿:规模一般较小,矿物仍以三水铝石为主,但粘土、铁矿物微粒、粉砂等杂质较多,可发育水平层理或小型波状交错层理。整个岩石常呈较薄的层状或透镜状夹在泥质岩之间,顶部可出现沼泽沉积(黑色页岩或煤层)。我国北方石炭系—二叠系的含煤岩系中,有许多这种类型的铝土矿。山东淄博地区的“A”及“B”层铝土矿即属此类型。

复习思考题

1. 什么是蒸发岩? 蒸发岩有哪些主要类型?
2. 蒸发岩有哪些成因假说?
3. 蒸发岩与油气有何关系?
4. 什么是硅岩? 硅岩有哪些主要类型?
5. 硅岩一般有哪些特征?
6. 硅岩的形成方式主要有哪些?
7. 什么是油页岩? 其特征如何?
8. 煤是怎么形成的?
9. 什么是含煤岩系?
10. 按变质程度,煤有哪三大类?
11. 什么是煤系地层? 它有哪些特征?

第八章 沉积相的概念及分类

[**学习目标**]通过本章学习,掌握沉积相概念,深入理解沉积相与沉积环境的不同;掌握沉积岩特征,了解沉积岩特征在相分析中的作用;掌握相率,学会怎么利用相率指导沉积相分析;了解相模式和沉积体系及其作用;了解相分类。

第一节 沉积相的概念

石油和天然气的分布与沉积相的关系十分密切,人们从构造找油逐步向更深层次的方向发展,以沉积相分析找油为重点,通过运用地层层序学进行研究,进一步搞清了不同沉积环境的岩石组合、油气生成、运移及聚集的关系,为寻找新的油气藏开拓更广阔的领域。

被风化、剥蚀的岩石或矿物,经各种介质搬运后,在一定的环境中堆积起来,形成了不同类型的沉积体(砂岩、泥岩、碳酸岩等),那么,它们是如何形成并具有差异较大的特征呢?在长期实践与研究中,地质学家们总结出了沉积相的基本概念。

一、沉积相的基本概念

沉积相是沉积环境及在该环境中形成的沉积岩(物)特征的综合。

沉积岩是在一定的沉积环境中形成的,在不同沉积环境中形成的沉积岩具有不同的岩石特征。沉积环境与沉积岩特征的内在关系可以用沉积相来概括或表述。

“相”或“沉积相”是沉积学中的一个基本概念。在地质学发展的早期,“相”这个术语就被丹麦学者斯丹诺(Steno,1669)引入到地质文献中了。当时斯丹诺只是从地层学的意义上用“相”来表示“时期”和“阶段”。最早赋予“相”以沉积学含义的是瑞士学者格列斯利(Gressly,1838)。当时格列斯利在研究瑞士西北部侏罗纪地层时,发现该地层在岩性和古生物方面有极大的变化。于是,格列斯利就用“相”来描述这种变化。他认为“相是沉积物变化的总和,它表现为这种或那种岩性的、地质的或古生物的差异”。然而,后来的地质学家在用“相”这个术语时却发生了混乱,出现了种种不同的理解。有的指地层的岩石类型,例如,“砂岩相”、“石灰岩相”等;有的指岩石的成因作用类型,如“浊积岩相”、“生物礁相”等;有的指沉积环境,如“河流相”、“滨海相”等。

由于“相”这个术语的含义比较混乱,有人曾主张在使用“相”的术语时,“只要明确指出这个词的含义,那么,‘相’这个术语的各种用法都是可行的”(Reading,1986)。

随着沉积学飞速的发展,人们对“相”的认识也逐渐趋向统一。目前主要有两种观点。一种观点是把“相”或沉积相看做是沉积环境的物质表现。在一定的沉积环境中进行着一定的沉积作用,并形成一定的沉积组合。沉积环境和沉积作用的各种特点,必然会在这些沉积物中留下某些记录。这些记录主要表现为岩石组分、沉积体的几何形态、结构、构造、生物化石等方面的差异。所以“相”应是能表明沉积条件的岩性特征和古生物特征的有规律综合(Reineck & Singh,1980)。

另一种观点认为“相”的概念中应包含沉积环境和沉积特征这两个方面的内容,而不应当把“相”简单地理解为环境,更不应当把它与地层概念相混淆。这一观点既包含了“环境”条件,同时又包含了在“环境”这一条件中各种作用的产物。

本书比较赞同后一种观点,即把沉积相定义为沉积环境及在该环境中形成的沉积岩(物)特征的综合。

与沉积相的概念同时存在的还有岩相、生物相、岩相古地理等术语。岩相是一定沉积环境中形成的岩石或岩石组合,它是沉积相的主要组成部分。岩相和沉积相是从属关系而不是同义关系。生物相是指能够反映沉积环境的综合生物特征,如笔石页岩相等。古地理指古代的地理景观,或古代环境。岩相古地理研究即指有关岩相和古环境方面的研究。

二、沉积环境及沉积岩特征

环境是地理学中的概念。地球表面划分为不同的地理单元,例如,山脉、河流、湖泊、沙漠、海洋等,就是自然地理环境单元(地貌单元)。沉积学研究的是沉积物质沉积时的自然地理环境,称之为沉积环境。沉积环境是一个发生沉积作用的具有独特的物理、化学和生物特征的地貌单元,并以此与相邻的地区相区别。

环境中包括物理、化学、生物三个要素。

(1)物理:包括温度、压力、重力等,以及由此引起的风、波浪、潮汐、水流、海流、风暴流、冰川、沉积物流等和它们的作用强度、方向、变化梯度和降雨量、降雪量等;

(2)化学:包括沉积区的岩石地球化学性质、沉积介质的地球化学性质、pH 值、Eh 值、溶解度、化学平衡程度、生物化学作用等;

(3)生物:包括动物和植物两大类生物的作用。

在具体划分环境时,可以根据以上三大要素进行划分。

环境是表述现代的概念,是指现代的一块地球表面。古环境是地质历史中某一时期曾经出现过的一个地理单元。然而,沉积学研究的对象是沉积岩,是古代沉积环境的产物。古代沉积环境和古地理面貌现在已不能直接观察到,只能通过保存于地层中的信息即沉积岩特征去分析和恢复。

沉积岩特征包括岩性特征(岩石的颜色、物质成分、结构、构造、岩石类型及其组合)、古生物特征(生物的种属和生态)和地球化学特征。沉积岩特征的这些要素是相应各种环境条件的物质记录,通常构成最主要的相标志。因此,相标志是相分析的依据。

沉积环境是形成沉积岩特征的决定因素,沉积岩特征则是沉积环境的物质表现。换句话说,前者是形成后者的基本原因,后者乃是前者发展变化的必然结果。这就是沉积相的概念中沉积环境和沉积岩特征的辩证关系。

三、相序递变规律

沉积相在时间上和空间上发展变化的有序性称为相序递变。沃尔索(Walther,1984)指出:“只有那些没有间断的、现在能看到的相互邻接的相和相区才能重叠在一起”。换句话说,只有在横向上成因相近且紧密相邻而发育着的相,才能在垂向上依次叠覆出现而没有间断(图 8 -1)。这就是通常所说的相序连续性原理或相序递变规律,有人也称为沃尔索相律,简称相律。

相序递变规律有很大的实际意义。人们可以根据垂向沉积序列的研究来推断和预测可能出现的沉积相的横向变化。反之,也可根据现代或古代沉积环境横向上的岩相资料来建立垂向沉积序列。

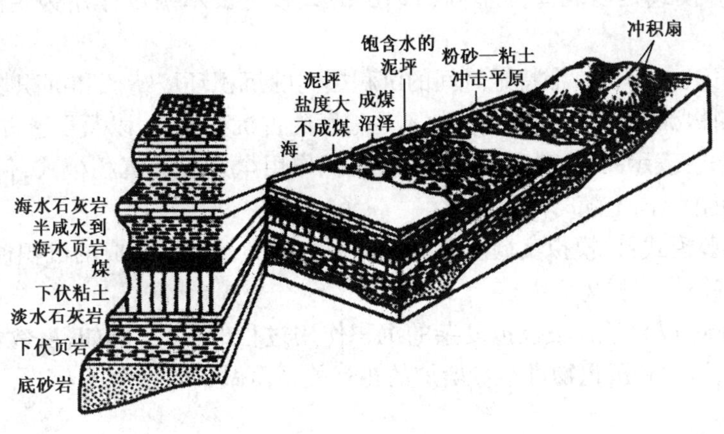

图8-1　沃尔索相律示意图(Blatt等,1980)

四、沉积相模式

以相序递变规律为基础,以现代沉积环境和沉积物特征研究为依据,从大量的研究实例中,对沉积相的发育、演化加以高度的概括并归纳出带有普遍意义的沉积相的空间组合形式,称为相模式。

波特和裴蒂庄(Potter & Pettijohn,1963,1977)认为,“沉积模式是在原来形式上加以构思的,事实上就是描述和再现了沉积作用的面貌”。沃克(Walker,1967,1978)认为,沉积模式是“删去其地方性的细节,而保留其纯粹本质上的东西。”乃是对沉积特征的一种全面的概括。刘宝珺等(1985)认为这种概括包括两个方面:一是其特征的概括;二是对其形成机理的概括。因此,模式是具有解释性的。

相模式和相标志是恢复和再现古代沉积环境的两个重要手段和钥匙。

沉积相模式的建立完善了沉积学的内容,深化了古环境的恢复和古地理的研究,沃克(Walker,1976)认为,标准相模式应起到下述四方面的作用。

(1)从比较的目的来说,它必须起到一个标准的作用;

(2)对于进一步观察来说,它必须起到提纲和指南的作用;

(3)对于新的研究地区来说,它必须起到预测的作用;

(4)对于所代表的环境或系统的水动力学解释来说,它必须起到一个基础的作用。

所以,沉积模式是从许多实例中经过提炼和概括的,可以反映沉积物的空间、时间的变化规律,以及与沉积环境的成因联系,可以作为研究其他实例时对比的标准。沃克还认为艾伦(Allen,1964)所作的曲流河的三维模式图和柱状模式图,充分起到了一个相模式的作用,它是一个被充分肯定的可作为对比的标准,是进一步观察的指南,并已被用来作为水动力学解释的基础,很多研究者还用它来预测新的油气远景区。但目前这样高度概括的成功的模式还不多,一般还常常使用地方性模式或典型实例进行对比研究,其中有些也可以用来作为水动力学解释的基础。

对沉积模式可以采用以下几种不同的分析方法和不同的表现形式(Reading,1978)。

(1)直观模式:以简化的图式直观地表现出沉积环境、作用过程和最终产物之间的复杂关系。

(2)事实模式:以现代的有代表性的地区或古代的沉积岩层的相组、相序为基础而建立的模式，例如，北海模式是以北海为基础归纳出的大致可表示潮汐作用为主的一种浅海沉积模式。

(3)静态模式：表示在一个特定时间的沉积层内的沉积环境特征和沉积物相变规律，这种模式能用来预测物源区的位置，预测资料不足地区的古沉积环境，以及再造古地理。

(4)动态模式：表示一个特征的沉积体的沉积作用全过程的沉积模式，例如，垂向模式就是表示沉积作用在纵向上随时间的变化。

(5)比拟实验模式：以模拟实验所获得的沉积特征为基础而做成的沉积模式，有助于查明具有特殊沉积特征的沉积物成因。

(6)数学模式：以数学方法模拟复杂的沉积作用过程的模式，例如，以数学方法表示海平面上升或降雨量增加和沉积物供给量增加的相互关系而做成的相模式。

五、沉积体系

近年来随着沉积学向成因方面深入发展，“沉积体系”被广泛应用于沉积学研究中。它指的是成因上相关的沉积环境及沉积体的组合，即受同一物源和同一水动力系统控制的、成因上有内在联系的沉积体或沉积相在空间上有规律的组合。组成沉积体系的最基本单元是相。

沉积体系是与地貌或自然地理单位相当的地质体，并以其生成环境来命名。Fisher 和 Brown(1972)划分、描述了自然界的九种主要碎屑沉积体系：(1)河流体系；(2)三角洲体系；(3)障壁坝—海岸平原体系；(4)潟湖、海湾、河口湾和潮坪体系；(5)大陆和克拉通内陆架体系；(6)大陆和克拉通内斜坡及盆地体系；(7)风成体系；(8)湖泊体系；(9)冲积扇和扇三角洲体系。

在自然界，每一种沉积体系都具有复杂的内部结构，例如，曲流河沉积体系包括了多种相，有作为主导作用的河道，也有作为从属地位的天然堤、决口扇、堤岸沉积、泛滥平原、河漫湖泊和沼泽等。在沉积体系内部，相互不是孤立存在的，它们之间总是由一种或几种主要的沉积作用把不同的相联系起来构成一个系统，因而相彼此之间具有成因联系。由于同样的原因，沉积体系内部的相空间配置是有规律的，不同的相具有各自相对固定的分布空间。

值得强调的是，沉积体系内部相的识别和命名并不在于其体积的大小，而更强调沉积环境或沉积作用的变化。例如，障壁—潟湖沉积体系中的涨潮三角洲和冲积扇，虽然其形成的沉积环境相同，但沉积作用却大不相同。

沉积体系分析的优点首先在于强调环境与几何形态的统一，即把沉积体系理解为三维地质体；其次，在于强调相在空间上的成因联系，即一系列有成因联系的相是作为本体系而存在的。

第二节　沉积相的分类

沉积相的划分应该依据自然地理环境或地貌特征及沉积物综合特征，并且要遵循简单易行、便于记忆和理解的原则。虽然目前不同学者对沉积相划分存在不同意见和分歧，但基本上还是先将沉积相划分为三个相组(一级相)，即陆相组、海相组和海陆过渡相组，再依据陆相、海相、海陆过渡相中的次级环境及沉积物特征，确定相类型(表 8－1)，即二级相，例如，河流相、三角洲相、浅海陆棚相等，进而，还可根据各相类型中亚环境、微环境及沉积物特征，确定出相应的沉积亚相和微相，即三级相和四级相，例如，三角洲前缘亚相、三角洲前缘河口沙坝微相等。

沉积相的类型繁多,由于教材的篇幅所限,不可能一一介绍。本着紧密结合专业和少而精的原则,本书主要论述与油气关系密切的相类型。

表8-1 沉积相的分类

相组	Ⅰ陆相组	Ⅱ海相组	Ⅲ海陆过渡相组
相	1. 残积相 2. 坡积—坠积相 3. 沙漠(风成)相 4. 冰川相 5. 冲积扇相 6. 河流相 7. 湖泊相 8. 沼泽相	1. 滨海相 2. 浅海陆棚相 3. 半深海相 4. 深海相	1. 三角洲相 2. 河口湾相

复习思考题

1. 简述沉积相的基本定义。
2. 叙述沉积环境和沉积岩特征及相互之间的关系。
3. 沉积体系有哪些?
4. 沉积相与沉积环境在使用中可以互换吗?为什么?
5. 什么是相模式?相模式对沉积相分析有什么意义?
6. 相标志有哪些内容?

第九章　陆　相　组

[**学习目标**]通过对本章的学习，掌握各相中的亚相类型以及沉积特征，重点掌握河流相和湖泊相；掌握每种河流类型的发育环境和沉积特征；掌握河流相与湖泊相的亚相划分；掌握辫状河与曲流河的区别；了解每种相类型与油气的关系。

大陆环境的沉积条件比较复杂，沉积物多样化，在时间上和空间上相变也快。沉积介质包括水、大气和冰川；介质动力条件以单向水流为主，也有风、冰川和波浪的作用。其沉积类型以碎屑岩为主，从砾岩至泥岩均有，而碳酸盐岩及其他内源岩相对较少。大陆沉积环境中以冲积环境最为常见，其次为湖泊环境，再次为沼泽、沙漠、冰川等环境。本章仅介绍山麓—洪积相、河流相和湖泊相三种类型。

第一节　冲积扇相

山麓—洪积相主要表现为冲积扇，因此，本节介绍冲积扇相。

冲积扇相出现于大陆地区的山前带，常环绕山脉沿山麓大面积分布。它是由大小不等的冲积扇和充填其间的山麓坡积、坠积物组合而成，属大陆相组的一个组成部分。

在气候干热、地壳升降运动较强烈的地区，风化、剥蚀作用剧烈，其形成的产物被山区的暂时性水流（雨水或洪水）或山区河流带走。当水流流出山口，地形坡度急剧变缓，水流向四方散开，流速骤减，碎屑物质大量沉积，形成锥状或扇状堆积体，称为洪积锥或洪积扇。它具有山区河流冲积成因的特点，故又称为冲积扇。随着冲积扇的发展，其范围逐渐扩大。山前的冲积扇彼此逐渐连接起来，并掩埋和充填了山前的坡积和坠积物，形成了环绕山脉的山麓—洪积相。

冲积扇相的形成和发展受自然地理、气候条件和地壳升降运动等因素的制约。造山作用越强、地形高差越大、气候越干旱，山麓—洪积相就越发育。

在纵向剖面上，冲积扇呈下凹的透镜状或呈楔形，横剖面上呈上凸透镜状（图 9 - 1），其表面坡度在近山口的扇根处可达 5° ~ 10°，远离山口变缓，为 2° ~ 6°。其沉积物的厚度变化范围可从几米至上万米左右。冲积扇可以单个出现，但大多数情况下可由多个冲积扇沿着山系的前缘在横向上彼此连接，形成沿山麓分布的带状或裙边状的冲积扇群，其延伸可达数百千米。例如，我国的克拉玛依油田就发育在古代的这种沉积体系中。

河道从冲积扇顶端呈放射状向下坡方向延伸。向下游河道逐渐变浅，在交切点处河道底与冲积扇表面相交，再向下河流沉积物在冲积扇表面形成沉积朵状体。冲积扇上的河流多属顺直河或辫状河。河道常改道、分叉，在扇体表面形成网状流水系。

冲积扇的面积变化较大，其半径可从小于 100m 到大于 150km，但通常它们平均小于 10km。其沉积物的厚度变化范围可以从几米到 8km 左右。冲积扇沉积为陆上沉积体系中最粗、分选最差的近源沉积，通常向下倾方向并入细粒、低坡度的河流体系。然而，有些冲积扇可以直接进入湖或海盆水体形成水下扇或扇三角洲沉积体。

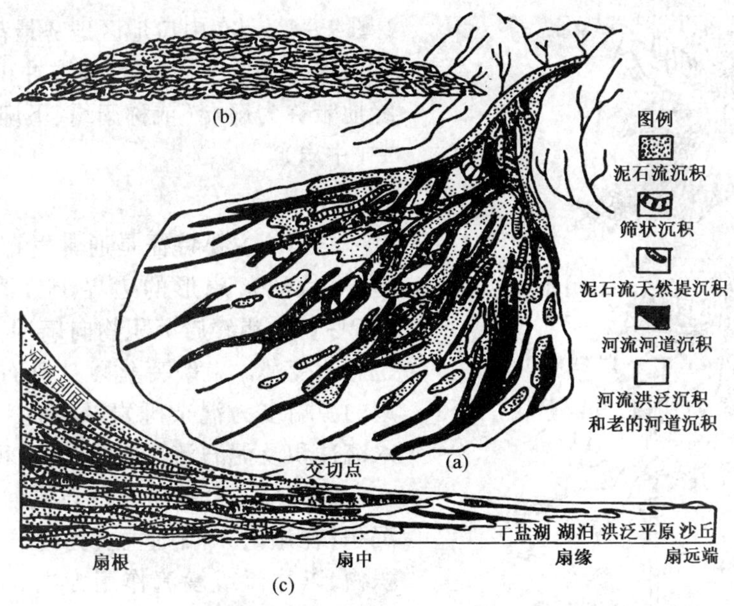

图 9－1　理想的冲积扇沉积类型及剖面形态(斯皮林,1974)

(a)冲积扇表面相的分布;(b)上凸的冲积扇横剖面;(c)上凹的冲积扇辐射剖面

冲积扇的发育须要有明显变化的地形及大量沉积物的供应,故冲积扇的形成受构造背景、母岩性质及气候条件的影响。许多研究成果表明,长期活动的大断层、裂谷作用和干旱、半干旱气候有利于冲积扇的发育。持续的断裂活动或裂谷作用造成较大的地形起伏,有利于河流对碎屑的搬运、沉积,干旱、半干旱气候使植被不发育,物理风化强烈,形成大量粗碎屑。间歇性洪水将大量碎屑物搬出山口堆积形成冲积扇。例如,我国西北地区沿祁连山—阿尔金山—昆仑山北麓地带发育有一系列冲积扇,它们相互叠接延绵长达数千千米,极为壮观。在潮湿或半潮湿气候区,雨量充沛,植被发育,但是如有合适的地质构造和地形条件及充分的物质供应,也可形成规模巨大的冲积扇。例如,地处喜马拉雅山南麓热带潮湿气候区的柯西河,由于水量充足,坡降大、水流急,侧向摆动迅速,仅在近两个多世纪以来,从东向西侧移 170km,从而形成著名的柯西河冲积扇(图 9－2)。

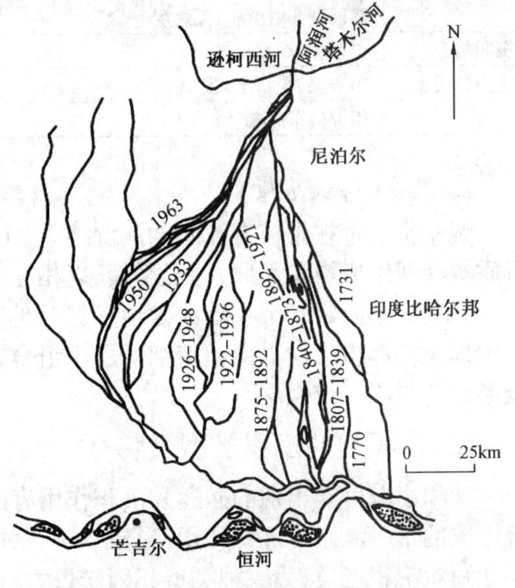

图 9－2　喜马拉雅山南麓柯西河冲积扇

(Cole & Chitale,1966,图中数字为年份)

一、冲积扇类型

根据气候状况,可将冲积扇分为两种类型。一类是发育于干旱、半干旱气候区的冲积扇,称为旱地扇;一类是发育在潮湿、亚潮湿气候区的冲积扇,可称为湿地扇。通常简称旱扇和湿扇。通过报道的全球冲积扇的初步统计来看,80%以上为旱扇。

旱扇与湿扇的共同特点是其平面形态均呈扇状,从山口向内陆盆地或冲积平原呈辐射散开。扇面的坡度、沉积层厚度及沉积物粒度变化从山口向边缘逐渐变缓变薄并变细

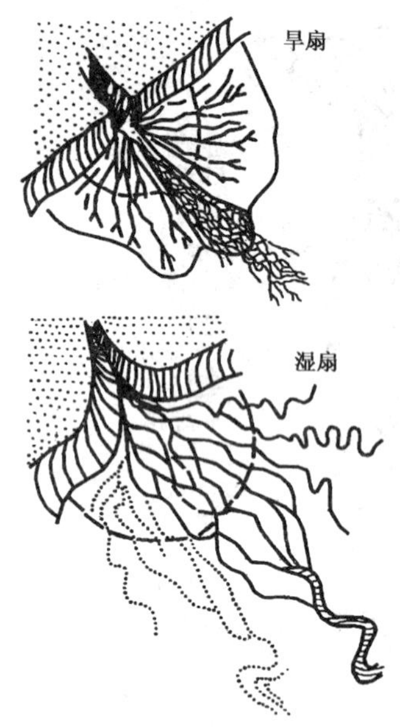

图 9－3 旱扇与湿扇的平面特点
（Walker，1984）

（图 9－1）。在山口地区地势最高处称扇顶（或称扇根、上扇），与内陆盆地或冲积平原过渡的边缘地带称为扇端（或称扇缘、下扇），中部称作扇中（中扇）。

1. 旱扇

旱扇的主要特征是通常发育有一个主体水道（辫状河），扇形的边界十分清楚（图 9－3，表 9－1）。粗碎屑沉积物向扇端很快变细，厚度也急速变薄。粒级变化可从砾石级至泥级。在扇的源端多为混杂砾岩及叠瓦状砾岩沉积，以水流冲积及泥石流（碎屑流）沉积作用为特征；在扇的中部发育砂质及砾石质河流的冲积作用沉积；在扇的末端则主要为粉砂质及泥质岩沉积物，以片流或漫流作用为主。常见由红色粗碎屑组成的反旋回沉积层序，厚度可达数百至数千米。

表 9－1 旱扇与湿扇的特征对比（于兴河，2002）

	旱　扇	湿　扇
气候条件	干旱	潮湿
水流特征	间歇性水流或洪水	常年流水
形态特征	扇形清楚	扇形不清楚
扇体半径	一般 1.5～8km，最大可达 25km	50～140km
坡度	较陡，一般 3°～10°	平缓，小于 1°～5°
河道特征	主河道或单一河道	叠加河道，辫状平原
沉积物特征	砾岩分选差，混杂堆积。纵向粒度变化快，常见红层和膏岩沉积，无煤层	砾岩分选好。纵向粒度渐变，无红层或膏岩沉积，可见煤层
沉积构造	类型少，不太发育	齐全并发育
重力流类型	碎屑流（泥石流）发育	缺少粗碎屑流，可发育泥流
相带	相带分布清晰	相带分布不清

2. 湿扇（辫状平原）

湿扇常发育在常年有流水的潮湿地区，沉积物扇形体不清晰（图 9－3，表 9－1），多由砾石质辫状河组成辫状平原，地形平缓，以相互叠加的砾石质辫状河形式为多见，其特点为河道多、切割浅、不固定。沉积体向盆地平原延伸较长，以缺少泥石流（碎屑流）沉积区别于旱扇。在中部及端部组成向上由粗变细的层序组合，即砾岩—砂岩—泥岩的沉积剖面，并夹有原地植被形成的炭质层或煤层。

二、冲积扇的沉积类型及特征

冲积扇上可能出现的搬运和沉积作用有两种基本类型：一种是起因于暂时性或间歇性水流形成的牵引流搬运沉积作用，形成水携沉积物。这种沉积作用有河道沉积、漫流（片流）沉积和筛状沉积三类；另一种类型起因于重力与洪水作用，形成泥流、泥石流沉积（图 9－1）。

1. 泥石流沉积

当水流携带的砾石和泥砂沉积物达到足够量时，就形成了密度大、粘度高、呈可塑性状态的流体，在重力作用下，呈整体向下滑动，称为泥石流。大量碎屑物质在泥石流中呈块状整体搬运，在扇体上堆积后，形成泥石流沉积。

泥石流经常发育在扇体的中上部。其最大特点是砾、砂、泥混杂，分选极差，大者有可达数吨的漂砾，小至粉砂、粘土，但总体是以后者占优势。层理一般不发育。粘度大的泥石流，其粗粒碎屑分布均匀，具有块状层理构造；粘度不大者可具有粒序层理，扁平状砾石呈水平或叠瓦状排列。在形态上泥石流呈舌状或叶瓣状，并且具有陡、厚而清晰的边缘。

主要由砂、粉砂、泥质组成的泥石流称为泥流，粗粒级含量较少，一般不含 2mm 以上的粗粒沉积物，但分选仍很差，表面可发育干裂。

泥石流的形成与物源区母岩性质关系密切。在母岩为泥质岩且植被不发育、地形坡度较陡的情况下，因暴雨而造成短期内水量骤增（洪水），以致侵蚀作用增强，大量泥砂被携带而形成泥石流。

2. 漫流沉积

携带沉积物的流水从冲积扇河床末端漫出，流速和水深的骤减，形成宽阔而且较浅的席状漫流或散流，使携带的沉积物呈席状或片状沉积下来，形成席状砂、砾岩堆积体，称为漫流沉积。有人也称之为漫洪沉积或片流沉积。

漫流沉积物主要由碎屑组成，可含有少量粘土和粉砂。常呈块状，也可出现交错层理或细的纹层。产状呈透镜状，一系列漫流沉积的透镜体组合，形成席状或片状沉积体，通常构成冲积扇的主体。

3. 河道沉积

河道沉积又称为河床充填沉积，也有人称为槽流沉积。冲积扇常被暂时性（间歇性）河流切割，当洪水再次到来时，所携带的沉积物在这些暂时性河床中沉积下来，就形成了冲积扇上的河道沉积。

河床充填沉积主要由砾、砂沉积物组成，粒度粗，分选也差。成层性不好，可见交错层理，各单层的成层厚度一般为 5 ~ 60cm。常具有明显的冲刷—充填构造，并且常因这种构造的影响使粗粒物质位于扇体的中部或下部，以致破坏了沉积物粒度从扇顶至扇缘逐渐变细的特点。

4. 筛状沉积

当物源区供给冲积扇的主要为砾石而无或极少其他粒级的物质时，在冲积扇的表层便堆积了舌状砾石层。由于粒度粗，砂质之类细碎屑的充填物较少，故渗透性极好，在洪水尚未流到扇缘之前，就沿着像滤水筛子一样的砾石层渗滤到扇体中。因此不能形成地表水流，从而阻止了粗粒物质的搬运。扇体表层的砾石层就称为筛状沉积。它虽较为少见，但它是冲积扇上最富特色的沉积。

筛状沉积主要由次棱角状的粗大砾石组成，分选较好，充填物较少，而且主要是分选好的砂级碎屑，无明显的成层界线，常形成块状沉积层。

筛状沉积的形成要求独特的源区条件，即母岩区必须是节理发育的石英岩之类的岩石。

冲积扇可以由某种单一的沉积类型组成，例如，为漫流或泥石流的单一沉积，但大多数冲积扇是由上述几种沉积类型共同组合而成。总体来说，以漫流和泥石流沉积为主，河床充填沉积和筛状沉积在组合中占的比重较小。

三、冲积扇相的亚相划分及其沉积组合

1. 亚相划分

按照现代冲积扇地貌特征和沉积特征，可将冲积扇进一步划分为扇根、扇中和扇缘三个亚

相，三者之间并无明显的界线（图9－1）。

（1）扇根：也称为扇头或扇首，分布于邻近断崖处的冲积扇顶部地带，其特征是沉积坡度角最大，常发育有单一的或2～3个直而深的主河道。因此，其沉积类型主要为河床充填沉积及泥石流沉积，其沉积物由分选差、大小混杂的砾岩或具叠瓦构造的砾岩、砂砾岩所组成。由流速衰减而形成的递变层理发育。

（2）扇中：位于冲积扇的中部，构成冲积扇的主体，以沉积坡度角较小的辫状河道发育为特征。以辫状分支河道和漫流沉积为主，与扇根相比，砂/砾比值较大，岩性主要由砂岩、砾质砂岩和砾岩组成。可见辫状河流形成的不明显的平行层理和交错层理，甚至局部可见逆行沙丘交错层理，冲刷—充填构造发育。

（3）扇缘：也称扇端或端扇，出现于冲积扇的趾部，地形平缓，沉积坡度角低，沉积类型以漫流沉积为主，沉积物较细，通常由砂岩和含砾砂岩组成，其中夹粉砂岩和粘土岩，局部也可见有膏岩层，其砂岩粒级细，分选变好，可见平行层理、交错层理、冲刷—充填构造等，粉砂岩、粘土岩中可显示块状层理、水平纹理和变形构造以及干裂、雨痕等暴露构造。

上述三个亚相的划分适用于干旱型和湿润型冲积扇。

2. 干旱型冲积扇

干旱型冲积扇主要由泥石流、筛滤、片流、辫状河道沉积组成，这些沉积物所占扇的比例是因地而异的。泥石流成因的沉积物可占扇体的5%～14%。它是干旱型冲积扇的重要组成部分，特别近扇根处，沉积厚度大，向下游方向急剧减薄，其中的粗碎屑含量降低，但粘土含量相对不变。泥石流沉积以无层理、具有棱角状碎屑为特征（图9－4）；筛滤沉积占扇的比例较小，但在砾石丰富、粉砂与粘土很少的地方，扇体可主要由筛滤沉积组成。端扇的砂质沉积具有板状和槽状交错层理，端扇的片流沉积由平行纹层砂组成，端扇处的沉积构造常被化学沉淀、矿物生长、植物根、掘穴等破坏。

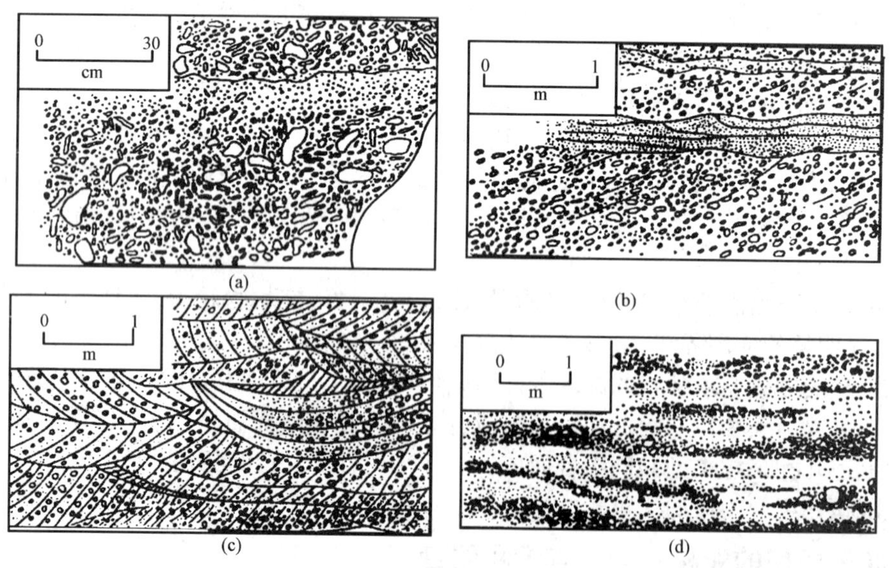

图9－4　干旱型冲积扇沉积物（Bluck，1967）

（a）泥石流沉积物；（b）漫流沉积物；（c）、（d）河床沉积物

3. 湿润型冲积扇

湿润型冲积扇自近端到远端的沉积特征具有较明显的变化。自扇近端至远端，河流能量降低，河道深度变浅，碎屑粒径变小，沙坝类型由席状沙坝经过渡带变化为远端的纵向沙坝，砾岩的体积迅速减小而交错层理的含砾砂岩的体积则相应增加，交错层理规模向远端减小，由板状层理组过渡为槽状层理(图9-5)。

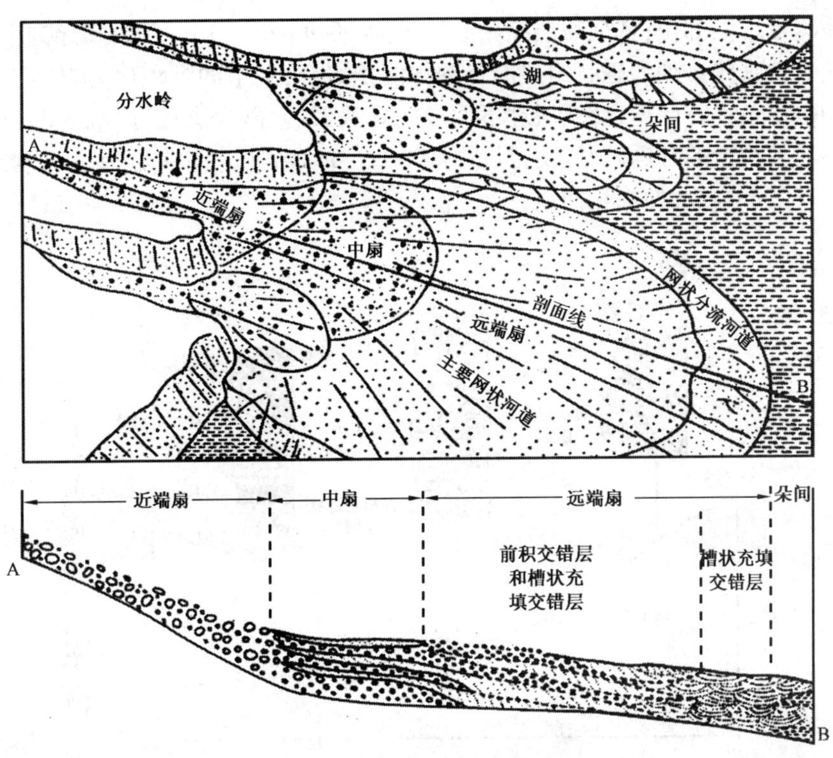

图9-5 得克萨斯范霍恩湿润型冲积扇沉积相特征(Mc Gowen 等,1971)

湿润型冲积扇相中的三个亚相是逐渐过渡的。近端扇或扇根亚相主要由若干单元的厚层格架砾岩组成，这些单元的基底是平的，在垂直于水流方向的剖面中具有上凸的顶面。沉积单元呈长条状，与水流方向平行，两侧为具有交错层理的砂岩。

中扇或扇中亚相(图9-5)底部含砾不多，但冲刷面发育。在中扇亚相中可确定出两种类型的沙坝。中扇上部或过渡带为粗砾的斜长方形沙坝；中扇下部为纵向沙坝，最大的碎屑集中于斜长方形沙坝的上游一端，在坝的侧方或下游一侧具有板状交错层理的砂楔。河道砂质砾石中具有槽状交错层理。中扇下部的纵向沙坝主要由较细的砾石组成。

扇缘(图9-5)中的砾石仅分散在具有槽状、板状交错层理的一些薄层砂岩和透镜体砂岩中。远端扇中辫状河道发育。沙坝类型包括纵向、舌形和横向形式。最常见沉积构造是槽状交错层理。

4. 沉积组合

在冲积扇形成和发育过程中，从扇根向扇端的粒度与厚度变化总是呈现从粗到细、从厚到薄的特点。泥石流沉积和筛状沉积多分布在扇根。河道与片流沉积虽然在整个扇内均有发育，但主要分布在扇中至扇端。

由于沉积物堆积速度和盆地沉降速度不同，可以使冲积扇砂体发生进积和退积或侧向转移过程。这种过程明显地反映在冲积扇的各沉积层序中，当沉积物的堆积速率大于盆地的沉降速率时，冲积扇砂体不断向盆地方向推进，使扇根沉积置于扇中沉积之上，而扇中沉积又置于扇端沉积之上，因而形成下细上粗的反旋回沉积层序；当沉积物的堆积速率小于盆地的沉降速率时，冲积扇砂体则向物源区退积，或者侧向转移。其结果是形成下粗上细的正旋回沉积层序。

在冲积扇的不同部位，其沉积层序则有所不同（图 9－6）。扇根的沉积序列主要为块状混杂砾岩和具有叠瓦状排列的砾石组成的正韵律沉积组合；扇中的沉积序列自下而上为具有叠瓦状排列的砾石及平行层理、交错层理不明显的砾状砂岩、砂岩组成；扇端的剖面结构通常为具有冲刷—充填构造的含砾砂岩、交错层理和平行层理砂岩以及水平层理粉砂岩或块状泥岩，但有时发育有变形构造，如枕状构造。

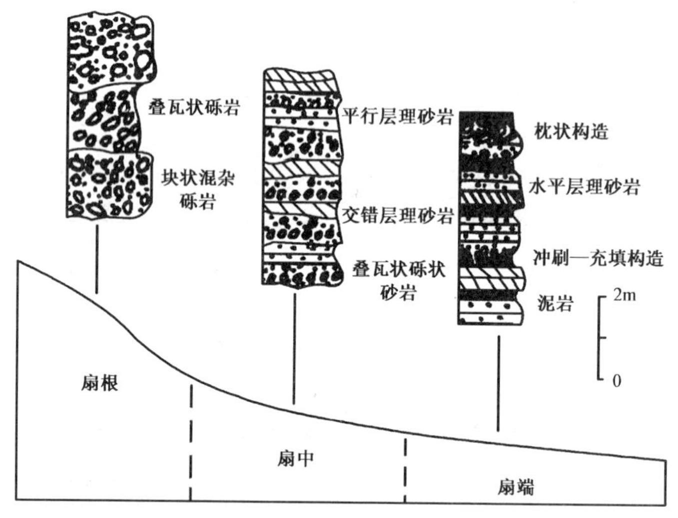

图 9－6　冲积扇相各亚相的沉积序列特征（孙永传，1986）

四、冲积扇的鉴别标志

1. 岩性

冲积扇在岩性上差别较大，这主要是由于源区母岩性质不同所致。大部分冲积扇多以砾岩为主，砾石间充填有砂、粉砂和粘土物质，有些冲积扇也可由含砾的砂、粉砂岩组成。扇根部分以砾岩、砂岩为主，扇端部分砾岩减少，砂岩、粉砂岩、泥质岩增多，层的厚度变薄，扇体与平原过渡地带，以粘土沉积为主。

冲积扇沉积中常含有碳酸盐、硫酸盐等矿物，如方解石、石膏等。它们是和碎屑沉积物同时沉积。冲积扇的源区母岩性质不同，则所含的盐类矿物就可能出现明显的变化。故根据盐类矿物的差异，在一定条件下有可能推断出物源区母岩的性质。

2. 结构

粒度粗、成熟度低、圆度不好、分选差是冲积扇沉积的重要特征。然而不同沉积类型，其分选也有较大差别。布尔（Bull，1960）曾将冲积扇各沉积类型的碎屑物质的分选性作了定量对比，泥石流沉积是其中分选最差的。在垂向上和平面上，粒度变化较快。从扇顶至扇缘粒度逐渐变细，分选、圆度逐渐变好。但有时因河床冲刷—充填构造的影响，常会使粗粒沉积物位于扇体的中部或下部。

3. 沉积构造

冲积扇沉积由于属间歇性急流成因，故层理发育程度较差或中等。泥石流沉积显示块状层或不显层理，细粒泥质沉积物可见薄的水平层理，粗粒碎屑沉积有时也可见不太明显和不太规则的交错层理，斜层倾向扇缘，倾角为10°~15°。在垂向上，层理构造表现为流水沉积物与泥质沉积物复杂交互的构造序列（图9-5）。

冲积扇的粗碎屑沉积中常见冲刷—充填构造，主要发育在扇根附近。砂质沉积局部可见水流波痕。砾石若有定向排列，则呈“向源倾斜”，倾角为30°~40°。泥质表层可发育泥裂、雨痕、流痕等。

4. 颜色

冲积扇是间歇性急流堆积的产物。沉积物质经常暴露地表，遭受不同程度的氧化作用，故缺少还原性的暗色沉积物，泥质沉积物的颜色一般带有红色，这是干旱和半干旱地区冲积扇的重要特征。

5. 生物化石

除了分散的脊椎动物骨骼和植物碎屑外，冲积扇中几乎不含动植物化石，也很少含有机质。

五、冲积扇与油气的关系

冲积扇在我国现代大陆沉积中及地史时期的古代沉积中都不乏实例。

新疆克拉玛依油田二叠系—三叠系砂砾岩沉积体是古代冲积扇的典型实例。它由七个冲积扇组成，沿老山山前古盆地边缘断裂带分布，彼此连接构成冲积裙带（图9-7）。其岩性以中—细砾岩为主，夹大量砾质砂岩及中—粗砂岩。砾岩占沉积总厚度的60%~90%，砾岩成分的90%为紧邻母岩区的变质砂、泥岩的碎块，粒径1~6mm，分选、圆度差，可见洪积层理及冲刷面，无生物化石。每个扇体的扇中部位发育砂砾岩体，厚度较大，向扇体两侧减薄；扇中砂砾岩粒度适中，分选稍好，胶结疏松，孔隙性和渗透性相对较好，为油气储集的有利地带。

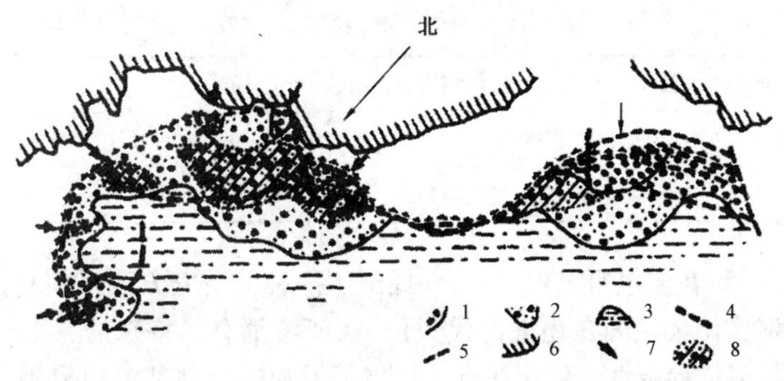

图9-7　克拉玛依油田冲积扇及含油情况示意图（赵澄林等，2001）

1—冲积扇顶部；2—冲积扇中部；3—冲积扇前缘；4—断裂；
5—地层尖灭线；6—老山边界；7—陆源方向；8—含油良好地带

第二节 河 流 相

河流是流水由陆地流向湖泊和海洋的通道,也是把沉积物由陆地搬运到海洋和湖泊的主要营力。在河流搬运过程中伴随有沉积作用,形成河流沉积,在构造条件适宜的情况下,沉积厚度可达千米以上。因此,河流也是重要的沉积营力。

一、河流的分类

不同类型的河流,在河道的几何形态、横截面特征、坡降大小、流量、沉积负载、地理位置、发育阶段等方面都存在差别。这些因素通常作为河流类型划分的依据。

按照地形及坡降,可将河流分为山区河流和平原河流。前者地形高差和坡降大,向源侵蚀作用强烈,河岸陡而河谷深,河道直而支流少,水流急而沉积物粗;后者地形高差及坡降小,向源侵蚀停止,侧向侵蚀强烈,河道弯曲而支流多。故平原河流多为弯曲河流。

按河流发育阶段,可将河流分为幼年期、壮年期、老年期河流。幼年期河流属河流发育的初级阶段,山区河流多属此类型;壮年或老年期河流多属平原河流。同一河系,上游可属幼年期,中游属壮年期,下游则属老年期。河系上游的幼年期河流由许多支流汇成主流,以侵蚀作用为主,至中游发育成壮年期,形成泛滥平原,至下游的海、湖岸边发育成老年期,呈网状分叉,恰与幼年期支流汇集河网的情况相反,产生很多分流和分泄,最后汇集于湖泊和海洋。从沉积角度看,大量的沉积作用发育在河流的壮年期和老年期。

拉斯特(Rust,1978)根据河道分岔参数和弯曲度提出了一个新的河流分类体系。所谓河道分岔参数是指在每个平均蛇曲波长中河道沙坝的数目。这些河道沙坝是被河流中线所围绕和限制的河道砂体。河道分岔参数的临界值等于或小于1者为单河道,大于1者为多河道。河道弯曲度是指河道长度与河谷长度之比,通常称为弯度指数,其临界值小于或等于1.5(也有人定为1.3)者为低弯度河,大于1.5者称高弯度河。根据上述两个参数,可将河流分为平直、蛇曲、辫状、网状四种类型(表9-2)。其中以蛇曲河和辫状河分布最广,而平直河和网状河较少见。这一分类方案得到了普遍认可,目前它仍是比较流行、并应用最多的河流分类方案。

表9-2 河流分类(拉斯特,1978)

弯　　度	单河道(河道分岔系数<1)	多河道(河道分岔系数>1)
低弯度(弯度指数<1.5)	平直河	辫状河
高弯度(弯度指数>1.5)	曲流河(蛇曲河)	网状河

迈尔(Miall,1985)在多年研究的基础上,提出了一种新研究方法,即“构形(或建筑结构)要素分析法”,同时指出无论现在还是古代,每一条河流都有其特殊的一面,传统的河流分类与相模式存在着较多的局限性。他用该方法提出了河流的八种基本构成要素,并将河流分成了十二种类型。这种分析方法和分类已广泛应用于储集层描述中。

于兴河(2002)在上述分类的基础上,结合多年的研究与应用实践,提出一个河流的结构—成因分类方案(表9-3)。

表 9－3　河流的结构—成因分类（于兴河，2002）

<table>
<tr><td rowspan="13">河流</td><td rowspan="5">砾石质河流</td><td rowspan="2">低弯度</td><td rowspan="2">辫状</td><td>近源砾石质辫状河</td></tr>
<tr><td>远源砾石质辫状河</td></tr>
<tr><td rowspan="2">高弯度</td><td rowspan="2">蛇曲状</td><td>近源砾石质曲流河</td></tr>
<tr><td>近源砾石质曲流河</td></tr>
<tr><td colspan="3">间歇性砾石质河流</td></tr>
<tr><td rowspan="8">砂质河流</td><td rowspan="3">低弯度</td><td rowspan="2">辫状</td><td>近源砂质辫状河</td></tr>
<tr><td>远源砂质辫状河</td></tr>
<tr><td colspan="2">顺直河</td></tr>
<tr><td rowspan="3">高弯度</td><td rowspan="2">蛇曲状</td><td>近源砂质曲流河</td></tr>
<tr><td>远源砂质曲流河</td></tr>
<tr><td colspan="2">网状河</td></tr>
<tr><td colspan="3">间歇性砂质河流</td></tr>
</table>

二、不同类型河流的基本特征

1. 平直河流

平直河（也叫顺直河）流弯度小、弯度指数小于1.5，通常仅出现于大型河流某一河段的较短距离内，或属于小型河流。河道内凹岸为冲坑（深槽），沿此发生侧向侵蚀作用，凸岸因加积作用形成沙坝[图9－8(a)]，从而可产生侧向迁移而逐渐向蛇曲河发展。

2. 曲流河

曲流河又称蛇曲河，为单河道，其弯度指数大于1.5，河道较稳定，宽/深比值低，一般小于40。侧向侵蚀和加积作用使河床向凹岸迁移，凸岸形成点沙坝[图9－8(b)]。由于河道的极度弯曲，常发生河道截弯取直作用。曲流河河道坡度较缓，流量稳定，搬运形式以悬浮负载和混合负载为主，故沉积物较细，一般为泥、砂沉积。因河道较为固定，其侧向迁移速度较慢，故泛滥平原和点沙坝较为发育（图9－9）。它主要分布于河流的中下游地区。世界上一些著名大河的中下游，例如，密西西比河和长江，都具有曲流河的特征。

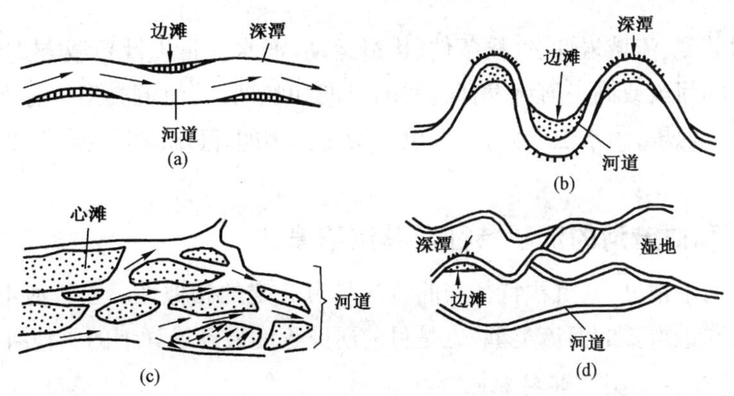

图9－8　河流类型示意图（迈尔，1977）

(a)平直河；(b)曲流河；(c)辫状河；(d)网状河

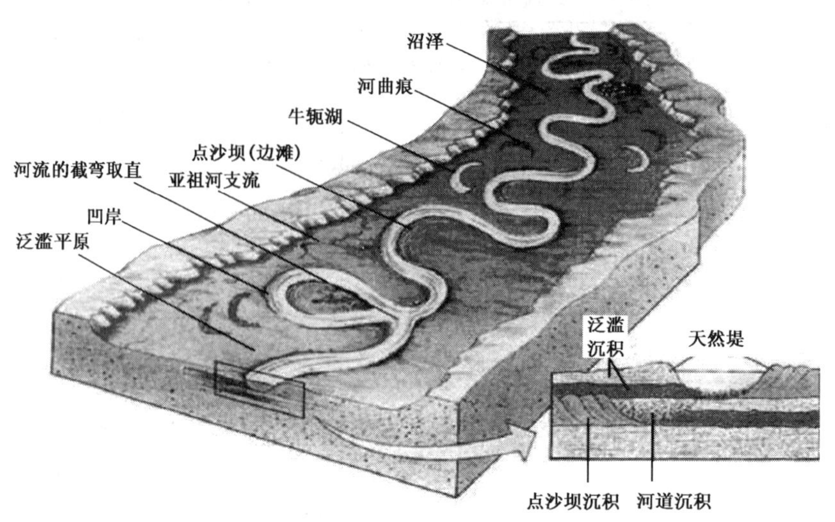

图9-9 曲流河的模式及微地貌特征(Prancan,1998)

3. 辫状河

辫状河过去也有人译为“网状河”。近来的研究表明,二者在特征上有所不同,因此,应将它们区别开。辫状河为多河道,而且多次分叉和汇聚构成辫状[图9-8(c)]。河道宽而浅,弯曲度小,其宽/深比值大于40,弯度指数小于1.5,河道沙坝(心滩)发育。河流坡降大,河道不固定,迁移迅速,故又称“游荡性河”。由于河流经常改道,河道沙坝位置不固定,故天然堤和河漫滩不发育。由于坡降大,沉积物搬运量大,并以底负载搬运方式为主。这种河流多发育在山区或河流上游河段以及冲积扇上。

4. 网状河

网状河具有弯曲的多河道特征,河道窄而深,沿流向呈网结状[图9-8(d)]。搬运方式以悬浮负载为主,沉积厚度与河道宽度成比例变化。河道间被半永久性的冲积岛和泛滥平原或湿地所分开。冲积岛和泛滥平原或湿地主要由细粒物质和泥炭组成,其位置和大小较稳定,与狭窄的河道相比,它们占据了约60%~90%的地区。网状河多发育在河流的中下游地区和三角洲平原相。

由于受地形坡度、流域岩性、气候条件、构造运动、河水流量以及负载方式等因素的影响,在同一河流的不同河段或同一河流发育过程的早期和晚期,其河道类型可有不同变化。甚至在同一时期的同一河段,因水位不同,河型也有变化。例如,高水位时表现为曲流河,低水位时表现为辫状河。

三、顺直河和曲流河的沉积特征及其沉积模式

自然界顺直河不常见,其沉积特征与曲流河具有一定的相似性。曲流河不论是现代还是古代都是最常见和最重要的河流类型,也是目前研究程度最高最详细的一种河流。

1. 曲流河的亚相类型及其特征

艾伦(Allen,1964)根据现代河流发育的地貌特征,提出了曲流河立体沉积模式,并根据微地貌划分出各类次级环境(图9-10)。

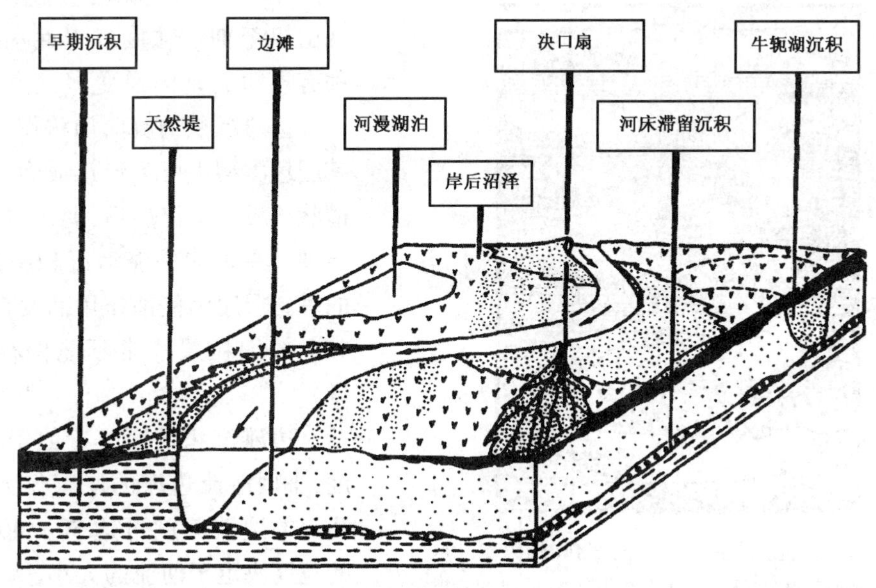

图 9－10　曲流河的沉积模式(Allen,1964)

根据环境和沉积物特征可将曲流河相进一步划分为河床、堤岸、河漫、牛轭湖四个亚相。

1)河床亚相

河床是河谷中经常流水的部分,即平水期水流所占的最低部分。其横剖面呈槽形,上游较窄,下游较宽,流水的冲刷使河床底部显示明显的冲刷界面,构成河流沉积单元的基底。

河床亚相又称河道亚相或底层亚相。其岩石类型以砂岩为主,次为砾岩,碎屑粒度是河流相中最粗的。层理发育,类型多样。缺少动植物化石,仅见破碎的植物枝、干等残体,岩体形态多为透镜状,底部有明显的冲刷界面。

河床亚相可进一步划分为河床滞留沉积和边滩沉积两个微相。

(1)河床滞留沉积。

河床滞留沉积是河流流量最高时短距离搬运的产物。河床中流水的选择性搬运,使细粒物质被带走,而将上游搬来或就近侧向侵蚀河岸形成的砾石等粗碎屑留在河床底部,集中堆积成不连续的透镜体,称河床滞留沉积。其特点是以砾石级粗碎屑为主,砂、粉砂极少。砾石成分复杂,源区砾石居多,也有河床下伏基岩砾石。且常有叠瓦状定向排列,砾石最大扁平面的倾向指向上游。砾岩很难形成厚层,一般呈透镜状断续分布于河床最底部,向上过渡为边滩或心滩沉积。

(2)边滩沉积。

边滩又称为"点沙坝"或"内弯坝",是曲流河中主要的沉积单元,是河床侧向迁移和沉积物侧向加积的结果。

由于曲流河河床中水流对沉积物的搬运以底负载搬运(滚动和跳跃)方式为主,故边滩沉积的岩性以砂岩为主,其矿物成分复杂,成熟度低,不稳定组分多,长石含量高。例如,陕北侏罗系河床亚相砂岩,长石含量可高达49%以上。边滩沉积的粒度变化很大,是由于距物源的远近与发育的部位不同所致。因此,根据其粗细特点可划分出粗粒边滩(砾质曲流河)和细粒边滩(砂质曲流河)沉积。

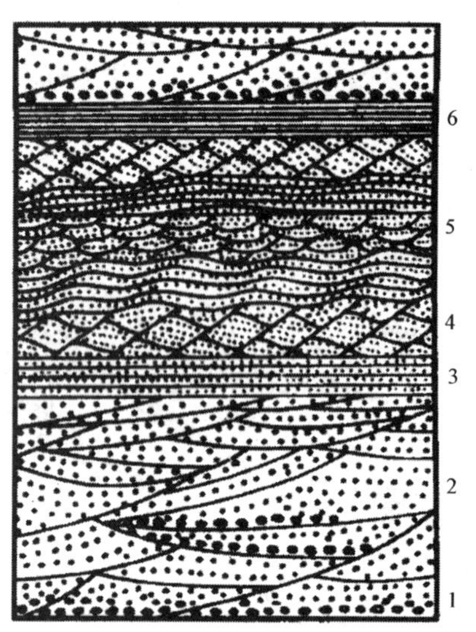

图 9 - 11　边滩沉积的层理垂向序列(赖内克,1973)

1—河流底部滞留沉积;2—大型交错层理;3—水平纹理;
4—叠复波痕纹理;5—小型波状交错层理;6—泥岩

在垂向上,边滩沉积自下而上常出现由粗至细的粒度或岩性正韵律。这种有规律的垂向递变多是由于河床迁移和边滩沉积物侧向加积作用的结果。其层理类型主要为流水成因的大、中型槽状或板状交错层理,偶尔也出现平行层理。在古代曲流河沉积中这种完整的垂向层序因侵蚀作用而发育不全,尤其上部细粒层序常不能保存(图 9 - 11)。

边滩沉积的厚度近似于河床的深度,小型河流边滩的厚度仅数米,大型河流的边滩厚度可达 30 ~ 40m。边滩的宽度决定于河流的大小,大型河流边滩发育宽阔。

2)堤岸亚相

堤岸沉积是曲流河发育的重要亚相类型,垂向上常发育在河床沉积的上部,相对河床亚相而言,属顶层沉积。与河床沉积相比,其岩石类型简单,粒度较细,以小型交错层理为主。堤岸亚相进一步可分为天然堤和决口扇两个沉积微相。

(1)天然堤沉积。

河流在洪水期因水位较高,河水携带的细、粉砂级物质沿河床两岸堆积,形成平行河床的砂堤,称天然堤。它高于河床,并把河床与河漫滩分开。天然堤两侧不对称,向河床一侧坡度较陡。每次随洪水上涨,天然堤不断加高,其高度范围与河流大小成正比,最大高度代表最高水位。弯曲河流的凹岸天然堤一般发育较好,凸岸天然堤逐渐变为边滩的上部,尤其在较小河流中,天然堤和边滩上部交互出现,很难分开。

天然堤主要由细砂岩、粉砂岩、泥岩组成,粒度较边滩沉积细,比河漫滩沉积粗,垂向上突出的特点是砂岩、泥岩组成薄互层。层理构造以小型波状交错层理、槽状交错层理为特征,其垂向序列是下部砂岩交错层理发育,上部泥质岩则发育水平纹层(图 9 - 12)。

天然堤常间歇性露出水面,故常有钙质结核发育,泥岩中可见干裂、雨痕、虫迹以及植物根等。沉积体形态沿河床两侧呈弯曲的带状。随着河床迁移,天然堤随边滩不断扩大、增长,形成覆盖边滩之上的盖层,故古代天然堤岩体呈面状分布。

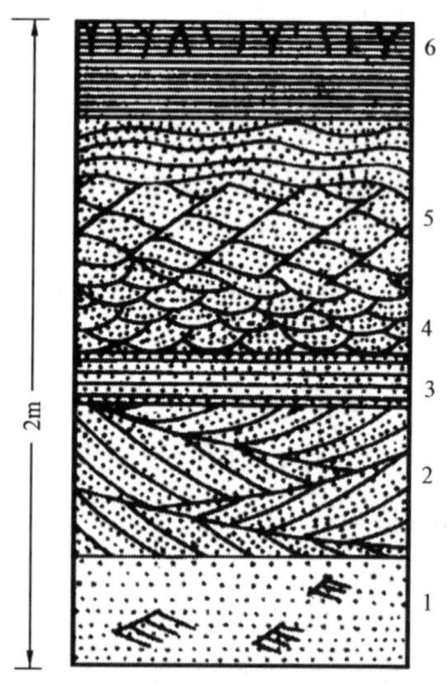

图 9 - 12　天然堤层理构造垂直序列
(柯尔曼,1969)

1—无内部构造的砂和粉砂,分选差;
2—大型交错层理;3—水平层理;
4—小型交错层理;5—叠瓦状波状层理;
6—水平层理的粉砂质粘土

(2)决口扇沉积。

如果天然堤不被破坏,河床随沉积物迅速增厚而升高,最后反而高出旁侧的河漫滩,洪水期河水冲决天然堤,部分水流由决口流向河漫滩,砂、泥在决口处堆积成扇形沉积体,称为决口扇。它附属于河床一侧,与天然堤共生,与河床、天然堤、河漫滩的关系如图 9-13 所示。

决口扇沉积主要由细砂岩、粉砂岩组成。粒度比天然堤沉积物稍粗。具有小型交错层理、波状层理及水平层理,冲刷—充填构造常见。常有河水带来的植物化石碎片。沉积体形态呈舌状,向河漫方向变薄、尖灭,剖面上呈透镜状。

3)河漫亚相

河漫亚相是平原河流的亚相类型,位于天然堤外侧,这里地势低洼而平坦,洪水泛滥期间,水流漫溢天然堤,流速降低,使河流悬浮沉积物大量堆积。由于它是洪水泛滥期间沉积物垂向加积的结果,故又称泛滥盆地沉积。

河漫亚相沉积类型简单,主要为粉砂岩和粘土岩。粒度是河流沉积中最细的,层理类型单调,主要为波状层理和水平层理。河漫亚相沉积在平面上位于堤岸亚相外侧,分布面积广泛,在垂向上位于河床或堤岸亚相之上,属河流顶层沉积组合。根据环境和沉积特征,河漫亚相沉积可进一步划分为河漫滩、河漫湖泊和河漫沼泽三个沉积微相。

(1)河漫滩沉积。

河漫滩是河床外侧河谷底部较平坦的部分。平水期无水,洪水期河水漫溢出河床,淹没平坦的谷底,形成河漫滩沉积。河漫滩的发育与河谷的发育阶段有关。河谷发育初期,即河流幼年期,以侵蚀下切为主,河谷呈 V 字形,并且主要为河床所占据;河谷发育的中后期,即壮年期和老年期,河流以侧向侵蚀为主,河谷加宽,河床在河谷中仅局限于较窄的部分,只有在这时,河漫滩才能较好地发育。

河漫滩沉积以粉砂岩为主,也有粘土岩沉积。平面上距河床越远粒度越细,垂向上也有向上变细的趋势。层理以波状层理和斜波状层理(洪水层理)为主,也可见水平层理。有明显的不对称波痕。河漫滩常因间歇露出水面而在泥岩中保留干裂和雨痕。化石稀少,一般仅见植物碎片。沉积体形态常沿河流方向呈板状延伸。

(2)河漫湖泊沉积。

在平原区的弯曲河流中,当河床因天然堤的围限和本身的沉积作用而逐渐抬高时,河床往往在一个比河岸两侧地形较高的"冲脊"上流动,洪水漫溢至两侧河漫滩上,洪水期后,低洼地区就会积水,加上冲积脊上河床水面高于两侧低地,也构成低地积水区的地下水的源泉。因此,长期积水的低洼地带就形成了河漫湖泊(图 9-13)。

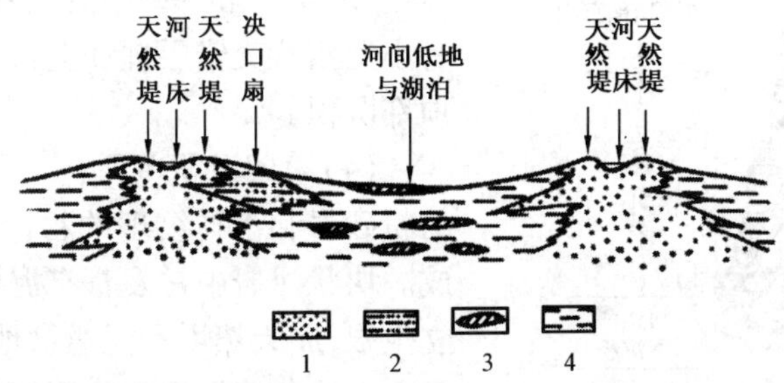

图 9-13　天然堤、决口扇、河漫滩之间关系的剖面示意图

1—河床和天然堤砂岩;2—决口扇砂岩;3—湖沼淤泥沉积;4—河漫滩泛滥泥质粉砂沉积

河漫湖泊以粘土岩沉积为主,并有粉砂岩出现,是河流相中最细的沉积类型。层理一般发育不好,有时可见到薄的水平纹层。泥岩中常见泥裂、干缩裂缝。在干旱气候条件下,地下水面下降,表面急速蒸发,常形成钙质及铁质结核。在潮湿气候区的河漫湖泊中,生物繁茂,可形成丰富的有机质沉积,并可保存较完整的动植物化石。在气候干旱地区,蒸发量增大,河漫湖泊可发展成盐湖,形成盐类沉积。

(3)河漫沼泽。

河漫沼泽又称为岸后沼泽。它是在潮湿气候条件下,河漫滩上低洼积水地带植物生长繁茂并逐渐淤积而成,或是由潮湿气候区河漫湖泊发展而来。其沉积特征与河漫湖泊沉积有许多共同之处,不同的是河漫沼泽中可有泥炭沉积。

在河流迅速侧向迁移的情况下,天然堤发育不良,洪水泛滥可形成广阔平坦的河漫沉积区,沉积物不仅有泥质,而且有大量砂质沉积,这时堤岸亚相与河漫亚相已无法区别,故统称为泛滥平原沉积(图 9-9)。

4)牛轭湖亚相

弯曲河流的截弯取直作用使被截掉的弯曲河道废弃,形成牛轭湖(图 9-9)。截弯取直作用可有两种情况:其一是随着河流的弯度越来越大,形成很窄的“地峡”,这时可由一次特大洪水作用冲掉“地峡”,使河道取直,称“曲颈取直”;其二是沿着冲沟冲刷出一个新河床,使河道取直,称“冲沟取直”,有人也称“串沟取直”。

牛轭湖沉积主要为粉砂岩及粘土岩。粉砂岩中具有交错层理,粘土岩中发育有水平层理。牛轭湖沉积常含有淡水软体动物化石和植物残骸。岩体呈透镜状,延伸最大可达数十千米,厚可达数十米。

2. 曲流河沉积的垂向模式

曲流河的典型垂向沉积模式由沃克(1976)等人提出,这个典型相模式由下至上可划分为以下四个沉积单元(图 9-14)。

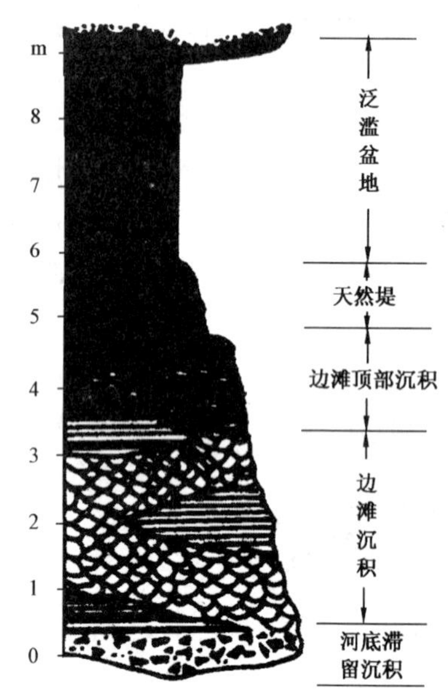

图 9-14　曲流河沉积的典型垂向模式(Walker,1976)

(1)第一沉积单元:为块状含砾砂岩或砾岩,属河床底部滞留沉积,与下伏层呈冲刷侵蚀接触,底部有明显的冲刷面,粗砂岩中含泥砾,可见有不清晰的大型槽状交错层理。

(2)第二沉积单元:为有大型槽状交错层理的中、细砂岩,层理规模向上逐渐变小,其中夹有平行层理的细砂岩。

(3)第三沉积单元:由粉—细砂岩组成,发育有小型槽状交错层理和上攀波纹交错层理,为边滩顶部沉积。

(4)第四沉积单元:主要由断续波状交错层理的粉砂岩和水平纹理的粉砂质泥岩及块状泥岩组成。块状泥岩中常发育有泥裂、钙质结核或植物的立生根,属天然堤和泛滥盆地沉积。

上述曲流河沉积的理想垂向层序由下至上,粒度由粗变细,层理规模由大变小,层理类型由大型槽状交错层理变为小型交错层理、上攀层理和水平层理，底部有冲刷面，从而构成了一个典型的间断性正韵律。韵律的下段由河床亚相的底部滞留沉积和点沙坝沉积组成，是由于河道迁移而引起的沉积物侧向加积的结果，构成了河流沉积剖面的下部层序，故称为底层沉积。韵律的上段由堤岸亚相和河漫亚相（泛滥盆地）组成，属泛滥平原沉积，主要是大量细粒悬浮物质在洪泛期垂向加积形成，构成了河流沉积剖面的上部层序，故又称为顶层沉积。底层沉积和顶层沉积的垂向叠置，构成了河流沉积的所谓“二元结构”。它是河流相沉积的重要特征。在曲流河沉积中，二元结构较为明显，顶层沉积和底层沉积厚度近于相等或前者大于后者。

在一个地区的河流沉积剖面上，若二元结构重复出现，则可形成多个间断性的韵律，每个韵律即由一个二元结构组成，通常又称为河流沉积的一个“阶”。河流沉积旋回的多阶性是河流相的又一重要特征。

四、辫状河的沉积特征及其沉积模式

与曲流河相比，辫状河的变化十分复杂。由于辫状河的河床宽而浅，多个河道反复分叉和汇合，河道既容易被废弃，也容易再复活，因此，其地貌单元频繁地被改造。

辫状河沉积以心滩（或称河道沙坝）为主，边滩沉积不发育，这是与曲流河的重要区别。由于辫状河具有强烈侵蚀、频繁摆动和快速迁移的特点，致使堤岸沉积和决口扇沉积很难保存下来，因此，在辫状河沉积中，堤岸沉积和决口扇沉积即泛滥平原沉积不发育，而且辫状河废弃河道一般不形成牛轭湖，这也是辫状河与曲流河沉积的重要区别。

心滩是在多次洪泛事件不断向下游移动过程中垂向加积而成的。心滩沉积物一般粒度较粗，成分复杂，成熟度低。常发育各种类型的交错层理，例如，巨型或大型槽状、板状交错层理，在低水位时期也发生细粒物质的垂向加积作用。

在辫状河中常具有不同的心滩类型。史密斯（Smith，1974）根据其地貌形态、大小及与河岸的关系，划分出四类，分别称为纵向沙坝、横向沙坝、斜向沙坝和曲流沙坝（图9－15）。纵向沙坝是沿水流方向延伸的砂体，常见于砾石质辫状河的上部，沉积物由较粗的砂砾物质组成，常出现大型板状和槽状交错层理，若沉积物主要为砾石，则层理不明显或显示低角度的板状交错层理。横向沙坝的延伸方向与水流方向垂直，其上游部分较宽阔，而下游边缘为直的、朵状或弯曲的，略成“微三角洲”地貌。其高度可达数米，大多呈孤立状出现，有时可呈雁行式展布，常见有高角度的板状交错层理。这类沙坝常形成于辫状河向下游方向的河道变宽或深度突然增加而引起的流线发散地区，在砂质辫状河中更为常见。斜向沙坝延伸方向与主流线流向斜交，横断面大致呈三角形，具有板状交错层理。这类沙坝大多是由于主河道弯曲且水流流量不对称时产生的。曲流沙坝可见于曲流河的边滩，在辫状河中较为少见。

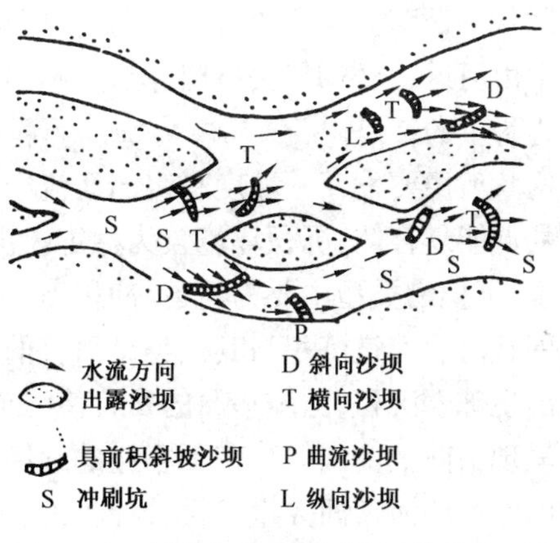

图9－15　辫状河沙坝类型（柯林森，1982）

辫状河除有发育的心滩外，在河道沉积中也发育与曲流河相同的河床滞留沉积，出现在河床底部，以砂砾沉积为主，其上发育心滩。

辫状河的垂向沉积序列通常比较复杂，最经典的应是加拿大魁北克省加佩斯半岛泥盆系

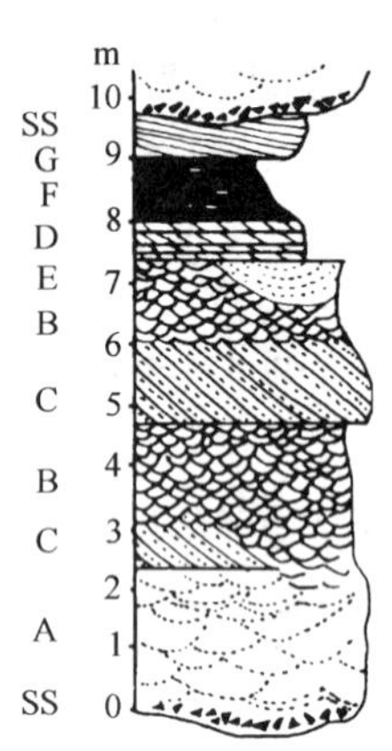

图 9-16　加拿大魁北克省泥盆系辫状河沉积层序（坎特和 Walker，1976）

辫状河沉积层序（图 9-16），自下而上为由粗变细的正韵律结构，反映了水动力能量逐渐减弱的沉积过程。

该沉积层序的最底部为河床滞留沉积，以含泥砾的粗砂岩和砾质砂岩为主，与下伏层呈侵蚀冲刷接触（SS）。其上为不清晰的大型槽状交错层理含砾粗砂岩（A）和有清楚槽状交错层理的粗砂岩（B）以及板状交错层理砂岩（C）。再向上主要由小型板状交错层理砂岩（D）组成，偶见大型水道冲刷充填交错层理砂岩（E）。顶部由垂向加积沉积的波状交错层理粉砂岩和泥岩互层（F）及一些模糊不清的、角度平缓的交错层理的砂岩（G）组成。由 SS 至 E 为河床滞留沉积和心滩或河道沙坝沉积，构成了辫状河的河床亚相，F 代表了垂向加积的泛滥平原沉积。

从上述可以看出，与曲流河相比，辫状河在垂向层序上有以下特点。

（1）河流二元结构的底层沉积发育良好、厚度较大，而顶层沉积不发育或厚度较小。

（2）底层沉积的粒度粗，砂砾岩发育。

（3）由河道迁移形成的各种层理类型发育，例如，块状或不明显的平行层理、巨型槽状交错层理、单组大型板状交错层理等。

五、网状河的沉积特征及其沉积模式

网状河是窄而深及顺直到弯曲的、相互连接的低坡度网状稳定水道形成的交织河网系统。它通常由河道、天然堤、决口扇、湿地、湖泊和沼泽等地貌单元组成，沉积记录表现为细粒溢岸沉积物为主的特点。

网状河主要发育于坡度平缓的河流中下游地区，它是由几条弯度多变的、相互连通的河道组成的低能复合体，沉积环境较为稳定。沉积物的搬运方式以悬浮为主，沉积作用则以垂向加积为主，沉积物类型主要为河道、冲积岛、泛滥平原沉积。

网状河的河道沉积与其他类型河流的河道沉积物类似，以砂岩为主，具槽状交错层理，底部可出现砾岩沉积，泛滥平原的发育使河道侧向迁移受到限制，甚至很少发生。因此，垂向层序上呈现出向上变细但分带不明显的旋回。

网状河的河道间大量发育着冲积岛和泛滥平原沉积，其特征与曲流河的河漫沉积相类似，系由河漫沼泽、泥炭沼泽、河漫湖泊组成，又称河道间“湿地”，沉积物质主要为富含泥炭的粉砂和粘土，侧向上可相变为粗粒河道沉积，垂向上可与因洪水漫溢作用形成的决口扇沉积交互成层。由于河道、冲积岛、泛滥平原等环境能保持长时期的相对稳定，致使各种沉积相在垂向上增生，并叠加成较厚的沉积。其中，河道沉积在平面上呈带状、剖面上呈相互叠置的透镜状，决口扇沉积为不规则的席状，它们都被较厚的泛滥平原的细粒沉积物所包围。

网状河沉积的最大特点是泛滥平原分布极为广泛，几乎占河流全部沉积面积的 60% ~ 90%。因此，厚度巨大的富含泥炭的粉砂和粘土是网状河流占优势的沉积物。

网状河与曲流河、辫状河的沉积特征存在较明显的差别，三种类型河流沉积特征的比较如表 9-4 所示。

表 9-4 辫状河、曲流河与网状河沉积特征比较(何幼斌等,2007)

特征	辫状河	曲流河	网状河
沉积环境	心滩(河道沙坝)为主,泛滥平原不发育	边滩、天然堤、决口扇、洪泛平原发育	网状河道、泛滥平原或湿地发育
沉积作用	垂向及侧向加积	侧向加积作用明显	垂向加积作用为主
岩性	以砂岩、砾岩为主,常发育厚层的砾岩和含砾砂岩	以砂岩、泥岩为主,一般砾岩层较薄	以粉砂岩、泥岩为主,砂岩、砾岩次之
剖面组合	“砂包泥”的正旋回沉积	“泥包砂”的正旋回沉积	不明显
垂向层序	正旋律结构,细粒沉积较薄,或缺失	典型的正旋律结构	不明显
沉积构造	发育各种大型槽状、板状交错层理,常见块状层理,一般缺少小型砂纹层理	多种多样,以下切型板状交错层理为典型标志	以槽状交错层理和水平层理为主
砂体形态	平面上:单个砂体为低弯度条带状;河道带砂体为板状或宽条带状 剖面上:单个砂体和河道带砂体为透镜状	单个砂体为弯曲的条带状;曲流带复合砂体为平板状	平面上:窄条带状,交织、扭结成网状 剖面上:为直立或倾斜的窄而宽的墙状,相互分隔远离
厚度规模	几米至几十米,单层为厚层	几米至十几米,单层为中厚层	几米至十几米,单层为中厚层
砂体叠置	多层式垂向叠置	单边或多边侧向叠置	孤立式

六、河流沉积组合

河流沉积是大陆上经常性水流冲积作用的产物。向上游方向,它与暂时性水流冲积作用形成的冲积扇相连接,在中下游可形成广阔的泛滥平原,它们向下继续发展,可进入海岸平原及三角洲环境。因此,河流沉积组合通常可有三种形式,即冲积扇组合、泛滥平原组合、海岸平原—三角洲组合。

冲积扇组合主要分布于河流上游的盆地边缘地区,由冲积扇和辫状河沉积组成,沉积物几乎全部由粒度粗、分选差的底负载沉积物组成,以辫状河道沉积发育为其特征。泛滥平原组合分布于河流中下游地区,主要发育曲流河,有时可出现网状河沉积,底负载和悬浮负载均发育良好,故沉积物由混合负载组成,河道砂质沉积与洪泛平原沉积交互出现。海岸平原—三角洲组合主要发育在河流下游地区,河流的泛滥平原沉积极为发育,可厚达千米以上,在下游地区构成广阔的海岸平原,沉积物以细粒悬浮负载为主;潮湿气候条件下,发育有河漫沼泽的泥炭层沉积。向下则过渡为三角洲沉积。

七、古代河流沉积的主要鉴别标志

古代河流沉积的主要鉴别标志有以下几个方面。

1. 岩石类型及其组合

河流相发育的岩石类型以碎屑岩为主,碳酸盐岩极少出现。在碎屑岩中,主要为砂岩、粉砂岩、粘土岩,砾岩多出现在山区河流和平原河流的河床沉积中。

碎屑岩的物质成分复杂,它与源区以及河流流域的基岩成分有关。一般不稳定组分高,成熟度低。砾岩多为复成分，砂岩以长石砂岩、岩屑砂岩为主，个别也出现石英砂岩，泥质胶结者居多，间或有钙、铁质胶结。

大多数河流的水介质是弱氧化的，并几乎是中性至弱酸性的，故河流相沉积中粘土矿物以高岭石较多，伊利石较少。

2. 结构

河流相碎屑沉积物以砂、粉砂为主，分选差至中等，分选系数一般大于1.2，粒度频率曲线常为双峰。粒度概率曲线显示明显的两段型，由跳跃次总体与悬浮次总体组成，且以跳跃次总体为特征，通常缺乏滚动次总体。

3. 沉积构造

河流相层理发育，类型繁多，但以板状和大型槽状交错层理为特征，一般有半数以上的岩层具交错层理。细层倾斜方向指向砂体延伸方向，倾角为15°～30°，由下至上层系及细层的厚度变薄、粒度变细，细层具粒度正韵律，层系厚度很少超过1m，一般为30cm或更薄。在河流沉积的剖面上，大型板状、槽状交错层理发育在下部，小型者发育在上部，波状层理发育在剖面顶部。

河流沉积中常见流水不对称波痕。也可见砾石的叠瓦状排列，扁平面倾向上游，倾角约为10°～30°。

河流沉积的最底部常具明显的侵蚀、切割及冲刷构造，并常含泥砾及下伏层的砾石。

4. 生物化石

河流相生物化石一般保存不好，通常较难见到动物化石及较完整的植物化石，常为破碎的植物枝、干、叶等。河床亚相典型的指相化石为硅化木。河漫沼泽沉积中可见炭化植物屑或完整的植物化石，它们多是在封闭缺氧条件下保存下来的。在时代较新的河流相地层中可见到脊椎动物化石。

5. 沉积层序

在沉积剖面上，自下而上表现为下粗上细的间断性正韵律或正旋回，每个旋回底部发育有明显的底冲刷现象。典型的河流沉积剖面应具有完整的河流沉积层序，即具有完整的“二元结构”，从下而上由河床滞留沉积开始，向上依次出现点沙坝或河道沙坝以及泛滥平原沉积。

6. 砂体形态

河流砂体在平面上多呈弯曲的长条状、带状、树枝状等。在横切河流的剖面上，呈上平下凸的透镜状或板状嵌于四周河漫泥质沉积之中。例如，辫状河心滩砂体，总是呈透镜状成群出现，交错叠置，四周为泥质沉积所包围，显示河道的多次往复迁移（图9－17）。

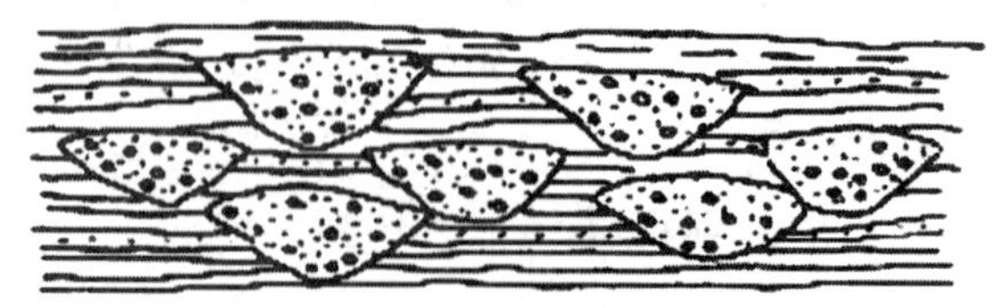

图9－17　冲积扇群中的辫状河砂体横向剖面图（裘亦楠等，1979）

7. 测井曲线特征

河流沉积的测井曲线均具有向上幅度变小的趋势，即具有由明显到不明显的正韵律结构，同时其底部与下伏岩层均为突变接触。泥质夹层均以层序的上部为主要发育段。但不同类型的河流沉积在测井曲线上仍有一定的差别。辫状河沉积以具有高幅的平滑箱形为特征,曲流河沉积则以锯齿状渐变钟形为特点,而网状河沉积则多为低幅锯齿状小型的钟形为特色。其含泥量从辫状河至网状河沉积明显增加,粒度变细,锯齿的个数增多,主要取决于河流的弯曲程度;在垂向组合上,辫状河为“砂包泥”;曲流河则以“砂泥间互”为特点;网状河多为“泥包砂”。

八、河流沉积与油气的关系

河流相沉积砂体是油气储集的良好场所。如果古河流砂体接近油源,可成为油气的储集层。由于河流砂体岩性变化快,其内部储油物性的非均质性较为明显。垂向上以旋回下部河床亚相中的边滩或心滩砂岩储油物性最好,向上逐渐变差;横向上透镜体中部储油物性较好,向两侧变差。

古河流砂体可形成岩性圈闭油藏、地层—岩性圈闭油藏以及构造—岩性圈闭油藏。目前这类油藏在世界上已发现的油田中所占比例较少,但各地不断有所发现。例如,美国怀俄明州下白垩统砂岩中凯奥蒂溪油田、我国陕北三叠系某油田也属河流相成因。渤海湾盆地古近系和新近系馆陶组相继发现了河流相砂体为储集层的大型油气田,胜利油田范围内的孤岛和孤东油田,即为古近系和新近系馆陶组河流相砂体作为储集层的大型高产油气田。

第三节　湖　泊　相

湖泊是大陆上地形相对低洼和流水汇集的地域。目前全球湖泊总面积约 $250\times10^4km^2$,占全球陆地面积的1.8%,我国现代湖泊的总面积约 $8\times10^4km^2$,不到全国陆地面积的1%。然而,在中、新生代时期,我国湖泊却相当多,星罗棋布,大庆、胜利、辽河、任丘、大港等十多个大油田就是在这些湖相地层中找到的,形成了中国石油地质学的一大特色。

一、湖泊相的环境特点及分类

湖泊的规模相差悬殊,最大可达数十万平方千米,小者不到1平方千米,古代超过 $25\times10^4km^2$的大型湖泊很多。湖泊的形状多样,例如,圆形、椭圆形、三角形、不规则形等等。大型湖泊的环境特点与海洋既有某些相似之处,也有明显的区别。

湖泊拦截了由河流搬运的大量沉积物,是大陆碎屑物质堆积的重要场所,同时也可能成为化学沉淀的主要场所(特别是在内陆水系的盆地中)。由于湖泊没有受海水均化效应的影响,其形成的沉积物(特别是在化学性质方面)对气候的变化非常敏感,因而古湖泊(尤其是封闭型湖泊)的沉积物是古气候的重要标志,在全球气候变化对比研究中占有重要的地位。

1. 湖泊环境特点

湖泊的环境特点主要表现在以下三方面。

1)湖泊的水动力特征

湖泊的水动力作用与海洋有些近似,主要表现为波浪和岸流作用。但湖泊缺乏潮汐作用,这是与海洋的重要区别之一。

在风力的直接作用下,湖泊的水面可形成较强的波浪,称为湖浪。一般说来,湖泊面积比海洋小,波浪的规模也小于海洋,浪基面的深度也就小得多,常常不超过20m。

湖浪作为一种侵蚀和搬运的动力在滨湖地区表现得较为明显。当湖浪的推进方向与湖岸斜交时,可形成沿岸流。湖浪和沿岸流的冲刷和搬运可形成各种侵蚀地形和沉积砂体,例如,浪蚀湖岸以及湖滩、沙坝、沙嘴、堤岛等等。

湖泊四周紧邻陆地,常有众多的河流注入,不仅有大量碎屑物质倾入湖盆,而且河道在湖底可以继续延伸,从而改变砂体的分布状况,因此对有些湖泊来说河流的影响往往超过湖浪和岸流。

2)湖泊的物理化学条件

湖泊对大气的温度变化较为敏感,由于水的密度在4℃时最大,气温的变化使处于此温度的水体沉降至湖底,湖水出现温度分层现象。造成了表层水与底层水的地球化学条件的差异。

湖水的含盐度变化较大,由小于1%至大于25%,这与含盐度一般在3.5%的海水具有明显的不同。此外,湖泊汇集了来自不同源区河流的流水,故湖水的化学成分变化较大,湖泊的地球化学特点在一定程度上反映了源区物质和盆地气候条件的变化。

3)生物学特征

湖泊环境中常有发育良好的淡水生物群,例如,淡水的腹足类、双壳类等底栖生物,以及介形虫、叶肢介、鱼类等浮游和游泳生物;此外,还常发育有轮藻、蓝藻等低等植物。

2. 湖泊分类

可从湖水的含盐度、沉积物特征、自然地理位置、成因等方面进行分类。

(1)按照含盐度可将湖泊分为淡水湖泊和咸水湖泊,并以正常海水的含盐度3.5%作为它们的分界限。另一种划分方案是以含盐度0.1%作为淡水湖和微咸水湖的界限,以含盐度1%作为微(半)咸水湖和咸水湖的界限,以含盐度3.5%作为咸水湖和盐湖的界限。

(2)按照沉积物特征可将湖泊分为碎屑型湖泊和化学型湖泊。前者以陆源碎屑沉积为主,后者以化学盐类沉积为主。二者之间也常有许多过渡类型。就其分布而论,前者较后者更为广泛。

(3)按照湖泊所处的自然地理位置可分为近海湖泊和内陆湖泊。

(4)按照湖泊成因可分为构造湖、河成湖(如鄱阳湖、洞庭湖)、火山湖(如吉林长白山的天池)、岩溶湖和冰川湖等。其中,在地质历史上,存在时间较长、面积较大、矿产较多和最有研究价值的是构造成因的湖泊。构造成因的湖泊可进一步分为断陷型、坳陷型、前陆型三个基本类型和一些复合类型(如断陷—坳陷复合型)。

断陷型湖或裂谷型湖多分布在断陷盆地的各个凹陷内,其构造活动以断陷为主,横剖面呈两侧均陡的地堑型或一侧陡、一侧缓的箕状型[图9-18(a)]。陡侧为正断层,断层倾角高达30°~70°,落差几千米,具有同生断层的性质;缓侧一般为宽缓的斜坡。箕状湖盆内部可分为陡坡带、缓坡带和中部深陷带,沉降中心位于陡坡带坡底,沉积中心位于中部偏陡坡侧。凹陷内部还有主干断层控制次级沉积中心和水下隆起分布。我国东部中、新生代的一些含油气盆地,例如,渤海湾盆地、南襄盆地、江汉盆地、苏北盆地等,均属于断陷湖泊,并以箕状居多,多数具有大陆边缘裂谷性质,少数为山间小断陷湖泊。我国中部、西部内陆的一些断陷湖泊多属山间或山前的小断陷湖泊,多沿区域大断层分布,往往位于次一级断层与主断层的交汇处。

坳陷型湖泊及其所在的沉积盆地以坳陷式的构造运动为特点,表现为较均一的整体沉降,湖底的地形较为简单和平缓,边缘斜坡宽缓,中间无大的凸起分割,水域统一形成一个大湖泊

[图9-18(b)]。沉积中心与沉降中心一致,接近湖泊中心,但在演化过程中略有迁移。在坳陷型湖泊中,粗粒和富含碎屑的相带将集中分布于湖泊边缘,而较细的沉积物则发育于碎屑沉积物非补偿的盆地中心区域(如白垩纪的松辽盆地)。

前陆型湖泊是指沿造山带大陆外侧分布的沉积盆地,分布于活动造山带与稳定克拉通之间的过渡带[图9-18(c)]。在山前出现强烈沉降带,向克拉通方向沉降幅度逐渐减小,沉积底面呈斜坡状。自近造山带向克拉通可分为冲断带、沉降带、斜坡带和前缘隆起,沉积剖面呈不对称箕状。

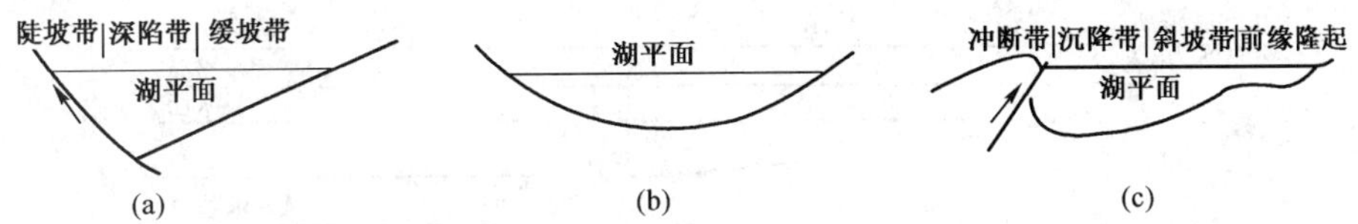

图9-18　不同类型的构造湖泊横剖面形态(姜在兴,2003)
(a)断陷型湖泊;(b)坳陷型湖泊;(c)前陆型湖泊

(5)库卡尔(Kukal,1971)等根据气候干旱程度、地理环境、沉积物类型及其供应的充分程度,首先将湖泊划分出永久性(稳定性)湖泊和暂时性(间歇性)湖泊。然后又将永久性湖泊进一步划分为陆源碎屑沉积型、化学沉积型、生物沉积型、湖沼沉积型等四种湖泊类型,将暂时性湖泊进一步划分为干盐湖沉积型和盐沼沉积型两类(图9-19)。

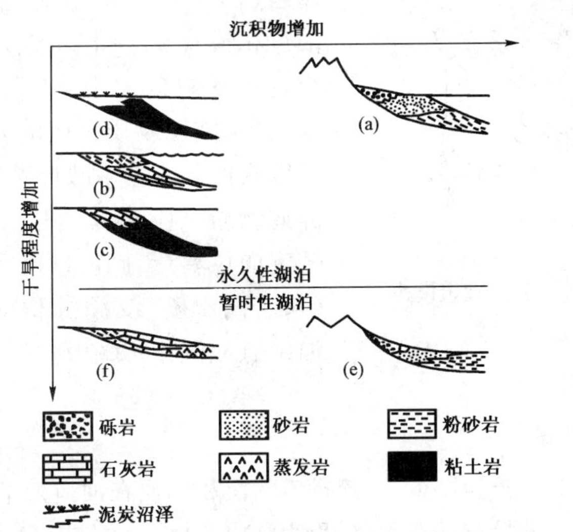

图9-19　湖泊按气候及沉积类型分类(维谢尔,1965;库卡尔库,1971)
(a)陆源碎屑沉积型湖泊;(b)化学沉积型湖泊(c)生物沉积型湖泊;
(d)湖沼沉积型湖泊;(e)干盐沉积型湖泊;(f)盐沼沉积型湖泊

中国石油工作者常采用的湖泊分类方法是综合考虑按构造性质、湖水盐度和地理位置等来划分湖泊类型。我国中、新生代陆相地层中发育有厚度巨大的陆源碎屑沉积型的湖泊,其中赋存有较丰富的油气。从找油的角度出发,本书主要介绍陆源碎屑沉积型湖泊。

二、陆源碎屑湖泊的沉积模式及亚相类型

湖泊类型虽多,但其亚相划分原则基本相同,即从湖泊整体着眼,根据沉积物在湖泊

内的位置和湖水深度两个基本条件来划分。具体划分时采用浪基面、枯水面(平均低水面)和洪水面(平均高水面)三个界面(图9-20)进行界定,即一般湖泊可被划分为深湖、半深湖、浅湖和滨湖四个亚相(区),另外还可划分出湖成三角洲亚相、湖泊重力流亚相、湖湾亚相。这三个界面既反映湖泊各亚相分布位置和湖水深度,也反映水动力条件,油气生、储、盖的分布也与这三个界面密切相关。例如,好的生油层分布在浪基面以下,大部分储集砂体为浪基面以上至洪水面之间的近岸浅水砂体或三角洲砂体,浊积砂体则位于浪基面以下。

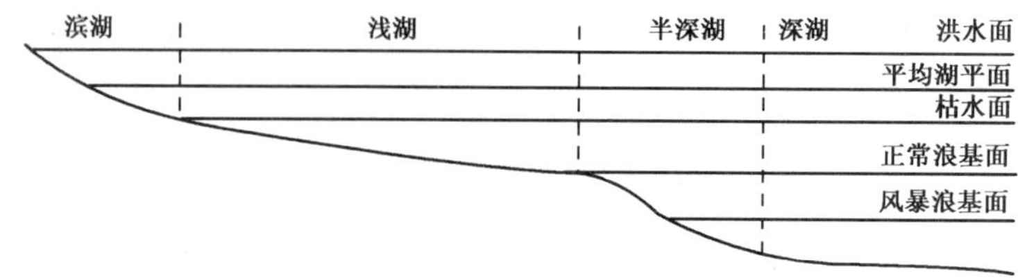

图9-20 湖泊亚相划分示意图

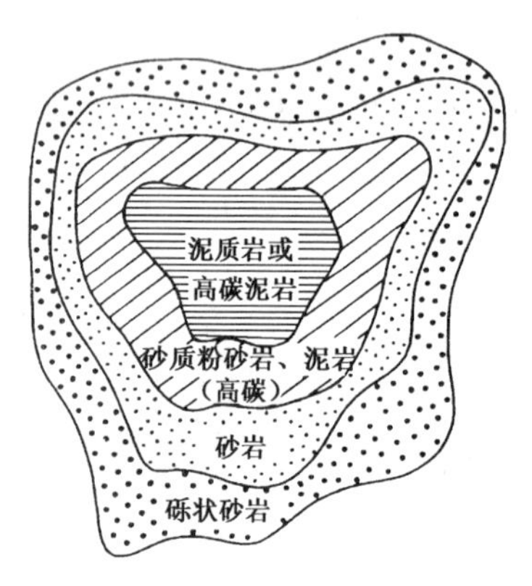

图9-21 碎屑湖泊沉积的理想模式
(特温霍费尔,1932)

一个理想的陆源碎屑湖泊的沉积模式具有沉积物绕湖盆呈环带状分布的特点,即从湖岸至湖盆中央大致依次出现砂砾岩、砂岩、粉砂岩、泥岩(图9-21)。然而,实际情况要比理想的湖泊沉积模式复杂得多,这是因为湖泊沉积物的发育往往受湖盆大小、湖底地形、湖岸陡缓、距源区远近、陆源物质供应的充分程度以及气候条件等因素的控制。例如,湖盆面积小、靠近物源、碎屑物质供应充分,湖盆中央也可被砂质充满;若定向风盛行,湖滨砂砾沉积仅可见于湖泊的一侧;若湖岸陡,滨湖沉积即可完全消失;如果湖泊中有浊流作用,在深湖地区也可发育粗粒物质的浊流沉积。

1. 湖成三角洲亚相

在河流入湖的河口处,流速降低,水流携带的沉积物便在河口处堆积下来,形成平面上呈三角形或舌状,剖面上呈透镜状的沉积体,称为湖成三角洲。湖成三角洲一般发育在湖盆缓坡带或湖盆的长轴方向上,多出现于湖盆深陷后的抬升期,例如,我国松辽盆地大庆长垣三角洲、东营凹陷东营三角洲等著名含油气三角洲均发育于该时期。

湖成三角洲沉积是在河流与湖泊共同作用下形成的,其基本特点与河流入海形成的三角洲十分相似,但由于湖水作用的强度和规模一般要比海洋小得多,并且没有潮汐作用,因此湖成三角洲主要为河控三角洲,平面上多呈鸟足状或舌状。但也不排除一些规模较小的三角洲或间歇性河流形成的三角洲,受到湖泊波浪的改造,具有浪控三角洲的特征。与海洋三角洲一样,湖成三角洲也可划分为三角洲平原、三角洲前缘和前三角洲三个部分,其垂向层序自下而上为前三角洲—三角洲前缘—三角洲平原(图9-22)。

沉积相			岩性剖面	层理类型	泥岩颜色	岩性组合	沉积构造
河流相					红		
三角洲	三角洲平原	沼泽				泥岩夹粉砂岩及泥质粉砂岩，碳质泥岩极发育	微波状层理、波状层理和波状交错层理及透镜状层理
		天然堤				泥岩、泥质粉砂岩薄互层	微波状层理、波状层理和波状交错层理及透镜状层理
		分流河道			灰	中粗砂岩、细砂岩、粉砂岩	板状、槽状交错层理和波状交错层理
	三角洲前缘	河口坝				粉砂岩、细砂岩组成反旋回。顶部：砾状、含砾砂岩	块状层理、波状层理、波状交错层理、板状及槽状交错层理
		远沙坝			绿	泥质粉砂岩、粉细砂岩组成反旋回	波状层理、脉状层理、透镜状层理为主，次为水平层理
	前三角洲					暗色泥岩	水平层理、块状层理

图 9－22　东营凹陷湖成三角洲沉积层序（何立琨，1980；略修改）

湖成三角洲的另一种特殊类型为扇三角洲。霍尔姆斯（Holmes，1965）认为扇三角洲是从邻近高地推进到海、湖等稳定水体中的冲积扇，多分布于湖泊短轴陡坡侧。

2. 滨湖亚相

滨湖亚相位于湖盆边缘，其沉积环境特点是：（1）距岸最近，接受来自湖岸的粗碎屑物质；（2）水动力条件复杂，击岸浪和回流的冲刷、淘洗对沉积物的改造作用强烈；（3）水位较浅，沉积物接近水面，时而为湖水淹没，时而露出水面，氧化作用强烈。

该相带的宽度变化很大，主要取决于洪水期和枯水期的水位差和湖岸地形。如箕状断陷湖泊，陡岸区滨湖相带很窄，只有几米；而坡度平缓的缓岸区滨湖相带宽度很大，可达数千米。

滨湖带是湖泊沉积物堆积的重要地带，沉积物的组分和分布受湖岸地形、水情、风及湖流的影响，沉积环境复杂，因此，沉积物类型多样，主要有砾、砂、泥和泥炭。砾质沉积一般发育在陡峭的基岩湖岸，砾石来自裸露的基岩，在地层中常呈透镜状出现。砾石层有时可见叠瓦状排列，扁平砾石最大扁平面向湖倾斜，长轴多平行岸线分布。砂质沉积是滨湖亚相中发育最广泛的沉积物，它们主要都是在汛期被河流带到湖中，后又被波浪和湖流搬运到滨湖带堆积所致。由于经过河流的长距离搬运，又经过湖浪的反复冲刷，一般都具有较高的成熟度，分选、圆度都比较好。主要成分为石英、长石，也混有一些重矿物。沉积构造主要是各种类型的流水交错层理和波痕。滨湖砂常形成厚度较大的滩坝，围绕在湖泊外围，砂体的宽度及粒度变化与风的强度和风向有关。在迎风岸波浪较大，砂体宽度大，粒度较粗，分选性好；在背风岸发育程度相对要差一些。

滨湖砂质沉积中化石较稀少，可有植物碎屑、动物碎屑等，有时可见介壳滩，在细砂及粉砂层中常见有潜穴。泥质沉积物和泥炭沉积物主要分布在平缓的背风湖岸和低洼的湿地沼泽地带。泥质层具有水平层理，粉砂层具有波状层理。有的湖泊泥炭沼泽极为发育，尤其是在湖泊演化的晚期阶段，整个湖泊可完全被沼泽化，所以该亚相又是重要的聚煤环境。

滨湖亚相周期性暴露于大气中，在枯水期常形成许多泥裂、雨痕、脊椎动物的足迹等暴露构造。因此，各种暴露构造的出现及沼泽夹层就成为滨湖亚相区别于其他相类型的重要标志。

3. 浅湖亚相

浅湖亚相位于枯水期最低水位线至正常浪基面之间的地带。该相带水浅且始终位于水下，遭受波浪和湖流扰动，水体循环良好，氧气充足，透光性好，各种生态的水生生物繁盛。

岩石类型以粘土岩和粉砂岩为主，可夹有少量化学岩薄层或透镜体。陆源碎屑供应充分时可出现较多的细砂岩，胶结物以泥质、钙质为主，分选性和磨圆度较好。层理类型多以水平、波状层理为主，水动力强度较大的浅湖区具有小型交错层理，砂岩、泥岩交互沉积时，可形成透镜状层理。有时层面可见对称浪成波痕。

生物化石丰富，保存完好，以薄壳的腹足、贝壳类等底栖生物为主，也出现介形虫和鱼类等化石。少见菱铁矿、鲕绿泥石等弱还原条件下的自生矿物。

若湖底地形平缓，砂质供应充分，在宽阔的浅湖地带可形成具有席状展布的砂质浅滩或局部砂质堆积加厚的沙坝沉积。它们常出现于湖成三角洲的两侧，沿湖岸呈线状分布，多为湖流对三角洲的改造使碎屑物质沿岸再分配形成，构成三角洲—滩坝沉积体系。滩、坝沉积也可分布于水下隆起和岛屿的周围。在沉积层序上常呈现为下细上粗的反旋回沉积。

赵澄林等(2001)根据古地理位置、物源供给条件以及形成滩坝的水动力条件，将陆相湖盆中发育的滩坝划分为四种成因类型(图 9－23)。

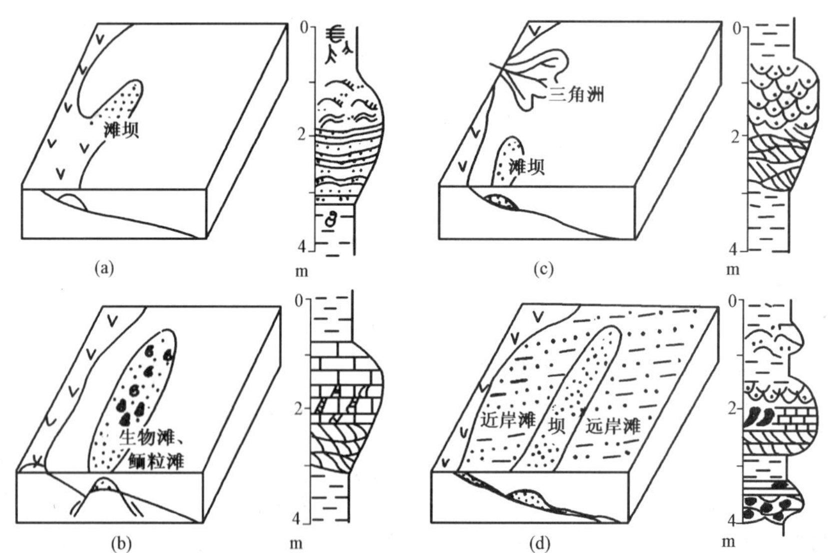

图 9－23　浅湖滩坝的平面分布及剖面层序特征(赵澄林,2001)

(a)位于湖岸线拐弯处的砂质滩坝及生物滩、鲕粒滩；(b)水下古隆起处的生物滩、鲕粒滩及砂质滩坝；(c)三角洲侧缘的砂质滩坝；(d)开阔浅湖地区的砂质滩坝及生物滩、鲕粒滩

在研究古代湖相沉积时，由于浅湖和滨湖往往缺乏明显的亚相鉴别标志而难于区分，故通

常也可笼统地称为滨—浅湖亚相。

滨—浅湖亚相以砂泥频繁互层为特色，砂泥分异较好，成层性明显，但岩性和厚度的侧向变化快，连续性较差，各处砂体发育状况不一样，一般来说，地震相的外形呈楔状，近岸带顶部有削蚀和顶超的表现，底部为下超或上超(图9－24)。

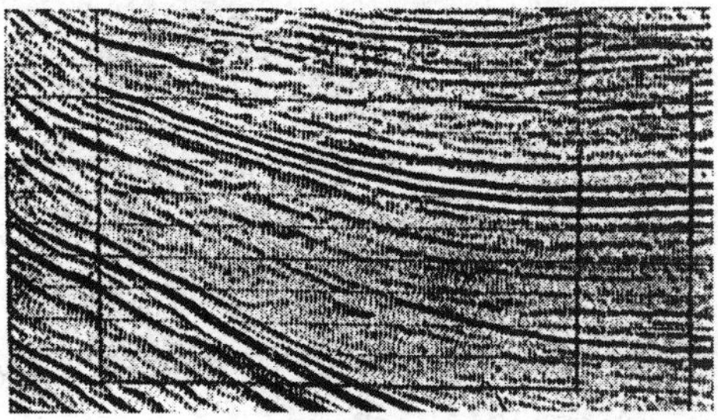

图9－24　东濮凹陷沙河街组三段滨—浅湖亚相地震相剖面图(吴崇筠,1993)

4. 半深湖亚相

半深湖亚相位于浪基面以下水体较深部位，地处乏氧的弱还原—还原环境，是浅湖亚相与深湖亚相的过渡地带。沉积物主要受湖流作用的影响，波浪作用已很难影响沉积物表面。

岩石类型以粘土岩为主，常具有粉砂岩、化学岩的薄夹层或透镜体，粘土岩常为有机质丰富的暗色泥岩、页岩或粉砂质泥岩、页岩。水平层理发育，间有细波状层理。化石较丰富，浮游生物为主，保存较好，底栖生物不发育，可见菱铁矿和黄铁矿等自生矿物。

当湖盆面积较小、沉积特征不明显时，很难分出此亚相。

5. 深湖亚相

深湖亚相位于湖盆中水体最深部位，波浪作用已完全不能波及，水体安静，地处乏氧的还原环境，底栖生物完全不能生存。

岩性的总特征是粒度细、颜色深、有机质含量高。岩石类型以质纯的泥岩、页岩为主，并发育有石灰岩、泥灰岩、油页岩。层理发育，主要为水平层理。无底栖生物，常见介形虫等浮游生物化石，保存完好。黄铁矿是常见的自生矿物，多呈分散状分布于粘土岩中。岩性横向分布稳定，垂向上常具有连续的完整韵律，沉积厚度大。

长期稳定持续下沉、沉积中心与沉降中心吻合的大型湖盆，其深湖亚相沉积厚度大、分布广，有的厚逾千米，面积超过整个湖盆的60%。但有些气候干旱区的面积小的内陆湖盆，不发育甚至缺少深湖亚相。

深湖亚相剖面的自然电位曲线为靠近基线的平滑线。地震相外形为席状，内部结构为平行反射，顶底接触关系整一。当沉积物为泥岩夹粉砂岩薄层时，成层性较好，呈高频、中—强振幅和连续性好的强反射。若为成层性不好的巨厚块状泥岩，则呈低频、弱振幅、不连续的弱反射或无反射(图9－25)。

图9－25　东濮凹陷沙河街组三段深湖亚相的地震相剖面图(吴崇筠,1993)

6. 湖湾亚相

在滨、浅湖地区，由于沙嘴、沙坝、水下隆起的障壁遮挡作用，使近岸的局部地区水体受到限制而形成半封闭的湖湾(图9－23)，属湖湾亚相。

湖湾内由于水体流通不畅，波浪和湖流作用弱、又无大河注入，故湖湾水体较平静，湖底缺氧，沉积物以细粒的泥页岩沉积为主，主要为暗色粉砂质泥页岩，夹薄层白云岩或油页岩。气候温湿时，水生植物生长繁盛，可发育成泥炭沼泽，形成炭质页岩和薄煤层。在有间歇性物源注入的湖湾环境,沉积物可含有某些正韵律小砂体,可发育平行层理、浪成小型砂纹及低角度交错层理。泥质湖湾沉积中,水平层理和季节性韵律层理发育,有时则形成块状层理,可见泥裂、雨痕、生物潜穴。泥岩颜色较暗。有时见少量的特殊浅水生物,例如,渤海湾盆地第三纪湖湾沉积中出现有拟田螺、土星介、轮藻等化石。

当湖湾的障壁沙坝或沙嘴向湖心推进时,可形成下细上粗的反旋回进积层序。若沙坝不断向陆推进,则出现与上述相反的退积层序。

7. 湖泊重力流亚相

河流中季节性洪水含有大量悬浮状态的泥砂形成密度流,在湖盆边缘由于坡度陡,在重力作用下,沿湖底或水下河道流入湖泊中央深水区堆积下来,形成洪水型重力流。此外,湖成三角洲前缘尚未完全固结的沉积物,因受地震或其他构造因素的影响,沉积物发生破裂、滑动并与水混合形成密度流,在重力作用下沿斜坡流入湖泊深水区堆积形成滑塌型重力流。其形态呈扇状,形成所谓"湖底扇"或"深水浊积扇",也可呈层状展布或沿深水区沟谷、断凹带形成重力流水道的长形堆积体。

三、陆源碎屑湖泊沉积相组合

1. 沉积相平面组合

湖泊是大陆上流水汇集的地带,故在平面上它总是与河流相沉积共生,并为河流相沉积所包围,松辽盆地白垩系淡水陆源碎屑湖泊沉积就是一例(图9-26)。从盆地边缘至湖盆中央,沉积相序的组合大致是依次出现冲积扇、河流—湖成三角洲、滨湖和浅湖—半深湖—深湖和重力流沉积。由于湖盆的构造背景、湖底地形、陆源物质供应的充分程度等多种因素的影响,往往不可能出现如此完整的相序,这在结构不对称的断陷湖盆中表现得尤为明显。

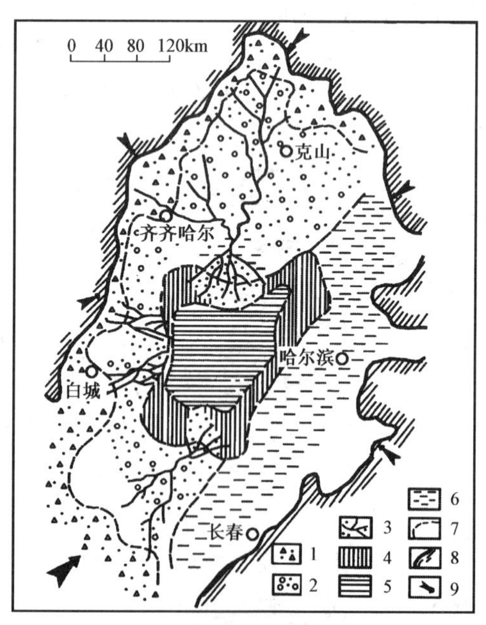

图9-26 松辽沉积盆地白垩系青山口组二、三段沉积图(田在艺等,1983)

1—冲积扇相;2—河流相;3—三角洲相;4—滨—浅湖亚相;5—深湖亚相;6—粉砂泥质沉积区;7—相界线;8—盆地边界;9—物源方向

在断陷湖盆缓坡一侧，或沿湖盆长轴，从陆上至湖盆，地形较平缓，滨湖和浅湖沉积相带较宽，河流、湖成三角洲较发育，在三角洲前缘深湖方向还可能形成深水浊积扇，从而构成河流—三角洲—深水浊积扇沉积体系。在广阔的滨浅湖地带，沿三角洲侧缘或平行湖岸可发育滩坝沉积，形成三角洲—滩坝沉积体系。

在断陷湖盆陡坡一侧或沿湖盆短轴，陆上和水下地形坡度大，近物源，滨浅湖相带较窄，不出现三角洲和滩坝沉积，河流相缺失或很少，有时冲积扇直接入湖形成扇三角洲或形成近岸浊积扇。

2. 沉积相的垂向组合

湖泊相沉积的垂向组合受地壳升降运动的控制。从其发育历史来看，能保存记录的湖相沉积多半是在构造盆地的背景上发育起来的。然而，任何湖泊不论其发育的背景如何，其发展的总趋势，在多数情况下都是以退缩、充填而告终。因此，湖泊相的垂向组合，往往是以较深湖或深湖亚相开始，向上递变为滨湖和河流相沉积，构成下细上粗的反旋回垂向层序（图9－27）。当然，自下而上出现河流相—湖泊相—河流相这样完整旋回的垂向组合也有。但不论是哪种情况，其总的趋势是以滨湖和河流沉积作为旋回的结束。

在湖盆发展演化过程中，湖盆下陷扩张期，半深湖、深湖亚相及重力流沉积最为发育；湖盆抬升收缩期，滨浅湖、三角洲亚相及滩坝沉积发育。在一个地质时期内湖盆多次沉降和抬升，构成了湖泊相发育的多旋回性，而且在每个一级旋回的背景上还可发育次级旋回。

四、陆源碎屑湖泊相的鉴别标志

1. *岩石类型*

岩石类型以粘土岩、砂岩和粉砂岩为主。砾岩少见，仅分布于滨湖地区，多是由击岸浪的剥蚀作用所致。砂岩一般比海相复杂，各种类型都有出现，与河流相相比，矿物成熟度高，石英含量可达70%以上。我国东部中、新生代湖相沉积砂岩中以长石砂岩、长石石英砂岩和岩屑质长石砂岩分布最普遍。砂岩的粒度比河流相细，分选也较好，因而与海相较难区分，其粒度概率曲线也与海相成因的近似。

粘土岩在碎屑湖泊沉积中广泛分布，并且由湖岸向中心增多。形成于较深水还原环境的湖相粘土岩常含丰富的有机质，成为良好的生油岩系。我国油气田的生油岩系大多为湖相成因的粘土岩。

碎屑湖泊沉积中也可出现类型多样的化学岩和生物化学岩，例如，石灰岩、泥灰岩、硅藻土、油页岩等，其沉积厚度及分布范围较为局限。

2. 沉积构造

沉积构造层理类型多样，但以水平层理最为发育。由于湖泊的范围有限，浪基面深度小，湖泊广大地区多处于浪基面以下，故在此地区的粘土岩多发育水平层理，有时也为块状层理。在近岸地区可见交错层理、斜波状层理等。

湖泊沉积可有较发育的波痕，以往认为对称波痕是湖泊与河流相区别的一种标志，但根据皮卡德（Picard）等人的研究，波痕的对称性并非为湖泊所特有。而且湖泊也发育不对称波痕，且其波峰的走向绝大多数与滨岸平行，不对称波痕的陡坡指向陆地。泥裂、雨痕、搅混构造也常见到。

3. 生物化石

生物化石丰富是碎屑湖泊沉积的重要特征。常见的生物种类有介形虫、贝壳类、腹足类等。

藻类也是湖泊中较常发育的生物。轮藻为淡水环境所特有，蓝绿藻、硅藻和部分绿藻也是常见的类型，其中蓝绿藻常呈树枝状或分离的结核团块状构造，红藻在湖相中未曾见到过。此外，陆生植物的根、干、叶、孢子花粉等大量出现也是湖相重要特征，尽管海相也出现植物化石，但以其种属和数量远离滨岸越来越少加以鉴别。

我国东部中、新生代碎屑湖泊相沉积中发育大量生物化石。例如，济阳坳陷古近系和新近系湖相泥岩、页岩中含有丰富的介形虫、腹足类、轮藻、孢子花粉等化石，是地层划分对比和沉积相鉴别的重要标志。

4. 垂向层序

碎屑湖泊沉积多出现由深湖至滨湖的下细上粗的反旋回层序，以此区别于下粗上细的间断性正旋回的河流相沉积。

5. 分布范围及沉积厚度

湖泊相沉积的分布范围比河流相大，比海相小，相带、岩性和厚度大致呈环带状分布。而且岩性和厚度横向变化比河流相稳定，但稳定程度比海相差。

五、陆源碎屑湖泊相与油气的关系

碎屑湖泊相常具有油气生成和储集的良好条件，目前我国发现的绝大多数油气田，诸如大庆、胜利、辽河、大港、中原、南阳、江汉等油田都分布在碎屑湖泊相沉积中。就生油条件而论，深湖和半深湖亚相水体深，地处还原或弱还原环境，适于有机质的保存和向石油的转化，是良好的生油环境。在这种环境中形成的暗色粘土岩可成为良好的生油岩。当湖泊长期持续稳定下陷，而且其沉降得以补偿时，深湖区可形成巨厚的暗色泥岩，并成为良好的生油岩系。例如，我国的松辽盆地、渤海湾盆地和苏北盆地的生油岩系就分别是白垩系和古近系和新近系半深湖—深湖亚相的暗色泥岩，其厚度可达千米以上。

碎屑湖泊沉积中发育各种类型的砂体，例如，三角洲砂体、深水浊积扇砂体、滨浅湖滩坝砂体等，它们常因分布广、厚度大、近油源、粒度适中、生储盖组合配套等特点而成为油气储集的良好场所。我国东部发现的油气田，其储集层多为三角洲砂体，如大庆油田的长垣三角洲、胜利油田的胜沱三角洲；其次是深水浊积砂体，如泌阳凹陷、辽河西部凹陷。

从湖泊的发育和演化来看，湖泊下陷扩张期，湖盆大幅度持续稳定下沉，有利于深湖、半深湖亚相的发育，即有利于以粘土岩为主的生油岩系及盖层的形成；湖盆的抬升和收缩期，有利于三角洲、滨浅湖滩坝等储油砂体的形成。若湖泊的发育具有多旋回性，在垂向剖面上可出现多个生储盖组合，而且第一个组合的盖层即为第二个组合的生油层，从而造成生储盖组合的垂向叠加（图 9－27）。目前勘探结果表明，潮湿气候区多旋回近海湖盆的中部旋回生储盖组合最发育，油气资源最丰富。

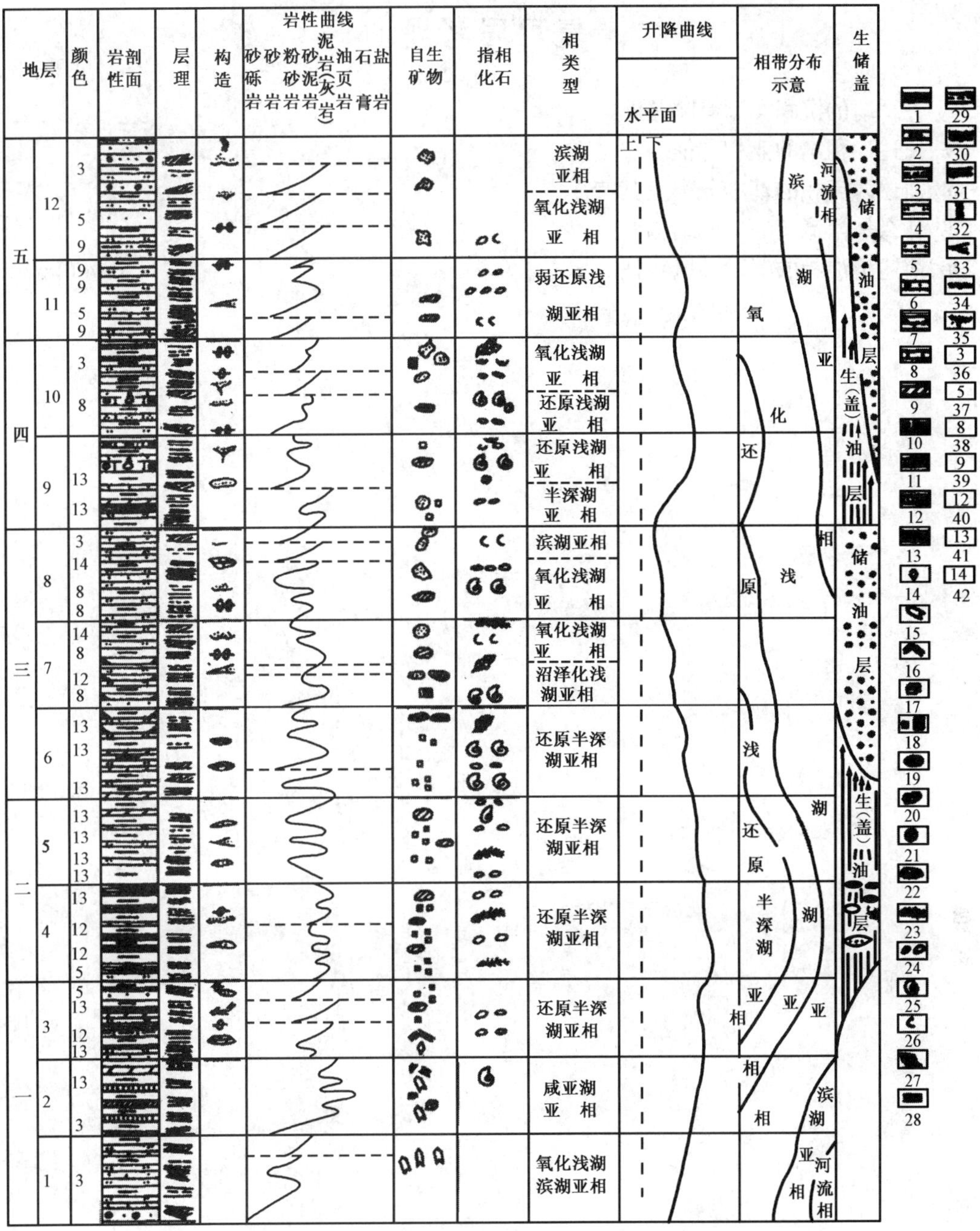

图 9－27　中国东部某坳陷古近系某组沉积相综合图

1—油页岩；2—泥岩；3—粉砂质泥岩；4—粉砂岩；5—砂岩；6—砂砾岩；7—碳质页岩；8—石灰岩；9—白云岩；10—生物鲕粒灰岩；11—针孔灰岩；12—石膏层；13—石盐层；14—重晶石；15—石膏晶体；16—石膏脉；17—石盐晶体；18—黄铁矿；19—菱铁矿结核；20—赤—褐铁矿；21—鲕绿泥石；22—钙质团块；23—鱼化石；24—介形虫；25—底栖动物；26—化石碎片；27—植物化石；28—水平层理；29—不规则水平层理；30—波状层理；31—交错层理；32—干裂；33—砂条；34—水下冲刷；35—水下岩脉；36—紫红色；37—灰黄色；38—灰绿色；39—褐色；40—黑色；41—灰色；42—白色

复习思考题

1. 冲积扇的沉积类型有哪些?
2. 简述冲积扇的亚相特征。
3. 简述河流相的基本分类及其特征。
4. 什么是河流相的二元结构?
5. 简述湖泊相的沉积环境特征。

第十章 海陆过渡相组

[学习目标]通过本章的学习,要求掌握三角洲的概念、发育过程和类型划分;三角洲相的亚相和微相划分及沉积特征;三角洲相的鉴别标志;三角洲相与油气的关系,了解障壁岛、潟湖、潮坪、河口湾相的环境特点和沉积特征。

第一节 三角洲相

一、三角洲的概念

三角洲相位于海陆之间的过渡地带,是海陆过渡相组的重要组成部分。它是由河流携带的大量泥砂物质在河口地区,因坡度减缓、水流扩散、流速降低而沉积形成顶尖向陆的三角形沉积体。面积可达数十至数万平方千米,长达数十至数百千米,沉积厚度达数十至数千米。三角洲是河流作用与海洋(湖泊)作用的共同产物。由于世界上许多特大型油气田都与三角洲有重要的联系,因此,引起了各国的高度重视,对其研究也越加深入。

1.三角洲的形成条件

三角洲的形成受诸多因素的控制,主要表现为以下几个方面。

1)河流的能量

三角洲主要是由河流搬运来的泥砂在河口附近堆积而成,但海水的波浪或潮汐等作用可以使它们遭受冲刷、改造,并使其重新分布。如果河流能量大,搬运来的泥砂多,而海水作用弱,则三角洲发育,并不断向海湖的方向推进生长;如果河流能量小,搬运来的泥砂少,海水作用又强,则三角洲必将遭到破坏。

2)蓄水体(海、湖水体)与河水密度的差异

当一条河流注入到相对静止的水体中时,如果没有较大的波浪和潮汐作用影响,其流动类型取决于这两种水之间的密度差异。这种差异有三种可能:

当流入水的密度大于蓄水体中水的密度时称高密度流,这种高密度流的流动是沿着水底发生平面喷流。这种情况常发生在大陆坡上,未固结的海底沉积物,因受重力或其他外力作用而发生滑塌或滑动,其结果形成高密度流,即浊流。

流入水和蓄水体中水的密度相等时称等密度流,一般在河水注入淡水湖泊时,出现这种情况。两种水发生三度空间的混合作用,而且水流速度迅速降低,在河口附近底负载迅速堆积,而悬浮负载可沉积在较远处,形成湖泊型三角洲。

流入水密度较小时称低密度流,这种情况发生在河流入海处。河水中虽含有悬浮物质使其密度增加,但与咸水的密度相比仍是微不足道的。这种低密度水流,在咸水面上向外流动,属于平面喷流类型。水流量大的河流河水沿水平方向能向外散布很远,可形成以河流作用为主的海岸三角洲。

3)蓄水体的水动力作用

波浪、潮汐、海流可对河流输入的泥砂进行改造和再分配,影响三角洲向海的推进,改变三角洲发育的形状,若前者能量大于后者就不利于三角洲的形成。例如,我国钱塘江口,潮汐作

用极强，河流微弱，所以不发育三角洲，而形成向海扩展的漏斗状三角港。

4）河口区的盆地地形

河口区盆地地形平缓、水体较浅，则有利于泥砂的堆积，形成三角洲。否则不利于三角洲的形成。

5）蓄水盆地的构造特征

蓄水盆地的构造包括盆地的稳定性、沉降速度和海水进退等。盆地构造稳定、沉降速度约等于沉积速度，对三角洲形成和保存有利。

2. 三角洲的发育过程

三角洲的发育一般经历下述两个阶段。

1）河口沙坝和河道分叉的形成

河流入海的河口区，由于水流展宽和潮流的顶托作用使流速骤减，河流底负载下沉而堆积成水下浅滩。浅滩淤高、增大、露出水面，形成新月形河口沙坝。水流从沙坝顶端分成两个分支河道（分流河道），并向外侧扩展。分支河道向前发展，在河口处又出现新的次一级河口沙坝（图10－1）。这一过程的不断重复，就形成了一个喇叭形向海延伸的多叉道河网系统，三角洲雏形便随之形成。

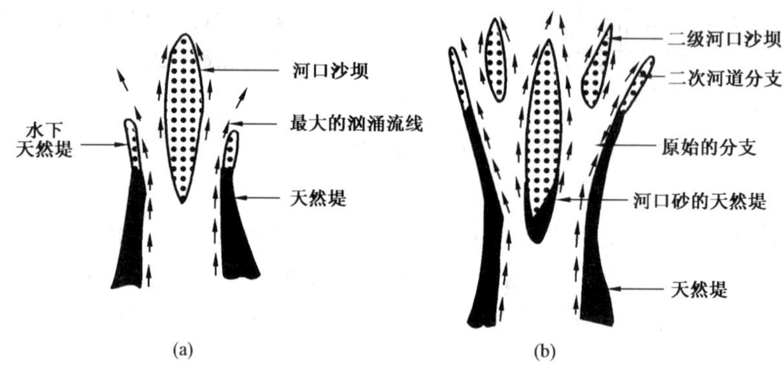

图10－1　河口沙坝和分支河道沙坝形成过程（赵澄林、朱筱敏，2001）
（a）早期河道分叉；（b）晚期河道分叉

2）决口扇的形成与三角洲的延伸

随着河道不断向海延伸，河床坡度减小，流速减缓，河床淤高。坡度减小至一定程度，泄流不畅，季节洪流冲决天然堤，呈散流倾泻于滨海平原或叉道间海湾，流速骤减，沉积物逐渐淤积而成决口扇滩，从而使三角洲在横向上逐渐扩大。河流冲决天然堤后，取道于较大坡度的新河床入海。旧河道淤塞，泥砂供应断绝，加之海浪的改造和侵蚀，使原来的三角洲废弃，而在其旁侧新河道入海处，新的三角洲开始发育形成。随着时间的推移，三角洲的废弃和发育相互转化，交替出现，结果各三角洲彼此横向连接和纵向部分叠合，形成三角洲复合体。例如，美国密西西比河三角洲体系由七个三角洲叶状体相互交错叠置而成（图10－2）。三角洲

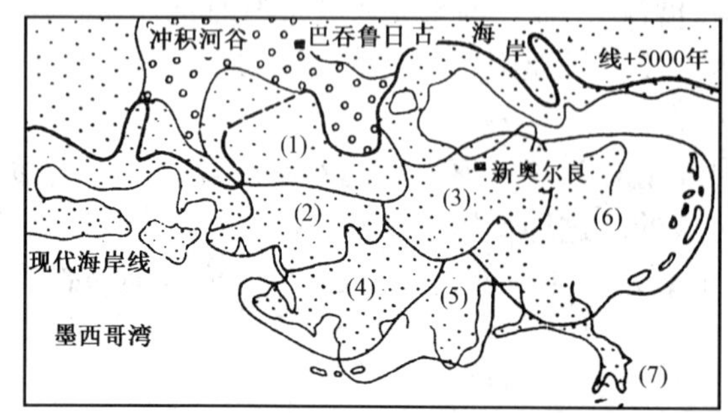

图10－2　密西西比河三角洲体系，
由七个三角洲叶状体组成（佩蒂庄等，1972）

增长和向海的推进可以有很高的速度，例如，我国黄河三角洲，顶点在山东利津附近，是世界上向海中伸展速度最快的三角洲，河口地区平均每年以2.5km的速度向海中伸进。

3. 三角洲的分类

三角洲是河流和海洋（湖泊）共同作用的产物，它是由河流带来的大量泥砂迅速堆积而成；海水则对三角洲起改造、破坏和再分布的作用。所以二者作用的强弱程度不同，形成的三角洲形状也不同（图10－3）。多数学者主张根据河流、波浪和潮汐作用的相对强度来划分三角洲的成因类型，即以河流作用为主的河控三角洲、以波浪作用为主的浪控三角洲和以潮汐作用为主的潮控三角洲。

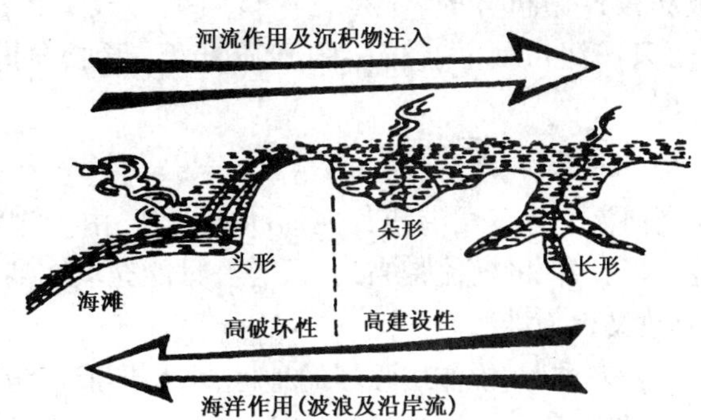

图10－3　三角洲的类型与河流、海洋作用（波浪为主）的关系（姜在兴，2003）

1）河控三角洲

河控三角洲是在河流输入沉积物的能量比海水的能量大得多的情况下形成的。根据其形态特征，又可进一步分为鸟足状三角洲和扇形三角洲两种类型。

鸟足状三角洲又称舌形或长形三角洲，它是以河流作用为主的一种极端类型的三角洲，由于海水作用弱，河流的泥砂输入量大，特别是砂与泥比值低，悬浮负载多，有较发育的天然堤和较固定的分支河道并沉积巨厚的前三角洲泥，它们向海湖迅速推进，使分支河道和指状砂体长短不一地向海延伸，平面形似足爪，故名（图10－4）。

扇形三角洲又称朵状三角洲，其河流输入泥砂量低于鸟足状三角洲，海水波浪作用有所加强，因此，河口沙坝覆盖在较薄的前三角洲泥之上，沉陷也较慢，致使三角洲前缘砂易于被海水冲刷和改造，使之再分布于各分流之河道间，形成席状砂层，向海延伸不远，形似弓状或半圆状（图10－5）。我国黄河、滦河，欧洲多瑙河，非洲尼日尔河等，形成此类型的三角洲。

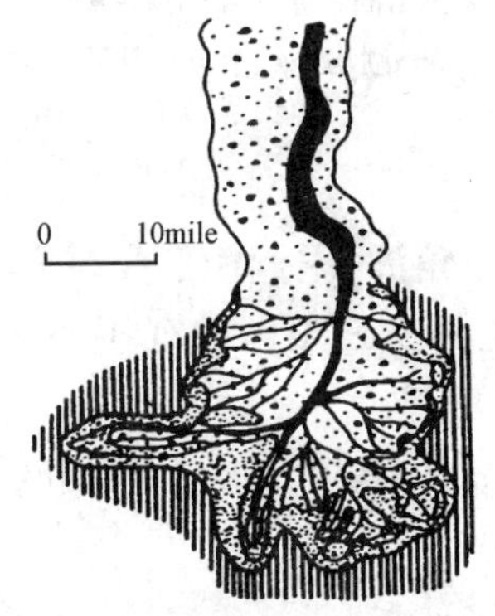

图10－4　密西西比河鸟足状三角洲（姜在兴，2003）

1—分支河道、天然堤、决口扇；2—三角洲平原（沼泽、湖泊、分流间湾）；3—三角洲前缘（河口沙坝、席状砂）；4—前三角洲；1mile＝1609.34m

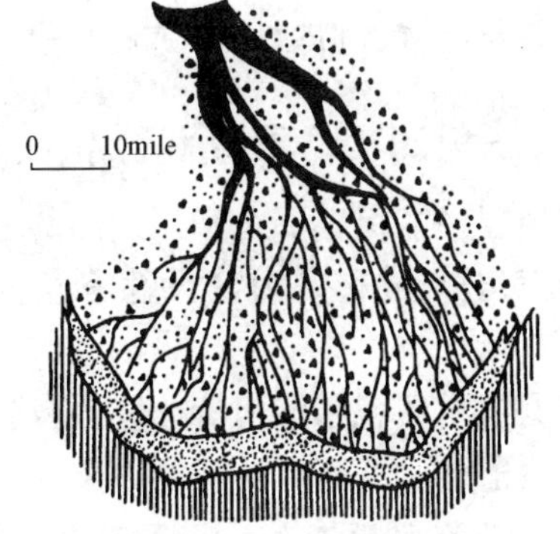

图10－5　密西西比河全新世扇形三角洲（姜在兴，2003）

1—分支河道、天然堤、决口扇；2—三角洲平原（沼泽、湖泊、分流间湾）；3—三角洲前缘（河口沙坝、席状砂）；4—前三角洲

2）浪控三角洲

浪控三角洲的特点是一般只有一条或两条主河流入海，分流不多也不大；河流输入的泥砂量少，砂与泥比值高；而且波浪作用大于河流作用。因此，由河流输入的砂泥很快就被波浪作用再分配，于是在河口两侧形成一系列平行于海岸分布的海滩砂脊或障壁沙坝；而只在河口处才有较多的砂质堆积，形成向海方向突出的河口，形似弓形或鸟嘴（图10－6）。

3）潮控三角洲

当河流注入三角港或其他形状的港湾，由于潮汐作用远大于河流作用，受潮汐作用的影响，注入港湾内的河流带来的沉积物，只能充填在港湾内堆积成小型三角洲。因其外形受港湾控制，故又称为港湾三角洲。

一般来讲，潮汐作用强烈的地区，不易形成三角洲；相反，潮汐对已有的三角洲起侵蚀和破坏作用，将砂质带入海中较远处，而不在河口附近堆积下来，使河口形成特征的喇叭形，并向海方向扩展为较开阔的海湾，即通常所说的河口湾环境（图10－7）。

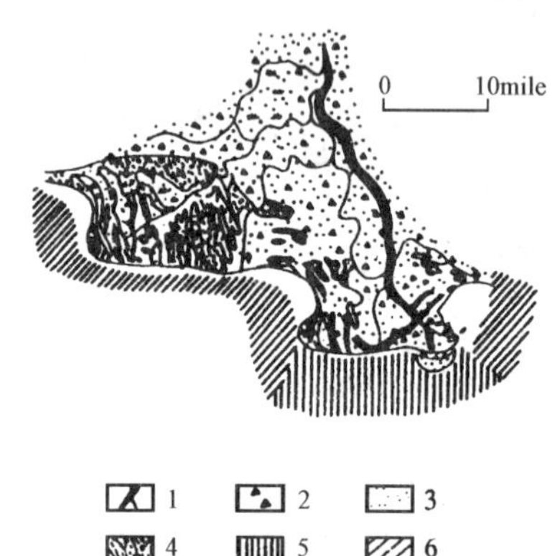

图10－6　鸟嘴形三角洲（姜在兴，2003）

1—河道和河曲地带；2—三角洲平原（泛滥平原和滨海平原）；3—河口沙坝；4—滨海沙堤、滨海平原；5—前三角洲；6—大陆棚

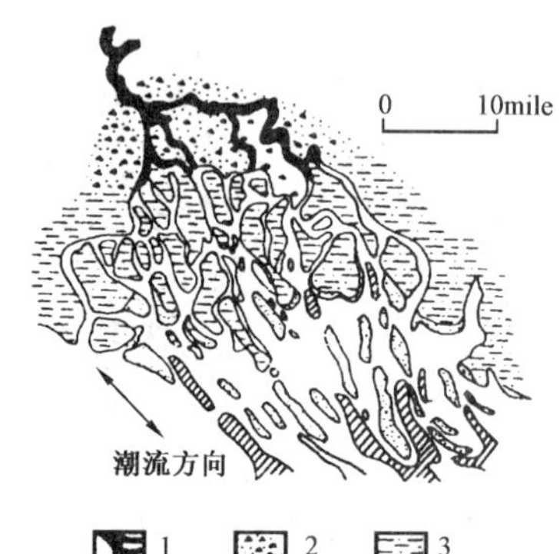

图10－7　巴布亚湾港湾形三角洲（姜在兴，2003）

1—河道；2—三角洲平原（非潮成的）；3—三角洲平原—潮滩；4—潮沙坝；5—潮沟—陆棚；6—潮深谷

二、三角洲相各亚相和微相的划分及沉积特征

在地层中能保存下来和识别出的三角洲，主要为河控三角洲，它们能形成厚度大、面积广的大型三角洲，故称之为建设性三角洲。下面将重点讲述河控三角洲的沉积环境及其沉积特征。

根据沉积环境和沉积特征，可将河控三角洲相分为三角洲平原、三角洲前缘和前三角洲三个亚相（图10－8）。

1．三角洲平原亚相

三角洲平原亚相是指三角洲的陆上部分，其范围包括从河流大量分叉位置到海平面以上的广大河口区，是与河流有关的沉积体系在海滨区的延伸。其沉积环境和沉积特征与河流相有些相似。砂质沉积与泥炭、褐煤共生是该亚相的重要特征，分支河道和沼泽沉积构成该亚相的主体，这是与一般河流的重要区别。

三角洲平原亚相可进一步划分为分支河道、陆上天然堤、决口扇、沼泽、淡水湖泊等微相。

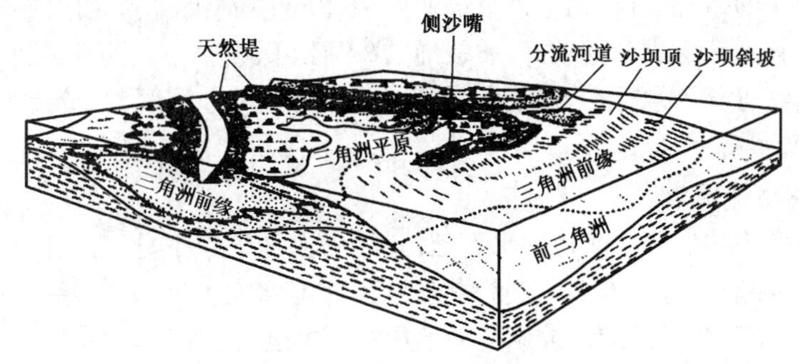

图 10－8　三角洲的沉积模型（Shannon，1971）

1）分支河道微相

分支河道又名分流河道，是构成三角洲平原亚相的骨架。形成三角洲的大量泥砂都是通过它们搬运至河口处沉积下来。分支河道沉积具有一般河道沉积的特征，即以砂质沉积为主，以及向上逐渐变细的层序特征。但它们比中、上游河流沉积的粒度细，分选要好。一般底部为中—细粒砂，常含泥砾、植物茎等残留沉积物，向上变为粉砂、泥质粉砂及粉砂质泥。砂质层具有槽状或板状交错层理和波状交错层理，具有不对称波痕及冲刷—充填构造，最底部有时可见植物化石碎片。横剖面呈透镜状，因沿河床呈长条状，故又称河道沙坝。

2）陆上天然堤微相

三角洲平原的天然堤与河流的天然堤相似，位于分支河道的两侧，向河道方向一侧较陡，另一侧较缓。沉积物粒度比河流沉积细，比沼泽沉积粗，以粉砂和粉砂质粘土为主，而且由河道向两侧变细和变薄。水平纹理和波状交错纹理发育，流水波痕、植屑、植茎、植根和潜穴等较常见，也可见铁质结核和碳酸盐结核，植物碎片少见。

3）决口扇微相

三角洲决口扇是由洪水漫溢河床冲破天然堤形成的扇形沉积体，主要为细砂岩和粉砂岩，粒度比河床沉积细，比天然堤粗；具有小型交错、波状及水平层理和冲刷—充填构造；岩体呈舌状，向河漫方向减薄。

4）沼泽微相

沼泽微相位于三角洲平原分支河道间的低洼地区，在三角洲平原上分布最广，约占三角洲平原面积的90%。它们具有一般沼泽所具有的特征。其表面接近于平均高潮面，是一个周期性被水淹没的低洼地区，水体性质主要为淡水或半咸水，是弱还原或还原环境，岩性主要为暗色有机质泥岩、泥炭或褐煤沉积，其中常夹洪水成因的薄层粉砂岩。常见有块状层理和水平纹理，生物扰动作用强烈，有时见有潜穴。常含植屑、炭屑、植根、介形虫和腹足类以及菱铁矿等。

5）淡水湖泊微相

三角洲水上平原的湖泊面积小、水体浅，其沉积主要为纹层极发育的暗色有机粘土物质夹泥砂透镜体，可见不形成结核的黄铁矿、菱铁矿及原地生长的软体动物贝壳，虫孔发育。在分支河流入湖地带，可形成小型湖成三角洲沉积。

2. 三角洲前缘亚相

三角洲前缘亚相位于三角洲平原外侧的向海方向，即分流河道的前端，海（湖）平面与浪基面之间，是三角洲的水下部分。三角洲前缘是三角洲最活跃的沉积中心，也是储层最发育的亚相。从河流带来的砂、泥沉积物在这里迅速堆积，由于受河流、波浪和潮汐的反复作用，砂泥经冲刷、簸选和再分布，形成分选较好、质较纯的砂质沉积集中带。这种砂体可构成良好的储集层。三角洲前缘可分为水下分流河道、水下天然堤、水下分流间湾、分流河口沙坝、远沙坝（末梢坝）、前缘席状砂等微相。

1）水下分支河道微相

水下分支河道为陆上分支河道的水下延伸部分，也称为水下分流河床。在向海延伸过程中，河道加宽，深度减小，分叉增多，流速减缓，堆积速度增大。沉积物以砂、粉砂为主，泥质极少。常发育交错层理、波状层理及冲刷—充填构造，并见层内变形构造。在垂直流向的剖面上呈透镜状，侧向则变为细粒沉积物。

2）水下天然堤微相

水下天然堤是陆上天然堤的水下延伸部分，为水下分支河道两侧的砂脊，退潮时可部分露出水面成为砂坪。沉积物为极细砂和粉砂，沉积构造以波状层理为主，其他还有冲刷—充填构造、虫孔、泥球和包卷层理等，有时可见植物碎片。

3）水下分流间湾微相

分流间湾为水下分流河道之间相对凹陷的海湾地区，与海相通。以粘土沉积为主，含少量粉砂和细砂。砂质沉积多是洪水季节河床漫溢沉积的结果。具水平层理和透镜状层理，可见浪成波痕及生物介壳和植物残体等，虫孔及生物搅动构造发育。在层序上，下部为前三角洲粘土沉积，向上变为富含有机质的沼泽沉积。

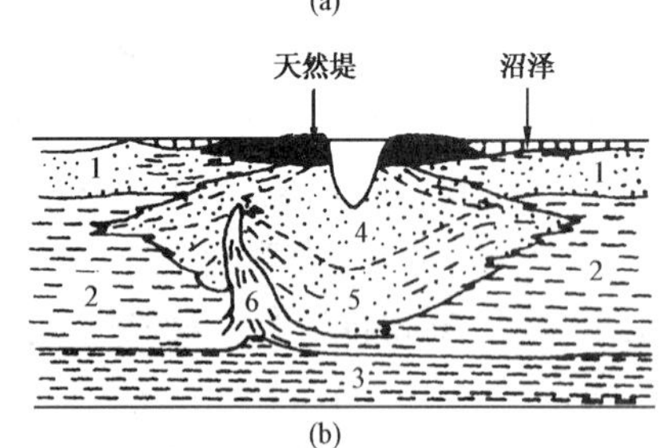

图 10－9　指状沙坝的几何形态（何幼斌、王文广，2007）

（a）平面图；（b）剖面图

1—三角洲平原；2—三角洲前缘；3—前三角洲；4—中间带清洁砂；5—过渡带砂和粉砂；6—泥丘

4）分流河口沙坝微相

分流河口沙坝也称为河口沙坝，是由河流带来的砂泥在河口处因流速降低堆积而成。岩性主要为砂和粉砂，分选较好，质较纯净。砂层呈中层至厚层状，发育有楔形交错层理或“S”形前积纹理和水平纹理。偶见流水波痕和浪成波痕等层面构造。砂层中化石稀少，但有时可见到由其他环境搬运来的介壳。

河口沙坝的形态在平面上多呈长轴方向与河流方向平行的椭圆形，横剖面上呈近于对称的双透镜状，其周围为前三角洲泥沉积。当砂泥供应量大，而且砂与泥比率低时，河口沙坝发育，在其向海方向推进过程中可形成所谓的指状沙坝（图 10－9）。指状沙坝的几何形态是确定古代三角洲空间分布的重要标志。

5）远沙坝微相

远沙坝位于河口沙坝前方较远的部位，沉积物比河口沙坝细，主要由粉砂和少量粘土组成。只有在洪水期才有细砂沉积，并偶见递变层理。沉积构造以水平纹理和颜色纹理为特征，同时也具有波状交错层理和脉状—波状—透镜状复合层理。沿纹层面分布较多的植屑和碳屑，生物扰动构造和潜穴发育，贝壳零星分布。

6)前缘席状砂微相

前缘席状砂是指广泛分布于三角洲前缘的席状或带状砂体,是由三角洲前缘的河口沙坝经海水冲刷使之再分布于其侧翼而形成的薄而面积大的砂层。这种砂层分选好,质较纯净,可成为极好的储集层。其沉积构造常见有平行纹理和水流纹理构造。

3. 前三角洲亚相

前三角洲位于三角洲前缘的前方(图 10-8)。它们是三角洲体系中分布最广、沉积最厚的地区。前三角洲的海底地貌为平缓的斜坡。其沉积物大部分位于浪基面以下,岩性主要由暗灰色粘土和粉砂质粘土组成,仅含有少量由河流带来的极细砂。

前三角洲沉积物中的沉积构造不发育,主要为水平纹理和块状层理,偶见透镜状层理。其中发育有生物扰动构造和潜穴,并含有广盐性的化石种属,例如,介形虫、瓣鳃类和有孔虫等。但随着向海方向过渡,海生生物化石逐渐增多。

前三角洲的暗色泥质沉积物,富含有机质,而且其沉积速度和埋藏速度较快,故有利于有机质转化为油气,可作为良好的生油层。

三、三角洲沉积相组合

随着三角洲的发育,沉积相在横向和垂向上作有规律的递变。其垂向上的完整层序和沉积相组合,自下而上为海相滨外粘土—前三角洲—三角洲前缘—沼泽(水上平原)沉积,表现为由海向陆的反旋回相序(图 10-10)。它与一般海相沉积的海退旋回不同,其顶部层位中出现分支河道和沼泽沉积,而海退旋回上部出现滨岸砂沉积。在平面上,垂直岸线向陆方向与河流相衔接,向海方向与滨外陆棚相邻;在三角洲旁侧,常发育潟湖和障壁岛沉积。

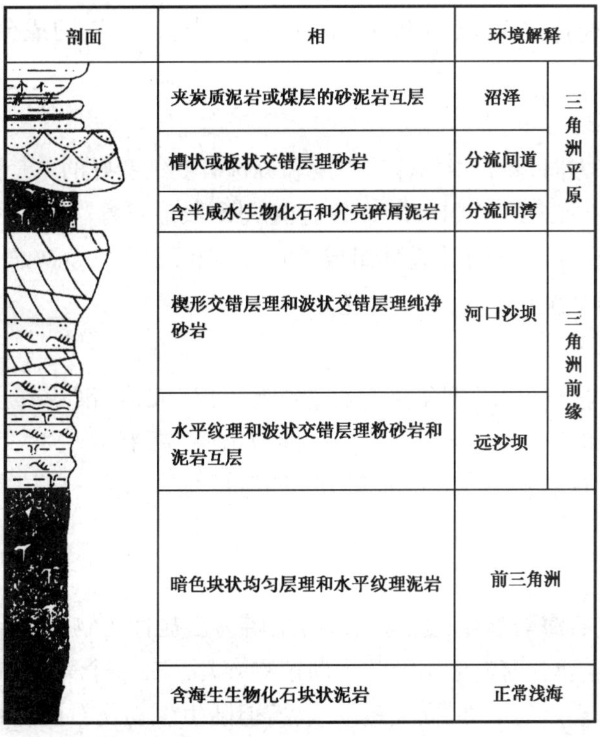

剖面	相	环境解释	
	夹炭质泥岩或煤层的砂泥岩互层	沼泽	三角洲平原
	槽状或板状交错层理砂岩	分流间道	
	含半咸水生物化石和介壳碎屑泥岩	分流间湾	
	楔形交错层理和波状交错层理纯净砂岩	河口沙坝	三角洲前缘
	水平纹理和波状交错层理粉砂岩和泥岩互层	远沙坝	
	暗色块状均匀层理和水平纹理泥岩	前三角洲	
	含海生生物化石块状泥岩	正常浅海	

图 10-10 河控三角洲的沉积序列(姜在兴,2003)

三角洲的形成或出现,不是单一的。随着河流与海洋作用的消长以及河流的往返迁移,三角洲的成长、废弃可多次重复出现,形成多个单一的三角洲沉积体交错叠置。每个单一的三角洲沉积体代表一个沉积旋回,从而形成多旋回三角洲复合体系(图 10 - 11)。

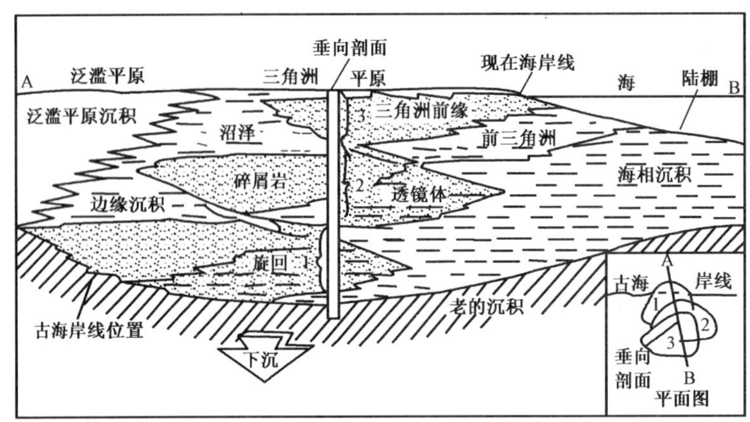

图 10 - 11　三角洲复合体系中由于三角洲平面位移引起的多旋回现象(姜在兴,2003)

四、地史时期三角洲相的鉴别标志及与油气关系

1. 地史时期三角洲相的鉴别标志

1)岩石类型

三角洲相岩石类型以砂岩、粉砂岩、粘土岩为主,在三角洲平原沉积中常见有暗色有机质沉积,例如,泥炭、薄煤层等,无或极少砾岩和化学岩,碎屑岩的成分、结构成熟度较河流相高。

2)粒度分布特征

三角洲由陆向海方向,砂岩中的碎屑粒度和分选有变细变好的总趋势,在牵引流 *C—M* 图上(图 3 - 11),三角洲前缘具有 QR 和 RS 段,并以 RS 段最发育。在概率图上,远沙坝沉积的粒度分布主要由细粒的单一悬浮次总体组成,河口沙坝沉积有三个次总体发育,以跳跃次总体为主,分选好,其他两个次总体含量少,分选差。

3)沉积构造

三角洲相沉积构造层理类型复杂多样,河流、海洋波浪、潮汐作用形成的各种构造同时发育,例如,砂岩和粉砂岩中见流水波痕、浪成波痕、板状和槽状交错层理,泥岩中发育水平层理,此外还发育有波状、透镜状层理、包卷层理、冲刷—充填构造、变形构造、生物扰动构造等。

4)生物化石

三角洲相生物化石海陆混生,原地生长的主要为广盐性生物,如瓣腮类、腹足类,介形虫等,异地搬运埋藏的主要为河流带来的陆生动植物碎片。在一个完整的三角洲垂向层序中海生生物化石多出现于层序的下部,向上逐渐减少,但陆生生物化石向上增多,甚至在顶部出现沼泽植物堆积而成的泥炭或煤层。

5)沉积层序

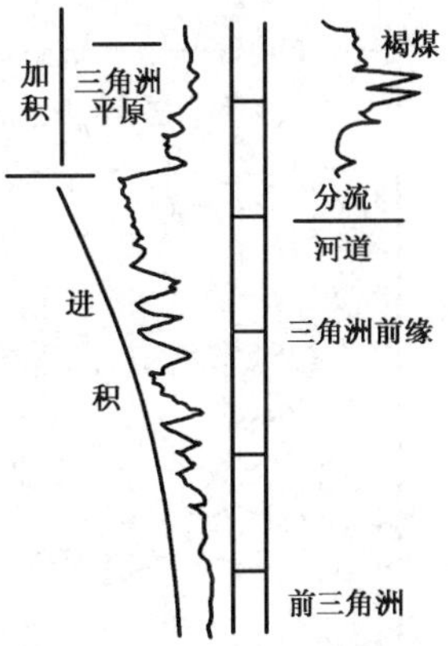

沉积层序在垂向上出现下细上粗的反旋回层序,在层序顶部三角洲平原分支河道沉积为下粗上细的正旋回(图10-12),它反映三角洲在横向上的相序递变。其与河流相沉积的间断性正旋回有显著的不同。

6)砂体形态

砂体形态在平面上呈朵状或指状,垂直或斜交海岸分布,剖面上呈发散的扫帚状,向前插入三角洲泥质沉积之中,与前三角洲泥呈齿状交叉。

图10-12　三角洲沉积序列的测井曲线(姜在兴,2003)

2.三角洲相与油气关系

石油勘探的结果表明,世界上许多油气田与三角洲相有关,其中有不少是大型或特大型油气田。例如,科威特的布尔干油田和委内瑞拉马拉开波盆地的玻利瓦尔沿岸油田,为世界第二和第三特大型油田,可采储量分别为94×10^8t和42×10^8t,还有我国的大庆油田等等,都属三角洲沉积类型。三角洲相具备良好的生、储、盖条件和圈闭条件。

生油条件好,前三角洲亚相的粘土岩沉积厚度大、分布广,有机质丰富,是具有良好生油条件的相带。我国长江三角洲的前三角洲粘土沉积物,有机质含量可达1%~1.5%。

储积条件好,三角洲前缘亚相的河口沙坝、远沙坝和席状砂体,砂质纯净,分选好,储油物性良好,与前三角洲亚相的泥页岩紧密相邻,离油源区近,是储集条件有利的相带。

盖层条件好,在海进过程中超覆在三角洲砂体之上的破坏相粘土岩和三角洲向海推进时形成的水上平原沼泽沉积,可作良好的盖层。

圈闭条件好,三角洲相中有多种圈闭类型,例如,在三角洲前缘斜坡上,发育同沉积断层(生成断层),其下盘伴生的滚动背斜、三角洲沉积中具有可塑性易流动的盐岩,沿上覆岩层的低压区移动刺穿上覆岩层而形成的刺穿盐丘构造以及三角洲沉积中形成的岩性、地层圈闭等,都提供了油、气储集的有利条件。

第二节　障壁岛相、潟湖相、潮坪相和河口湾相

一、障壁岛、潟湖、潮坪和河口湾相的沉积环境及沉积作用

1.沉积环境

障壁岛、潟湖、潮坪、河口湾相位于海陆过渡区,属于海陆过渡相组,在有些书上被统称为障壁海岸相,它们是一个综合的沉积体系,是受障壁岛的遮挡而在海岸带发育起来,在沉积环境和沉积特征方面,与无障壁海岸相有某些共同之处。因此,也常有人将它们归属于海相组。它们在平面上分布如图10-13所示。

(1)与海岸近于平行的一系列的障壁岛(堡岛链);

(2)障壁岛后的潮坪和潟湖;

(3)潮汐水道系统,它连接岛后潟湖、潮坪与广海,其中包括进潮口、潮汐三角洲和潮道。

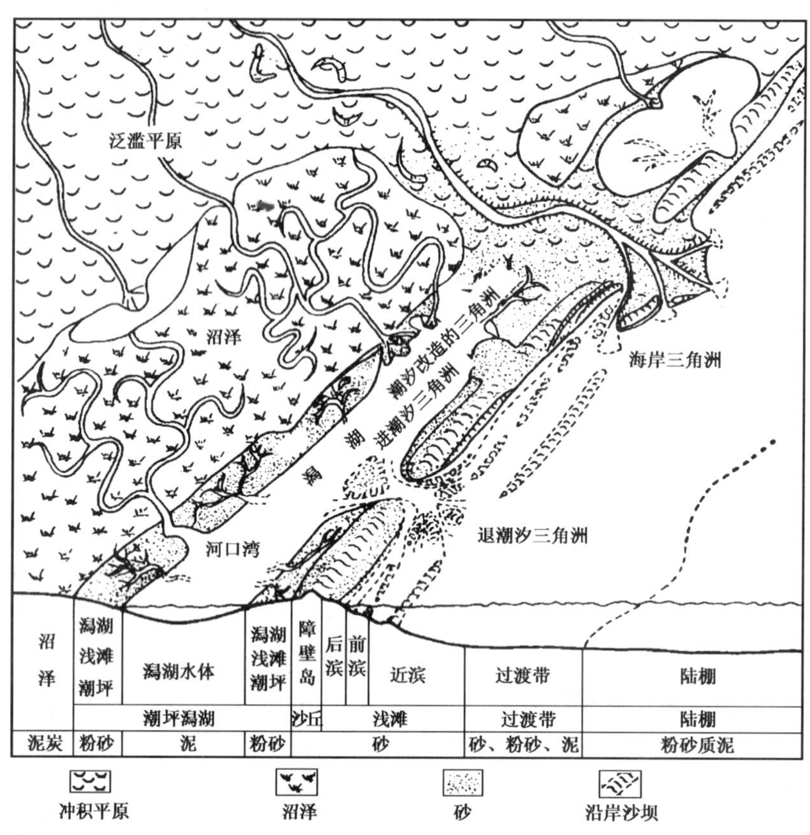

图 10－13　障壁海岸相沉积环境示意图(冯增昭,1994)

潟湖和障壁岛可在两种情况下形成。一种情况是在坡度平缓(1/1000～5/1000)的砂质海岸带,波浪垂直海岸运动。近岸浅水区波浪触及海底,摩擦增加,能量消耗,砂质平行与海岸堆积成岗垅状砂体,称为水下沙坝。沙坝因海面下降或在波浪作用下向海岸迁移而露出水面,并对其内侧的水体与外海水体的循环起着遮拦和阻隔作用,故称为障壁岛,也称“堡岛”或“堤岛”,其内侧受遮拦而循环不畅的水体称为海岸潟湖。

潟湖和障壁岛形成的另一种情况是波浪斜交或平行海岸运动,这时形成沿岸流,并从三角洲或河口携带大量流砂沿海岸向一定方向运动,若遇到海岸发生转折或海水变深的港湾,则流速骤减,砂质沉积,形成一端与陆地相连、一端伸入海中的箭形沙嘴。沙嘴受冲刷与海岸脱离形成障壁岛,其内侧形成潟湖。

在障壁岛内侧,因与广海呈半隔绝状态,波浪作用微弱,很难形成高能环境。在潮汐作用的影响下,在潟湖周围广阔而平坦的坪地上,形成宽阔的潮汐带,称为潮坪。

2. 沉积作用

障壁型海岸的海水处于局限流通状态,水动力作用方式也比较特殊,例如,波浪作用弱、潮汐作用强。另外,水动力能量也不高,水的盐度也不正常,可以是咸水,也可以是淡水。导致这种海水流通受阻的主要原因是障壁岛的存在。此外,若是延伸很远的极浅水平缓陆棚,尽管没有障壁岛的存在,也可以造成海水局限流通的潮坪沉积。

有障壁海岸地带的重要水动力是潮汐作用。潮汐作用主要表现为海面升降的垂向运动,潮汐的强度根据潮差大小来衡量。潮差分为小潮差(小于 2m),中潮差(2～4m)和大潮差(大于4m)。新月和满月时潮差最大,而当月球、太阳与地球三者成直角关系时,潮差最小。潮汐流速是波动变化的,在高水位和低水位时无潮流;涨潮时从低水位往上升,流速逐渐增大,到最大值后又逐渐减小,到达高水位时,流速等于零;落潮时水面从高水位往下降,流速又逐渐增大,到最大值后又逐渐减小,到低水位时,流速等于零。由于潮流强度变化很快,方向也有变化,故床砂形体的类型也不断变化,所有床砂形体都是最大潮流时的产物,并受到潮流减速的影响。

障壁岛复合沉积体系的沉积作用主要依赖于不同沉积环境的水动力作用方式。在障壁岛向陆一侧的潟湖地区,受涨潮和退潮作用影响,沉积作用主要发生在潮下带和潮间带。障壁岛常被潮水切割成数段,在潮水进入和退出口处,发生加积作用,形成涨潮及退潮三角洲。障壁岛向海一侧,主要受广海波浪的冲刷作用,形成前滨和临滨沉积。障壁岛自身由于出露水面,常受到风的改造,形成风成沙丘沉积。

二、障壁岛相、潟湖相、潮坪相和河口湾相的沉积特征

1.障壁岛相的沉积特征

障壁岛是平行海岸高出水面的狭长形砂体,以其对海水的遮拦作用而构成潟湖的屏障。障壁岛是由水下沙坝或沙嘴发育而成,故其下部由沙坝或沙嘴构成底座,上部则由外侧的海滩、内侧的障壁坪和高部位的沙丘三部分组成(图10-14)。

海滩位于障壁岛向海一侧,沉积物为由波浪作用形成的富含介壳和云母的砂级物质构成,特征类似于无障壁海岸的海滩砂。障壁坪是障壁岛向潟湖一侧的宽缓斜坡带,沉积物较细,分选差,以粉砂、砂为主,层理类型以波浪成因的交错层理和复合层理为主。风成沙丘位于障壁岛顶部,露出于水面之上,系由海滩砂经风改造而成,沉积特征与海岸沙丘相同。

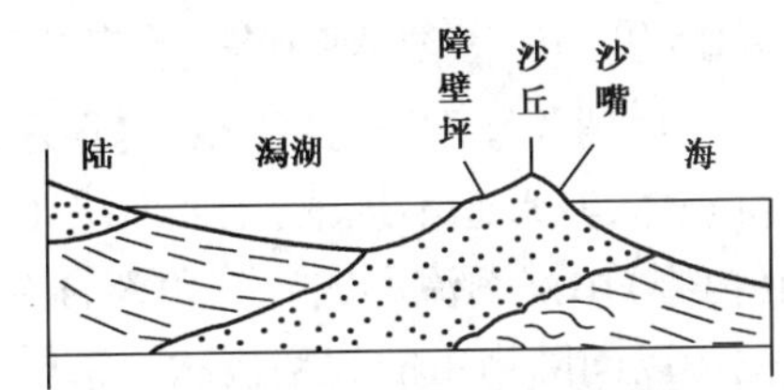

图10-14 障壁岛剖面示意图(姜在兴,2003)

由于障壁岛沉积物是经过海水的反复冲刷簸选而形成,因此,障壁岛相的岩石类型主要为中—细砂岩和粉砂岩,重矿物较富集。颗粒的分选和圆度较好,多为化学物质胶结。此外还有较粗的碎屑如砾石、生物介壳等。

2.潮汐通道和潮汐三角洲相

潮汐通道也称为潮道,是位于障壁岛之间的连接潟湖与海洋的通道。潮汐通道的发育程度取决于潮差,潮差越大,潮汐通道越发育。其宽度可从几百米到几千米,深度一般为4.5~40m不等,这主要取决于潮汐强度和持续时间。潮汐通道沉积物主要是由入潮口在平行于海岸方向上发生侧向迁移而形成,沙嘴在进潮口迁移上方一侧堆积,使障壁岛横向延伸,同时在进潮口迁移下方一侧发生侵蚀,与曲流河沉积作用相似(图10-15)。沉积物主要由侧向加积而成,在垂向上自下而上具有粒度由粗变细、交错层理规模和层系厚度变小变薄的正旋回层序。其底部为残留沉积物,通常由贝壳、砾石及其他粗粒沉积物组成,并具有侵蚀底面;下部由较粗粒砂组成的深潮道沉积,具有双向大型板状交错层理和中型槽状交错层理;上部为中细砂组成的浅潮道沉积,具有双向小型到中型槽状交错层理和平行层理及波纹层理。

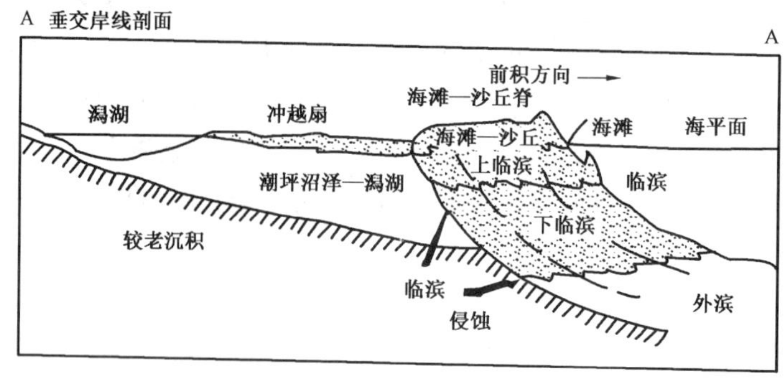

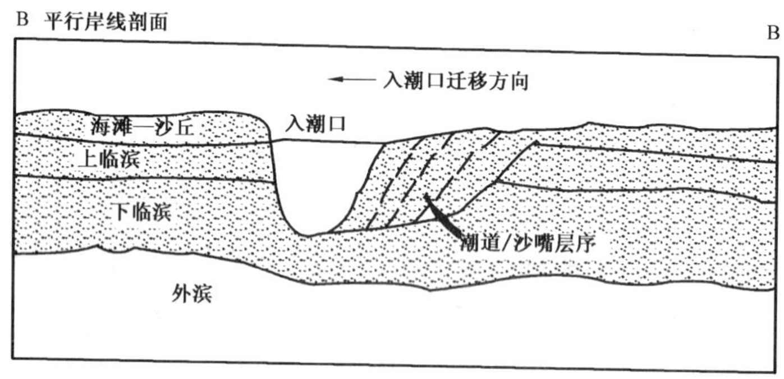

图 10－15 平行或垂直海岸剖面上潮汐通道侧向迁移示意图(赵澄林、朱筱敏,2001)

潮汐三角洲和潮汐通道有密切的联系,是潮流在潮汐通道口内侧和外侧发生沉积作用而形成的沉积体,其形态不规则,主要取决于潮差、风浪强度和沉积物补给的情况。在进潮口向陆一侧(内侧)由涨潮流形成的三角洲称为涨潮三角洲;在进潮口向海一侧形成退潮三角洲。涨潮三角洲以向陆为主的大型板状交错层理和槽状交错层理为主要特征,并夹有退潮时形成的砂层,发育有双向交错层理,层系由下向上变薄,与潟湖相、潮坪相共生。退潮三角洲受波浪、沿岸流影响大,其沉积构造在平面上和剖面上变化都很大,与海岸沉积相共生,交错层理之细层倾向和波痕具有多向性。当波浪作用远大于潮汐作用时,沉积物受波浪作用改造,退潮三角洲不发育。

3. 潟湖相的沉积特征

潟湖是为海岸所限制、被障壁岛所遮拦的浅水盆地。它以潮道与广海相通或与广海呈半隔绝状态。现今海岸的13%属于障壁型海岸,在障壁岛的背后一般均有潟湖。潟湖中水体能量较低,以潮汐作用为主,波浪作用较弱,沉积物为粉砂或泥,发育水平层理。

由于障壁岛的遮拦、潟湖水体的蒸发、淡水的注入等因素的影响,使得潟湖的含盐度异常,据此可将潟湖分为淡化潟湖和咸化潟湖,含盐度的变化使潟湖中的生物种类急剧减少。在气候潮湿、雨量丰富,淡水注入量远大于潟湖中水体蒸发量的条件下,可形成淡化潟湖。其沉积物主要为钙质粉砂岩、粉砂质粘土岩和粘土岩,可见黄铁矿、菱铁矿等还原环境下的自生矿物。交错层理不发育,一般为水平层理,若有波浪作用时,也可有浪成波痕和浪成交错层理。生物种类单调,以适应淡化水体的广盐度生物为主,例如,腹足类、瓣鳃类、苔藓类、藻类等数量大为增多,在潟湖边缘及潮坪地区,有大量植物生长,可形成大量泥炭堆积,泥炭被埋藏后便形成煤。在干旱气候区,蒸发量大于淡水注入量,水体盐度升高,则形成咸化潟湖。其沉积物以粉砂岩、粉砂质泥岩为主,可形成各种盐类沉积,例如,出现石膏、盐岩等。沉积构造以水平层理及塑性变形层理为主,交错层理不发育,可见盐类假晶及泥裂等干旱气候条件下的暴露构造。生物种属单调,多为腹足类、瓣鳃类、介形虫等,数量大为增加。适应正常盐度的生物,例如,珊瑚、棘皮类、头足类、大多数腕足类、苔藓虫等全部绝迹。当盐度增高至一定限度时(一般不超过5% ~5.5%),大生物灭绝。

4. 潮坪相沉积特征

潮坪又称潮滩,发育在波浪能量低的、具有明显潮汐周期(大中潮差)的平缓倾斜的海岸地区,例如,潮坪可在障壁岛内侧潟湖沿岸,与海湾、潟湖、河口湾以及受潮汐影响的三角洲环境共生。由于潮水的反复冲刷,潮坪呈一向海平缓倾斜的平坦地带,其上分布有潮汐水道和潮沟,它们向陆地分叉,形若树枝状,在涨潮期,潮水进入潮道,然后漫过堤岸,淹没邻近的潮坪,平潮期之后,潮水又经过潮道外泄,潮坪又重新露出。潮坪上潮汐水位升降的幅度(即潮差)一般为2 ~3m,最大可达10 ~15m。根据潮水面位置的不同,潮坪一般分为潮上带、潮间带和潮下带,其中潮间带是潮坪的主要部分。例如,德国北海潮坪的潮差为2.4 ~4m,其潮间带可达7km(图10 -16),在潮间坪的高潮线附近,是一个低能环境,以泥质沉积为主,称为“泥坪”或“高潮坪”;低潮线附近能量高,以砂质沉积为主,称为“砂坪”或“低潮坪”;两者之间的过渡地带,能量中等,具有砂泥质沉积,称为“混合坪”或“中潮坪”。潮坪的潮上部分称为潮上坪,可发育沼泽和盐坪。潮坪的潮下部分主要被潮汐水道、水下沙坝和沙滩所占据。

图10 -16　德国北海亚德湾潮坪(姜在兴,2003)

1—陆地;2—潮间坪;3—潮下带;4—5m等深线

潮坪沉积分为浑水和清水两种沉积类型。前者以陆源碎屑沉积为主,后者以碳酸盐沉积为主,关于清水沉积在碳酸盐沉积相中介绍。

1）潮坪的沉积特征

浑水潮坪的岩石类型以粘土岩、粉砂岩、细砂岩为主，砾岩极少见。在平面上，由海向陆，沉积物粒度呈由粗变细的带状分布。在潮下带的潮汐通道内，因潮流作用强、能量高，沉积物以砂为主，形成水下沙坝、沙滩，并常富含生物介壳和泥砾。潮间坪上，从海向陆，由较纯的砂质沉积过渡为泥质沉积，从而形成了砂坪、砂泥混合坪和泥坪。潮上坪若发育有沼泽，可有泥炭沉积；干旱气候带的潮上坪可形成盐沼、盐坪，有石膏等蒸发盐类沉积。

潮坪沉积构造发育，层理类型多样，泥坪上多见水平纹层或水平波状纹层、透镜状层理、压扁层理、干裂、雨痕、冰雹痕、鸟眼、泥皮、足迹、爬痕、虫孔等，干燥气候条件下的泥坪上可见石膏及盐类晶体；混合坪上多具有脉状、波状、透镜状层理，系由涨落潮时形成的砂与平潮期的泥质沉积组合而成；砂坪上常出现由多次涨潮造成的羽状或人字形交错层理、流水波痕和浪成波痕以及叠置波痕，这是潮坪沉积的重要标志之一；在潮下带的潮汐通道内，可见大型流水交错层理、羽状交错层理等。

再作用面（指同一层系内的一个侵蚀面）也是潮坪沉积的重要沉积构造标志，尽管它也可出现于非潮汐环境，但仍是潮汐环境较为特征的构造标志。

潮坪生物群以种类少、数量多、海相和陆相混生为特征，而且半咸水生物或广盐性生物大量发育，分异度低。潮上坪常被植物所覆盖，藻类生物较发育，例如，藻叠层及藻席等。高潮坪上生物较多，扰动现象强烈；中潮坪上较少；低潮坪上更少，偶尔可见生物粪粒聚集成层。

2）潮坪的沉积层序

潮坪沉积可发育海退型的进积层序和海进型的退积层序。古代潮坪沉积以海退型进积层序最为常见，在垂向剖面上呈现与河流沉积相类似的下粗上细沉积层序。与河流相垂向层序所不同，潮坪层序结构中发育潮汐层理、羽状层理、再作用面、暴露标志、海陆相化石混生等（图 10－17）。

岩性	沉积构造	解释
红褐色泥岩	结核	潮上坪
红褐色、褐色泥岩	水平及波状粉砂岩纹层	高潮泥坪
泥岩和石英砂岩互层	干裂纹，交错纹层，脉状、透镜状、波状层理	中潮坪
石英砂岩	平行层理、流动卷痕、波痕及交错层理、人字型构造、再作用面	低潮坪
	大型交错层理、块状砂岩、潮渠、人字型构造、再作用面	浅的潮下带

图 10－17　潮坪沉积的理想层序（赵澄林、朱筱敏，2001）

潮坪沉积还发育两种特殊的 B—C 层序，它是克莱因（Klein，1970）在研究苏格兰艾莱前寒武系达拉丁统下细粒石英砂岩层的潮汐沉积层序时提出的（图 10－18）。层序的

A 段为湖下沉积的块状砂岩，B 段和 C 段为低潮坪沉积。B 段是高水位时的大波浪迁移而成，为中—大型的板状交错层理或羽状交错层理；C 段为波状层理砂岩，它是在落潮水位下降、沉积物露出水面时，大波浪的波谷积水并沿表面顺坡流动产生的小波痕发生迁移而成。C 段覆于 B 段之上，两者的纹层倾向彼此垂直或斜交，这种组合关系称为 B—C 层序。D 段是平潮期泥质悬浮物沉降于 A 段或 C 段顶部的泥质薄层，构成所谓的 A—D 或 C—D 层序，它反映了潮流期和平潮期的交替。E 段为复合层理的粉砂岩和泥岩，属于高潮坪（泥坪）沉积。

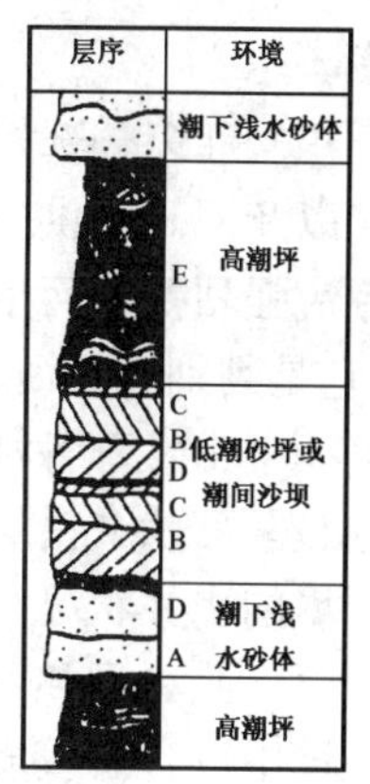

图 10－18　苏格兰艾莱前寒武系达拉丁统下细粒石英砂岩层的潮汐沉积层序（克莱因，1970）

5. 河口湾相的沉积特征

1）环境特征

河口湾发育于潮汐作用强烈的海岸河口地区。当海水大规模入侵时，河流下游的河谷将沉溺于海平面之下，海岸河口区形成了向海扩展的漏斗状或喇叭状的狭长海湾，就称为河口湾或三角港（图 10－19）。

河口湾的发育与潮汐作用、河流作用的强弱有密切关系。在强潮汐河口区，其潮差一般大于 4m，如果河流规模小，泥砂供应不足，此时的潮汐作用远大于河流作用，有利于河口湾的形成。例如，我国的钱塘江口属于强潮汐河口，是发育典型的河口湾。中等潮汐河口（潮差为 2～4m，如长江口）和弱潮汐河口（潮差小于 2m，如珠江口），当二者的河流作用大于潮汐作用时，不形成河口湾而发育成为三角洲。

河口湾地区是河流与潮汐强烈交锋和汇合处。由于河水和海水的密度不同，密度大的海水沿底部侵入河口，致使上、下两层的水流方向相反。河流和潮汐的流量关系决定了水体的分层和混合特性。潮汐作用弱、河流流量占优势时，低密度的淡水位于盐水楔之上，水体呈明显的层状，随着潮汐作用逐渐增强和河流流量减弱，咸淡水垂向的梯度变化逐渐减小，直至最后完全混合而呈现均匀状态。故河口湾地区为海陆过渡、咸淡混合的半咸水环境。

河口湾地区的潮流是往返的双向流。涨潮时，潮水顺河口溯河而上，形成河流壅水现象；退潮时，潮流强烈地冲刷河床，引起河口湾的加深和展宽，其结果更有利于潮汐、波浪大规模入侵，使河口湾两岸产生沉积物流，形成河口湾浅滩。由于科里奥利力的影响，河口地区涨落潮流的路线常常不一致，它们往往沿着相距很近但又分离的路线各自流动，故在涨落潮之间的河口区形成了顺流向展布的冲刷沟（涨、落潮河谷）和狭长形的线状潮汐砂脊（图 10－19），较大规模的砂脊高达 10～22m，宽 300m，长达 2000m 左右。

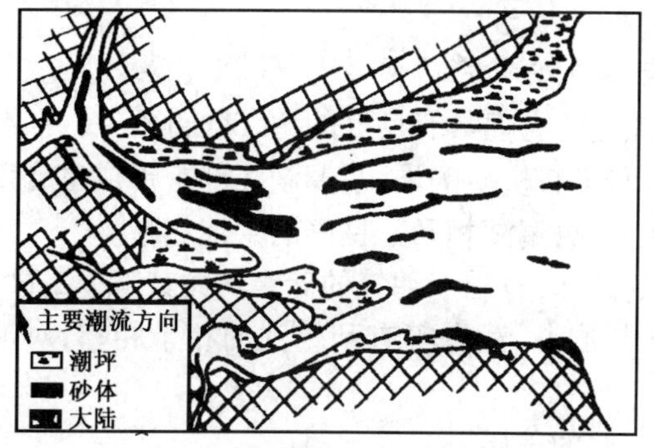

图 10－19　河口湾地貌和潮汐砂脊分布特征（赵澄林、朱筱敏，2001）

2)沉积特征

河口湾沉积岩性以分选好、圆度较高的细砂和泥质沉积为主。砂、泥比例取决于潮汐和河流作用的强度以及泥砂的供应状况。在潮汐河口的砂质沉积物中常夹有泥质薄层。这种夹层是由于因强潮流强烈扰动而呈悬浮状态搬运的沉积物,在高、低潮或平潮和停潮时期流速最小时沉积所致,它是判别潮汐河口环境沉积的重要标志之一。

河口湾沉积中常发育各种复杂多样的层理构造。既有潮汐环境中常见的透镜状层理、脉状层理、波状层理、羽状交错层理,也有因河流作用而形成的板状交错层理、槽状交错层理等。由于河口湾环境的水文状况复杂,常形成各种类型的波痕,例如,削顶的、修饰的、双脊的、单峰的、对称和不对称的、小型和巨型的波痕等,波痕的走向受到干扰的现象极为普遍。

河口湾环境中以含有较多的受限制的或半咸水动物群为特征,常见的有介形虫、腹足类、瓣鳃类等广盐性生物。生物个体由陆向海变多变大。特征的遗迹化石很少,主要为多毛类潜穴,局部有大量软体动物和棘皮动物遗迹,节肢动物的潜穴为蛇形迹。生物扰动构造较为发育,由陆向海数量和类型增多,并可见有树干和植物碎片等。

三、障壁岛相、潟湖相、潮坪相和河口湾相的鉴别标志及与油气的关系

1.鉴别标志

障壁岛综合沉积体系由于包含多种沉积类型,所以必须从沉积相组合和沉积序列等方面来识别古代障壁岛、潟湖、潮坪、河口湾等沉积环境。

潟湖、障壁岛、潮坪相地处海陆过渡地带,平面上向海方向以障壁岛与滨岸相相衔接,向陆方向以潟湖或潮坪与大陆沉积相组的沼泽相或冲积扇相相毗邻。横向上,在海陆过渡地带构成了障壁岛—潟湖—潮坪组成的有障壁海岸沉积体系或沉积相组合。

在海进或海退情况下,上述沉积体系在垂向剖面上可出现下列进积型层序或相组合:

(1)冲积相。

(2)沼泽相(泥炭和煤),在干旱条件下为“萨布哈”或盐沼沉积。

(3)潟湖或湖坪相。

(4)障壁岛相。

(5)滨岸相。

(6)浅海防棚相。

当海平面上升,海岸线向大陆推进的海侵相序中,该沉积体系在垂向剖面上的相序递变与上述情况相反;在海岸线相对稳定、沉积速度和沉降速度相补偿的情况下,潟湖、障壁岛与滨岸相在垂向上呈指状交错。

2.障壁岛相、潟湖相、潮坪相和河口湾相与油气的关系

潟湖、障壁岛、潮坪的沉积环境和沉积特征决定了它们具有良好的生、储、盖条件。在潟湖环境中,生物种类单调但数量多,且水体安静,有利于有机质的堆积,潟湖底部常形成富含 H_2S 的还原环境,有利于有机质的保存和向石油的转化,故潟湖相乃是良好的生油相带。

障壁岛、潮坪、河口湾相都发育有不同类型的砂体,有利于油气的储集。尤其障壁岛砂体,砂质碎屑的粒度适中、分选好、岩性均一,横向上与潟湖、浅海等有利生油的相带相邻,对油气的储集更为有利。

潟湖、潮坪广泛发育泥质岩类、也可以成为良好的盖层。

由于海侵和海退的交替变化,使潟湖、潮坪、障壁岛相在垂向上作有规律递变,有利于形成多套完整的生、储、盖组合。

复习思考题

1. 简述三角洲的发育过程。
2. 试述三角洲相的亚相类型及沉积特征。
3. 论述三角洲相的鉴别标志。
4. 论述三角洲相与油气的关系。
5. 潮坪相有何沉积特征?
6. 简述障壁岛相的沉积特征。

第十一章 海 相 组

[**学习目标**]通过对本章的学习,了解海洋环境特点,各亚相、微相划分及沉积特征;了解海相组与油气的关系;掌握鲍玛层序、浊积岩相模式及沉积特征;了解碳酸盐岩沉积环境、沉积作用与油气的关系,了解陆表海相模式、威尔逊综合相模式和生物礁相类型及沉积特征。

海洋是沉积物沉积的重要场所,海洋中含有丰富的矿产资源,特别是石油和天然气在海相矿产资源中,目前仍占首要地位,世界上多数大的油气田分布于海相地层中,因此对海洋沉积特征的研究有着十分重要的意义。

第一节 概 述

海洋,通常是指地球上被海水淹没的广大地区。海洋占地球表面的70.8%,总面积约为$3.6\times10^8km^2$。辽阔的海洋下面蕴藏着丰富的矿产资源。世界上许多大油气田都属于海相地层,我国四川、新疆的一些油气田也多属海相沉积。

一、海洋的沉积环境

海洋是沉积物沉积的重要场所,与大陆环境不同,海洋环境在物理化学条件、水动力状况、地貌特征等方面,都有其自身的特点。

1. 海水的物理化学条件

现代海洋表面温度变化范围为$-18\sim+28$℃,比大陆($-60\sim+80$℃)小,大洋深处的温度不超过2~3℃。海水的温度受纬度、深度和海流等因素的影响,故不同海域有不同的温度范围。

海水的压力变化范围较大,从海水表面1atm到深达10km的海底,其压力可增加至1000atm。

海水的平均含盐度为3.5%,其中溶解了约80多种元素所组成的盐类,主要为氯化物,其次为硫酸盐和少量其他盐类。

海水的pH值一般为7.2~8.4,呈弱碱性,而大陆湖盆水体一般呈弱酸性。

海水的Eh值主要受含氧量控制。一般海水浅处含氧多,Eh值高,为氧化环境;深处含氧少,Eh值低,为还原环境。由于底流或浊流作用,在深海中也可能造成有氧环境。

2. 海水的水动力

海水的运动可概括为波浪、潮汐和海流三种形式,统称为水动力条件,它控制着海洋中沉积物的分布。

海洋的波浪与湖浪的不同之处在于海洋水域辽阔,风的吹程长,波浪规模巨大。它是海洋中侵蚀、搬运、沉积作用的主要动力,尤以在海岸附近最为显著,它塑造了不同的海岸类型,改造和重新分配沉积物。

海洋有潮汐作用,这是与大陆水体的又一重要区别。潮汐引起海面水位的垂直升降称为潮位,引起海水的水平移动称为潮流。潮位的升降扩大了波浪对海岸作用的宽度和范围,形成潮间带沉积环境；而潮流对海底沉积物的改造、搬运、堆积起重要作用，尤以近岸浅海地区最为显著。

由于地球重力场或海水温度、盐度分布不均产生密度梯度而引起的海水流动，称为海流。其搬运作用要比波浪、潮汐大得多，尤其对粘土等细粒沉积物，可进行长达数百至数千千米的长途搬运，只是粘土物质的凝聚作用和有机物质的粘结作用，它们才在近岸陆棚区沉积下来，否则粘土物质在经过长距离搬运后，就可能全部沉积于深海中。

3. *海底地形与海水深度*

海底地形可分为陆棚、大陆坡、大洋盆地三个地貌单元（图 11－1）。

陆棚又称大陆架，平均坡度为 0.1°，宽度为 0～1500km，平均为 74km；水深为 20～550m，绝大部分陆棚水深在 200m 以内，平均为 133m。现代海洋陆棚面积约为 $2\times10^7 km^2$，占海洋总面积的 7.5%，是海洋沉积最集中和最活跃的地区。

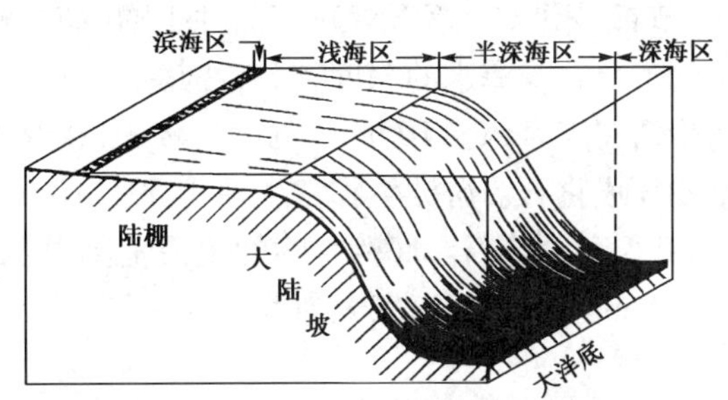

图 11－1　海洋地貌和沉积环境示意图
（赵澄林、朱筱敏，2001）

大陆坡是从陆棚坡折线向下陡倾至深洋底的斜坡区，坡面通常崎岖不平，倾角平均 4°左右，深达 200～3000m。毗连深海沟的大陆坡，深度更大。在大陆坡的基部，除了与深海沟连接的地区之外，通常都有一个坡度平缓的沉积地带与深海平原连接，这个地带称为陆隆。大陆坡上常发育有深切的海底峡谷，峡谷口外发育有海底扇。

大洋盆地是面积广阔、深度巨大的深海区，占全部海洋面积的 2/3，其地貌形态多样。总的来说，靠近大陆边缘一侧地形平坦，称为深海平原。向大洋一侧，渐变为海底低山与丘陵，其中也可以有深盆地。在大洋盆地中部，地形最为崎岖，这个地带称为大洋中脊。大洋的平均深度在 4000m 左右。

二、海洋的沉积作用和特征

1. *岩石类型*

海相组岩石类型极为多样，例如，砾岩、砂岩、粉砂岩、粘土岩、碳酸盐岩等在海相组中广为分布。一般来说，海相组中各类岩石的厚度大、分布广、岩性稳定，碎屑岩的结构成熟度和成分成熟度高，圆度及分选好。

2. *沉积构造*

海相组沉积中发育有各种类型的层理、波痕、雨痕、泥裂及其他沉积构造。一些构造组合可以用来鉴别海相组或海相组的某些沉积环境。例如，羽状交错层理、滑动及流动构造在海相组中发育，而水平层理、粒序层理等在深海盆地中发育，槽状及冲洗交错层理、波痕、雨痕、泥裂、盐类假晶在滨岸地区发育。

海相组沉积中常发育有生物遗迹或遗迹化石等生物活动形成的构造。它们也可以为环境的鉴别提供线索，例如，在滨岸浅水区常发育垂直的生物潜穴（虫孔）和各种动物的足迹，在浅海陆棚区常发育水平的或倾斜的生物潜穴。

3. *自生矿物*

海绿石是海相组中常见的自生矿物，常作为胶结物与碎屑岩、石灰岩共生，纯泥岩和蒸发岩中罕见，多形成于弱还原、弱碱性、盐度正常的海水中。

鲕绿泥石也是海相中的自生矿物，多形成于较暖的浅海中，分布局限于水深小于 60m 以内的热带浅海。

另一种出现在海相环境的自生矿物是磷灰石，其形成深度一般在 30 ~ 300m。大陆相组中也可出现磷灰石，但数量少且主要是脊椎动物的骨骼组成。

4. *生物化石*

海洋中生物种类、数量繁多，有狭盐性生物（如红藻、绿藻、放射虫、有孔虫、海绵、珊瑚、腕足类、棘皮类、苔藓类、头足类，以及现代已灭绝的生物如古杯类、层孔虫、软舌螺、三叶虫、锥石、竹节石、牙形石、笔石等）、广盐性生物（如瓣鳃类、腹足类、介形虫、硅藻、蓝绿藻等）。海洋中生物的分布与海水的深度有关，按其生活方式可分为浮游生物、游泳生物及底栖生物。浮游生物生活在广海 50 ~ 100m 深的表层水中，在远离海岸的远海或远洋区数量众多，死亡后在深海堆积而成化石。游泳生物常生活于 50 ~ 100m 深的水体中，死亡后遗体沉降于不同深度的海底，并保存为化石。底栖生物的生活范围可从高潮线至深海海底，在 100m 以上最为集中，100 ~ 200m 浅海下部海底大为减少。

第二节　相带划分及沉积特征

根据海洋沉积物的性质，可将海相组分为浑水沉积型和清水沉积型，前者以陆源碎屑沉积为主，为本节重点介绍，后者以碳酸盐沉积为主。根据海水深度的不同，结合海底地势特点，可将现代海洋划分为滨岸相、浅海陆棚相、半深海相、深海相四个相，见表 11 - 1。

表 11 - 1　海洋沉积相的划分

沉 积 相	深　　度
滨岸相	高潮线至低潮线之间
浅海陆棚相	低潮线至 200m
半深海相	200 ~ 2000m
深海相	2000m 以下

一、滨岸相

1. *海岸沉积环境及水动力特点*

滨岸相又称为海岸相或海滩相，位于波基面及最高涨潮线之间，按照海岸水动力状况和沉积物类型分为砂质或砾质高能海岸及粉砂淤泥质低能海岸两种类型。低能海岸带，以潮流作用为主，海岸坡度平缓，具有较宽阔的潮间带（潮滩），缺失后滨带（图 11 - 2），例如，苏北沿海地区即属此类型。

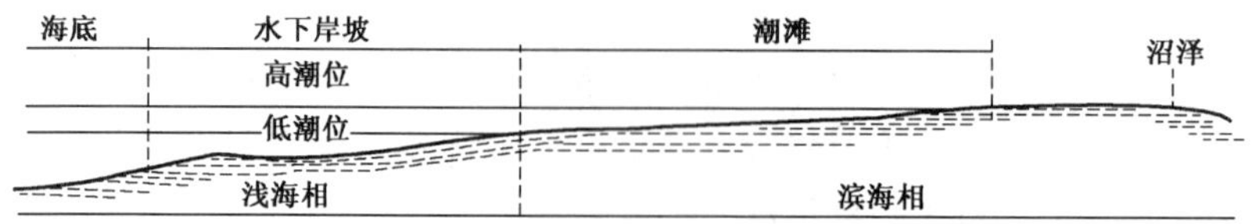

图 11 - 2　粉砂淤泥质低能海岸环境剖面示意图（姜在兴，2003）

高能海岸环境以砂质类型居多，砾质少见。按海岸地貌特征可划分为海岸沙丘、后滨、前滨、近滨（临滨）等几个次级环境（图 11－3）。

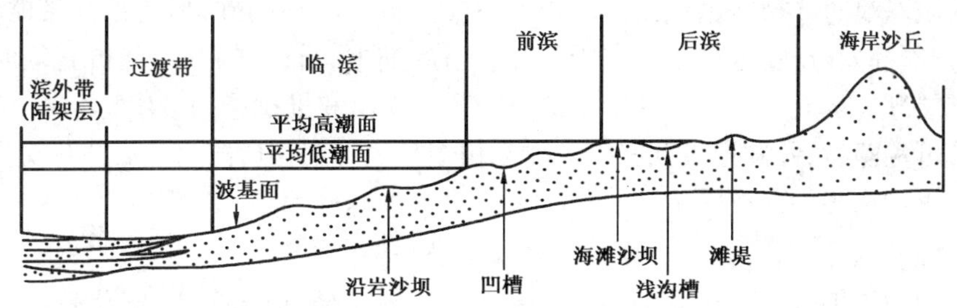

图 11－3　碎屑海岸沉积环境划分示意图（张家环，1986）

滨岸环境是水动力作用强烈而复杂的地区。波浪、潮汐及其所派生的沿岸流强烈地冲刷、改造海岸和沉积物，其强度要比河流大 100 倍，波浪则是控制海岸水动力学特征和海岸发育状况的主导因素。

海洋因风的吹程大，故其波浪的波长较大，一般为 40～80m。波浪作用随水深而急剧减小，大致在 1/2 波长的水深，波浪作用已接近于零，因此海洋波浪基准面大致在 20～40m 之间。海洋中也可出现波长为 400m 的巨浪，故一般认为 200m 水深是波基面的理论深度，也是划分浅海下限深度的根据之一。

2. 滨岸相的亚相类型及沉积特征

按照地貌特点、水动力状况、沉积物特征，可将滨岸相划分为海岸沙丘、后滨、前滨和临滨四个亚相。

1）海岸沙丘亚相

海岸沙丘亚相位于潮上带的向陆一侧，即特大风暴时潮水所能到达的最高水位，它包括海岸沙丘、海滩脊、砂岗等沉积单元。

海岸沙丘系由波浪从临滨搬运至前滨和后滨而处于海平面之上的海岸砂，再经风的吹扬改造而成，常呈长脊状或新月形，宽可达数千米，其沉积物主要由石英组成，分选极好，以细—中砂为主，石英砂岩表面常发育因颗粒撞击而形成的碟形坑，有霜面。成熟度高，重矿物富集，具有大型槽状交错层理，细层倾角大，可达 30°～40°（图 11－4），层系厚达数十厘米。

在最大高潮线附近出现的线状沙丘称为“海滩砂脊”或“海滩脊”，可高达数米，宽数十米，长达数百米至数十千米。它可呈平行海岸的单脊或成组出现，常由较粗的砂、砾石和介壳碎片组成，底部具有冲刷面和水平层理，上部具有交错层理，细层倾角为 7°～28°，多双向倾斜，较陡者倾向大陆，较缓者倾向海洋。

砂岗是发育在滨海沼泽及泥坪向海方向的狭长海滩脊，由砂及介壳碎片组成，高 3～6m，宽数十至数百米，长数十千米，平行海岸延伸，与一般海滩脊的区别是它位于滨海沼泽地带的泥炭和粘土中。

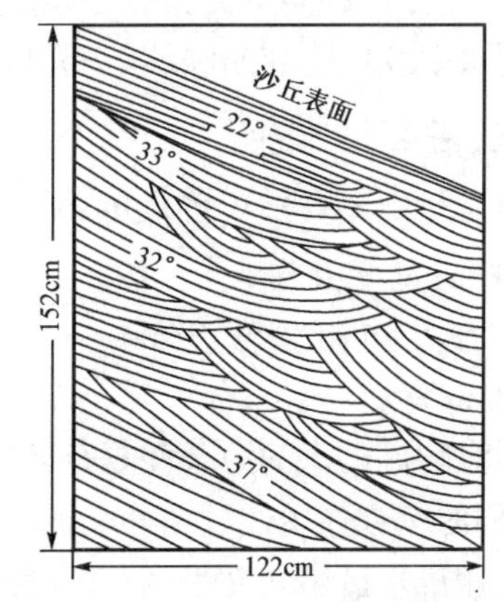

图 11－4　海岸沙丘的槽状交错层理
（姜在兴，2003）

2)后滨亚相

后滨亚相位于平均高潮线与特大高潮线之间,通常处于暴露状态,遭受风力作用,只有在特大高潮或风暴浪时才被海水淹没。沉积物主要为粒度较细的砂,但比沙丘带略粗,分选、磨圆较好,平行层理发育,也可见小型交错层理。当后滨中有较浅的洼地并被充填时,可形成低角度的交错层理。坑洼表面因风吹走了细粒物质而遗留和堆积了大量生物介壳,其凸面向上。浅水洼地内可见藻席,并发育虫孔和生物搅动构造。风暴期在后滨与海岸沙丘交界附近,因水的分选可使重矿物集中而成砂矿。

3)前滨亚相

前滨亚相位于平均高潮线与平均低潮线之间的潮间带,地形平坦,起伏较小,并逐渐向海倾斜。沉积物以中—粗粒石英砂为主,有时有丰富的、不同生态类型的生物碎片,也有重矿物富集的现象,沉积物分选、磨圆极好。沉积层系平直,冲洗交错层理—平行层理发育(图11-5)。其纹层平行海岸,延伸可达30m,垂直岸线可达10m。对称和不对称波痕以及菱形波痕大量出现。极浅水的其他标志如冲刷痕、流痕、变形波、流水波痕、生物搅动构造也常见到。前滨下部沉积物分选比上部差,并含有大量贝壳碎片和云母等,贝壳排列凸面朝上。属于不同生态环境的贝壳大量聚集,也可以作为鉴别古代海滩砂体的标志。

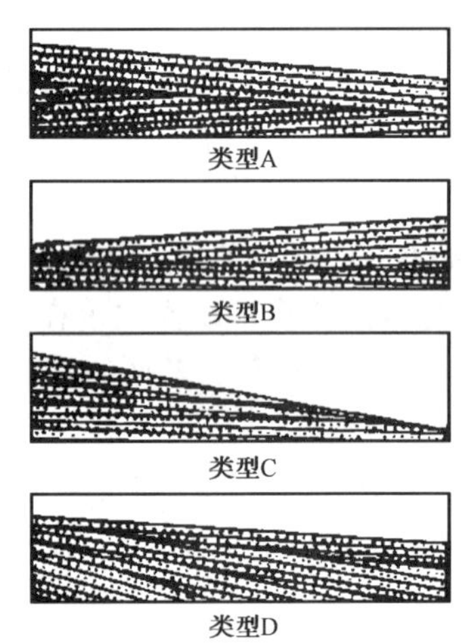

图11-5 前滨沉积物的四种主要交错层理(姜在兴,2003)

4)临滨亚相

临滨亚相又名近滨亚相,位于平均低潮线至波基面之间的潮下带,常发育沿岸沙坝,波能越弱,沿岸沙坝越少。在低能海岸区仅有一条沿岸沙坝发育于低潮线附近。沿岸沙坝向陆一侧伴有凹槽,发育浪成波痕和小型流水波痕。临滨上部发育有大量砂质沉积物,并发育较大规模的交错层理,越向岸交错层理越多,越向海的深水部位交错层理越少,而生物搅动构造增多,且出现水平纹层。越向临滨下部沉积物越细,并逐渐过渡为过渡带的更细粒沉积。

二、浅海陆棚相

浅海陆棚相是指从近滨外侧到大陆坡内边缘的宽阔海域,也可称为陆架。深度一般为10~200m,宽度由数千米至数百千米不等,地形平坦,平均坡度一般只有几分,最大不超过4°。我国东海大陆棚宽度有100~500km不等,水深一般为50m,而日本群岛的大陆棚只有4~8km宽。

浅海陆棚的水动力条件复杂多样,其中包括有海流,正常的和由风暴引起的波浪、潮汐流等,它们的综合作用控制和影响浅海陆棚沉积物的搬运和沉积,这种影响随深度加大而减弱。

陆棚浅水区阳光充足,氧气充分,底栖生物大量繁殖。深水区因阳光和氧气不足,底栖生物大为减少,藻类生物几乎绝迹。

古代浅水陆棚相与现代不尽相同。前者有长期的沉积发育史,沉积厚度大,由于海岸线的迁移,沉积物分布面积广泛;后者发育历史短暂,沉积厚度薄而不广,且大部分为残留沉积物所占据。浅海陆棚相可分为过渡带和滨外陆棚两个亚相。

1. 过渡带亚相

过渡带亚相是指临滨与滨外陆棚之间的过渡地带。其深度变化较大,具体深度取决于海岸带的能量。过渡带沉积比滨岸相沉积物细,比滨外陆棚沉积物粗,一般为粉砂及泥质粉砂沉积;有时因强风暴而形成风暴砂层,与滨外陆棚相比,砂层厚而数量多。过渡带的生物种类和数量众多,可集中堆积成贝壳层;生物扰动作用强烈,常因此破坏了原生层理而形成块状层。

2. 滨外陆棚亚相

滨外陆棚亚相位于过渡带外侧至大陆坡内边缘的浅海区,也常称为"陆架"或"陆棚"。古代滨外陆棚沉积主要为粘土岩、粉砂岩、细砂岩,砾岩较少,并有大量化学岩及生物化学岩,例如,碳酸盐岩,部分铁、锰、铝、磷沉积岩等。碎屑矿物成分成熟度和结构成熟度高,不稳定成分少,圆度及分选较好,但比滨岸相稍差,填隙物多为化学胶结物。海绿石、鲕绿泥石、胶磷矿是常见的自生矿物。粘土岩可含有砂质、铝质、海绿石质、硅质、灰质、沥青质、黄铁矿等。

滨外陆棚亚相可发育对称或不对称波痕及交错层理,水体较深处水平层理发育,尤其粘土岩中薄而清晰的水平层理发育。生物搅动构造、底冲刷、虫孔和虫迹常见。在较浅水的滨外陆棚区,发育种类和数量众多的生物,例如,珊瑚、海绵、苔藓、层孔虫、藻类、腹足类、瓣鳃类、腕足类、棘皮类、有孔虫、头足类等。

古代滨外陆棚沉积多属于水体较浅、海底地形平缓的陆表海沉积,现代滨外陆棚多属于陆缘海性质。

3. 风暴流沉积

风暴流是由季节性的台风或飓风所引起的风暴浪,风暴浪波及的深度一般超过40m,最大可以达到200m,在向岸传播时,巨大的能量使水平面升高5~6m,形成风暴潮,对海岸地带进行强烈的冲刷。风力减退时,风暴回流(退潮流)携带大量从近滨带冲刷侵蚀下来的碎屑物质呈悬浮状态向海洋方向搬运,形成一个向海流动的密度流。这种流体的流速很高,在大陆棚上穿越的距离可达几十千米以至几百千米,对海底有明显的侵蚀和冲刷。随着能量衰减,流速变小,密度流中的碎屑物质发生再沉积作用,形成浅海风暴流沉积。

一次风暴形成的风暴层厚度约几厘米至几十厘米,向上粒度变细。一个完整的风暴沉积层序由下向上包括四个部分:(1)粒序层或滞留沉积段,有侵蚀面;(2)平行层理;(3)丘状交错层或浪成交错层理段;(4)泥岩和页岩段(图11-6和图11-7),构成似鲍玛层序。

上述垂向层序与风暴作用的过程有密切的成因联系。风暴活动过程可分为成长期,高峰期、衰减期和停息期几个阶段,不同阶段沉积特征各不相同。风暴成长期以侵蚀作用为主,风暴浪引起的涡流和风暴回流强烈地冲刷海底,形成明显的冲刷面,并出现扁长沟槽状的侵蚀充填构造(称为"渠模")以及各种工具痕;风暴高潮期,经风暴浪搅动,一些大的介壳和粗的内碎屑,经原地簸选,改造和扰动,常具有一定的优选方位,多数呈凸面向上;在风暴衰减期,沉积物按粒度大小依次沉积,形成向上变细的粒序层和细砂与粉砂组成的纹层段,底部形成平行层理、丘状交错层理和浪成砂纹层理,向上逐渐过渡为爬升波纹层理;风暴停息期,风暴流携带的悬浮物质最终沉积下来,形成细粉砂和泥或以泥为主的泥岩段,以及正常天气条件下所形成的页岩段,常发育生物潜穴和生物逃逸痕迹。丘状交错层理和浪成砂纹层理是风暴浪沉积的最好证据。风暴沉积层序总的是一个向上变细的旋回,但在一个沉积剖面上往往发育不全。

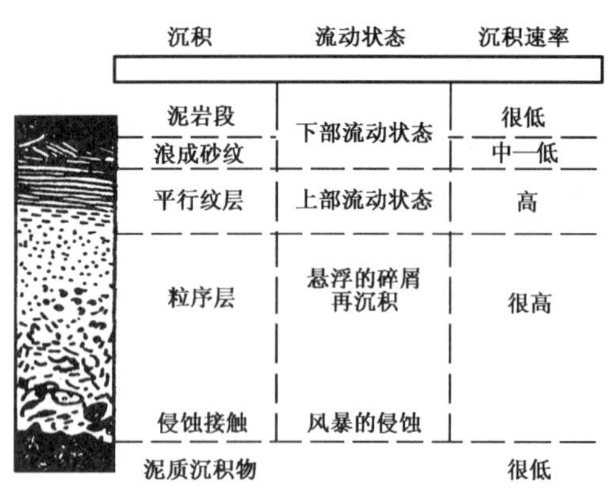

图 11－6　似鲍玛层序的理想风暴岩垂向层序
（赵澄林、朱筱敏，2001）

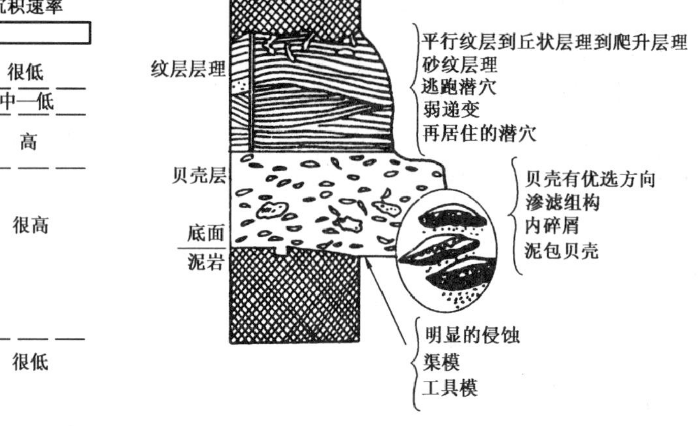

图 11－7　风暴岩理想垂向层序美国弗吉尼亚州上中奥陶统（克赖萨、班巴奇，1982）

风暴流和浊流都是密度流，都具有类似向上变细的垂向层序，但二者在成因、形成环境、沉积构造等许多方面都有明显不同。二者的区别见表 11－2。

表 11－2　风暴岩和浊积岩的区别

特　征	风　暴　岩	浊　积　岩
形成作用	风暴浪作用及风暴退潮流作用形成	密度流的流动作用形成
形成环境	主要出现在正常浪基面以下至风暴浪基面以上的陆棚环境	主要出现于深水环境
层理特征	主要有波浪作用及流动成因形成的层理，如丘状交错层理，平行层理，浪成上攀砂纹层理等	只具有流动成因的层理，缺少波浪作用形成的层理
其他沉积构造	具侵蚀充填构造，如渠模及工具痕，工具痕的方向是变化的甚至是相反的，并具有渗滤组构及逃逸潜穴	主要发育印模及各种工具痕
垂向层序	粒序层厚度不均匀，可变薄、变厚或呈透镜状，粒序层与纹层段间的粒度是突变的	粒序层厚度均匀，侧向延伸远，粒序层与平行层段间粒度是递变的

三、半深海相及深海相

1. 半深海相

1）一般特点

半深海的位置相当于大陆坡，是浅海环境与深海环境的过渡区，主要由泥质、浮游生物和碎屑三部分沉积物组成。其来源主要是陆源物质和海洋浮游生物，其次为冰川和海底火山喷发物。风暴浪对海底的扰动或重力滑动可使沉积于陆棚上的陆源粉砂沿海底以低密度流的形式搬运，并沉积于半深海而成为半深海相碎屑沉积物。海底洋流或顺陆坡等深线流动的等深流也可搬运粉砂物质，并在陆坡或陆隆上堆积成透镜状粉砂质砂体。

由于阳光的穿透力有限,故此环境无植物发育。生物群以腹足类为主,还可见瓣鳃类、腕足类、放射虫、有孔虫等。由于生物搅动,泥质沉积不显层理,可见有虫迹。在无生物扰动的情况下,也可出现纹层。

2)沉积类型

重力流、等深流和悬浮沉积是大陆坡半深海地带的三种主要沉积类型。有关重力流沉积将在专门一节阐述。下面主要介绍悬浮沉积和等深流沉积。

(1)半深海悬浮沉积。

半深海悬浮沉积可归纳为下述几种类型。

① 蓝色软泥:是现代半深海相中分布最广的类型,成分以陆源粉砂质粘土为主,又称为"青泥"。

② 红色和黄色软泥:是蓝色软泥的变种,以粉砂质粘土为主,含有碳酸盐,主要分布于热带和亚热带半深海或浅海陆棚区。

③ 绿色软泥:因含海绿石而呈绿色,其成分为粘土、硅质生物、少量钙质及碎屑物质(主要为海绿石,次为石英、长石、云母),例如,英国白垩系发育的绿色页岩即为半深海相绿色软泥成岩的产物。

④ 碳酸盐软泥和砂:碳酸钙含量可达18% ~90%,浮游生物含量高,砂粒为细砂和粉砂。以含钙高区别于青泥,以含粗粒物质多而区别于深海相钙质软泥。

⑤ 珊瑚泥和珊瑚砂:在珊瑚礁形成的岛屿周围的陆坡上,堆积了因礁体的破坏而形成的钙质碎屑和钙质软泥,称为珊瑚砂和珊瑚泥。珊瑚砂中常伴有软体类、棘皮类、有孔虫类碎屑,主要分布于半深海相的上部。

⑥ 火山泥:系火山爆发形成的火山灰堆积于半深海区而形成,常为暗灰、棕或灰黑色,粒度比青泥稍粗,成分主要为火山玻璃、黑云母、透长石等,碳酸盐含量低于28%。

⑦ 冰川海洋沉积:邻近冰川发育区的半深海中可见冰川沉积物,成分主要为粘土和分选很差的砂、砾,多发育在两极附近的半深海中。

(2)等深流沉积。

等深流是发生在半深海地区沿大陆坡坡脚等深线流动的远洋底流,等深流沉积主要出现在陆隆区,是现代深海最常见的底流之一。其主要成因是由于南北两极与赤道地区海水温度的差异和水平方向上盐度的差异所形成。根据施奈德(Schneider,1967)等人对北美东海岸百慕大陆隆等深流沉积的研究,发现其上部几米是由浅灰色的均匀粉砂质粘土组成;下部沉积物主要由干净的石英粉砂薄层组成,呈褐色到粉红褐色,分选极好,呈交错层状,偶含重砂。大多数岩心也出现红色到砖红色粘土条带。在许多情况下,与红色粘土条带和粉砂质层同时出现的还有富含海洋微体生物的粘土层。

最常见的等深流沉积包括泥级、粉砂级、砂级、细砾级和灰泥及生物屑沉积。

2. 深海相

1)一般特点

深海相是指水深超过2000m的大洋盆地,平均深度为4000m。

深海海底阳光已不能到达,氧气不足,底栖生物稀少,种类单调,故不能形成底栖生物的显著堆积。现代深海沉积物主要为各种软泥,其中大部分属于远洋沉积物,即多半是繁殖于大洋上层的微小浮游生物的钙质和硅质骨骼下沉堆积而成的软泥,另一部分为底流活动、冰山搬运、浊流、滑坡作用形成的陆源沉积物，以及局部地区各种矿物的化学和生物化学沉淀作用形成的锰、铁、磷等沉积物，此外还有少量风吹尘、宇宙物质等。

深海底层温度一般稳定在1℃左右。现代深海的许多地区存在着流速达4～40cm/s的强烈底流，它可引起沉积物的搬运，并在沉积物表面形成波痕、冲刷痕、剥离线理构造、交错层理等。深海相的波痕可以是对称的、舌形的、新月形的等，波长一般从10cm至数米，波高可达20cm或更高。

2）沉积类型

谢泼德（1963）曾对深海沉积物进行过分类。现将其主要类型分述如下。

（1）棕色粘土（红色粘土）：约占深海沉积的38.1%，大多数深海海底大面积覆盖着红色或棕色粘土，主要为粒径小于2mm的粘土矿物和其他陆源稳定矿物的残余，以及火山灰、宇宙尘等，常含放射虫及少量有孔虫，碳酸盐含量小于30%。

（2）抱球虫软泥：与红色软泥共同构成深海最主要的沉积物，主要由各种浮游有孔虫，特别是抱球虫的介壳组成，此外颗石藻类的碎片、放射虫介壳、硅藻和翼足虫也大量出现，非生物组分含量少，碳酸盐含量大于30%。

（3）翼足虫软泥：主要由翼足虫（抱球虫的变种）的文石壳及大量的浮游有孔虫组成，碳酸钙含量平均约为79.25%，常呈白色至浅褐色。主要分布在热带和亚热带海底隆起和礁上，分布水深为1500～3000m，比有孔虫软泥浅，因为深度大时，翼足虫介壳易溶解。古代翼足虫石灰岩在寒武纪以后各地质时期有产出，但层厚小；现代翼足虫软泥主要分布于大西洋中脊斜坡、巴哈马、百慕大等台地斜坡。

抱球虫、翼足虫软泥都属于灰质软泥。随深度增加，碳酸盐溶解作用加强，导致它们的含量减少，在6300～7200m处含量接近于零，并被硅质软泥所代替。

（4）放射虫软泥：放射虫壳含量常大于50%，呈红色。放射虫抗溶解作用强，故可分布在很深处。现代放射虫软泥在横穿赤道的太平洋中水深4600m、宽200km的地带分布最广。

（5）硅藻软泥：由50%或更多的硅藻组成，非生物成分约为20%，主要由粉砂级颗粒组成，呈黄色。海洋中的硅藻分布在温度较低的地区，沿太平洋的南纬60°线，硅藻软泥呈宽1500km的带状分布，在北太平洋呈斑点状存在，少数也产于热带海洋。

（6）锰结核：是深海沉积中分布最广的自生沉积物，其大小一般不超过25cm，具有明显的同心层，表明其沉积是间歇性的。锰结核在深海底分布广、数量多、局部集中，其经济价值已受到人们的重视。

（7）浊流沉积：在深海相中常发育有重力作用形成的浊流沉积，它可形成较大的厚度和较广的面积，而且现在所见到的古代深海沉积也主要是浊流沉积。

第三节　重力流沉积

沉积物重力流是在重力作用下产生的弥散有大量沉积物的高密度流体。重力流的驱动力是重力，不同于牵引流，其搬运和沉积不服从牛顿内摩擦定律。它主要发生于海底或湖底的斜坡地带（图11－8）。

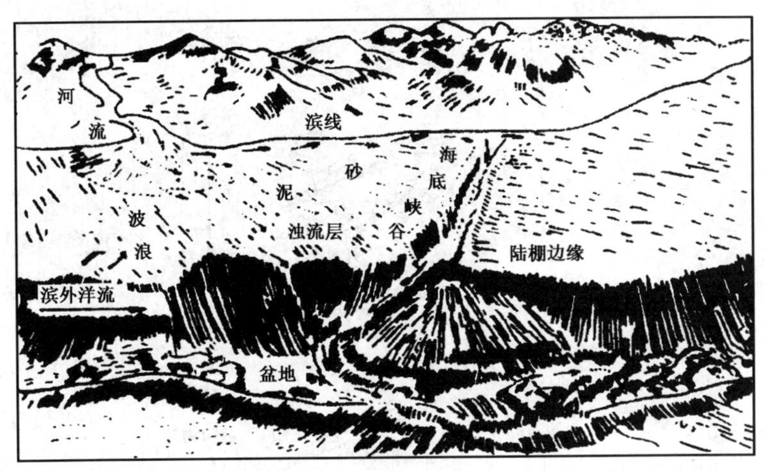

图11－8　重力流的来源、搬运和沉积示意图(赵澄林、朱筱敏,2001)

一、沉积物重力流的形成条件和基本类型

1. 形成条件

沉积物重力流的形成一般需要以下四个条件。

(1)足够的水深。

足够的水深是重力流沉积物形成后不再被破坏的必要条件。一般认为重力流沉积的水深是1500～1800m,最小水深100m;对世界各地沉积物重力流分布的研究表明,足够的水深是相对而言,海洋与湖泊也有较大差异。但无论何种沉积环境、水深的大小如何,其形成深度必须在风暴浪基面以下。

(2)足够的坡度角和密度差。

足够的坡度角是造成沉积物不稳定和易受触发而作块体运动的必要条件。一般认为,这个最小坡度角为3°～5°,而典型的陆源碎屑斜坡坡度一般在2°～5°之间。只要重力流与水体之间有足够密度差,就具备了形成重力流的充分条件。也就是说,重力流的密度对坡度有明显的补偿作用(Lüthi,1981)。

(3)充沛的物源。

充沛的物源也是形成沉积物重力流的必要条件。洪水注入的碎屑物质和火山喷发物质、浅水的碎屑物质和碳酸盐物质发生滑坡、垮塌以及由于风暴浪作用等,都可为沉积物重力流提供物质来源。物源的成分决定重力流沉积物类型。随着物源成分的变化,重力流沉积物类型也呈现规律性变化。陕西洛南上张湾罗圈组重力流沉积物由下部的碎屑流和颗粒流演化到上部的浊流,相应的碳酸盐物质成分减少、陆源碎屑物质成分增多,表现出渐变的演化过程。

(4)一定的触发机制。

重力流沉积物的形成多属于事件性沉积作用,往往起因于一定的触发机制,诸如在洪水、地震、海啸巨浪、风暴潮和火山喷发等阵发性因素直接和间接诱导下,会导致块体流和高密度流的形成。除洪水密度流直接入海或入湖外,大多数斜坡带沉积物必须达到一定的厚度和重量,再经滑动—滑塌等触发机制,才能形成大规模沉积物重力流(图11－9)。

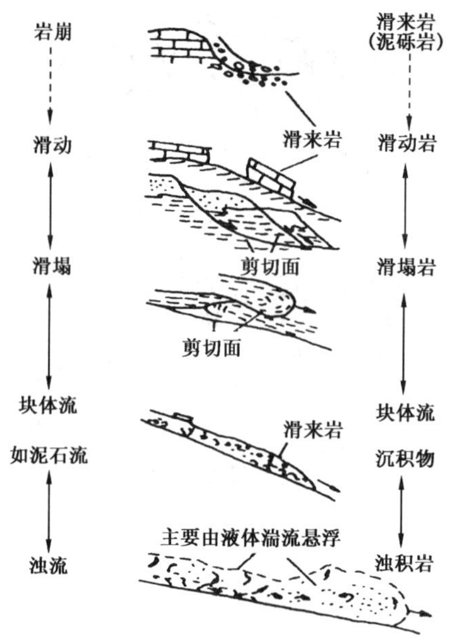

图 11-9 重力块体的搬运类型(赵澄林、朱筱敏,2001)

2. 基本类型

米德尔顿和汉普顿(Middleton and Hampton,1973,1976)按支撑机理把水底沉积物重力流沉积系统划分为四个类型,即泥石流(或碎屑流)、颗粒流、液化沉积物流和浊流(图 11-10)。

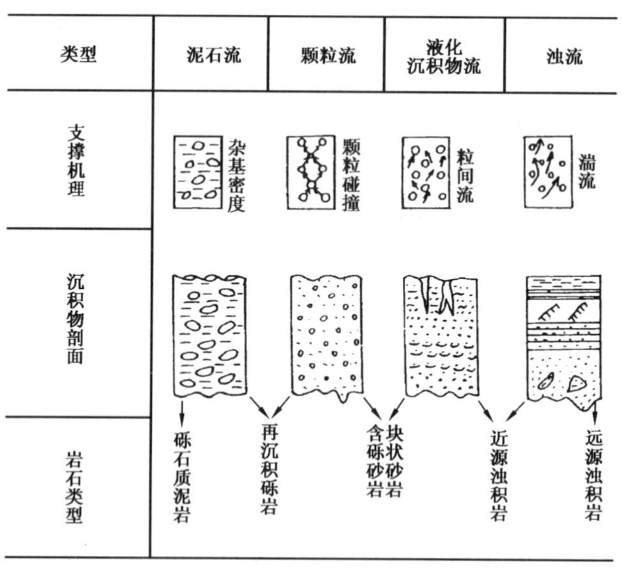

图 11-10 重力流沉积物连续统一体示意图(Middleton,gtal,1976)

1)泥石流(或碎屑流)

泥石流,也称碎屑流,是在山麓环境中常见的砾、砂、泥和水相混合的高密度流体,这种流体中如含粗碎屑很少则称为泥流,以水和粘土的混合物为主,一般比泥石流少见。陆上和水下泥石流和泥流沉积物多为厚层块状、富粘土基质、无分选、无层理的粘土质砂砾沉积或砂砾质粘土沉积。

2)颗粒流沉积

颗粒流是由颗粒互相碰撞产生的扩散应力支撑碎屑,这种扩散应力可以支撑粗砂和砾石,因而颗粒流沉积中常常含有较粗大的颗粒。颗粒流沉积物粒度范围可以由粘土到砾石,但主要是砂质沉积。底面上可有底模,在其底部还可有下细上粗的反递变层理,(图 11-11)。

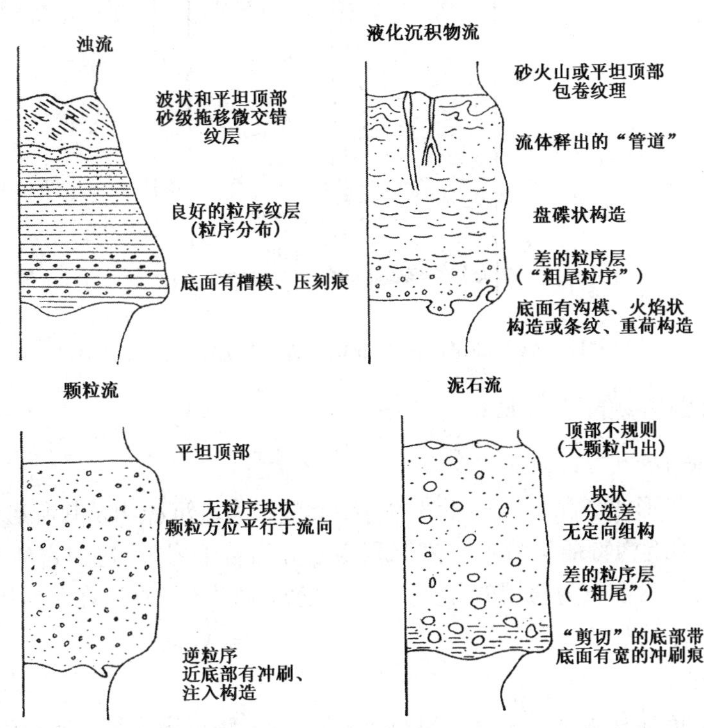

图 11-11 假设为单一机制的沉积物中由不同类型的水下重力流所产生的结构、沉积构造和接触面的垂向序列(Middleton and Hampton,1973)

3)液化流

当沉积物沉积较快,其中水分来不及排除,或者从外部渗流进入孔隙空间的水分过多时,造成孔隙压力大于沉积物中流体的静水压力,因而降低沉积物的固结强度,甚至引起内部沸腾化。这样,沉积物中的流体就连同颗粒一起向上移动,变得像流砂一样,即所谓"液化"。在此过程中,部分流体会上逸至砂的表面。在重力作用下沸腾化的沉积物沿3°或4°以上的斜坡迅速运动,形成液化沉积物流。在流动过程中,孔隙压力很快消散,液化沉积物流减速,可直接堆积成层状悬浮沉积物,堆积物常为颗粒支撑的细砂和粗粉砂,呈块状或具有泄水构造,其他特征包括各种底面铸模、火焰状构造、包卷层理和砂火山等(图 11-11)。

4)浊流

浊流是一种在水体底部形成的高速紊流状态的混浊的流体,是水和大量呈自悬浮的沉积物质混合成的一种密度流,也是一种由重力作用推动成涌浪状前进的重力流。根据粒度可将浊流划分为两类,即表现为中砂以下质点被紊动支撑于流体中的低密度浊流和由浓度相当高的粗砂、砾石碎屑构成的高密度浊流(图 11-12)。

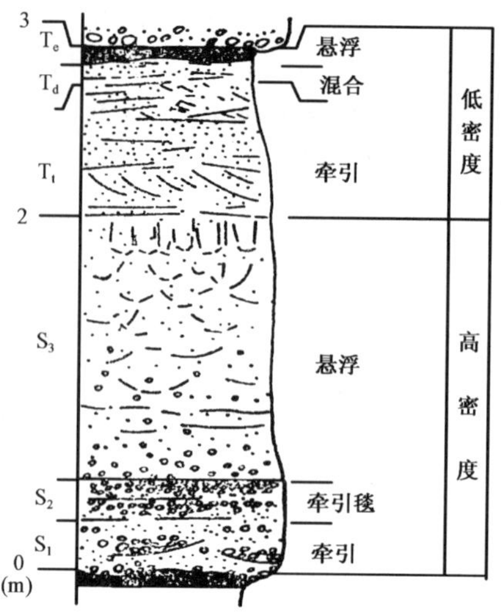

图 11－12　砂质高密度浊流堆积的理想层序(姜在兴,2003)

二、重力流沉积物的基本特征

1. 岩石学特征

广义的浊积岩指形成于深水沉积环境的各种类型重力流沉积物及其所形成的沉积岩的总和。因此,按成因和组构特征又将重力流沉积物划分为若干岩类,每一岩类又有其各自的成分、结构、构造特征。目前较为通用的分类方案由沃克(Walker,1978)在深水碎屑岩相中提出,分为典型浊积岩和非典型浊积岩。

1)典型浊积岩

典型浊积岩是指具有鲍玛层序或序列的浊积岩,一个鲍玛序列是一次浊流事件的记录,一个完整的鲍玛层序分为五段(图 11－13),自下而上为:

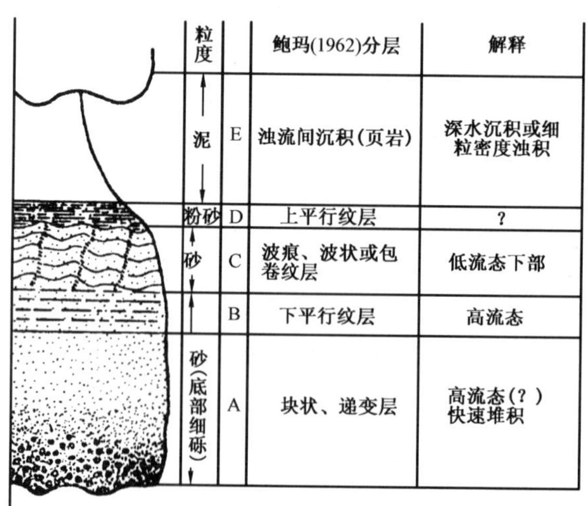

图 11－13　鲍玛层序及其解释(Bouma,1962)

A 段——底部递变层段。

此段主要由砂岩组成,近底部含砾和泥砾。粒度下粗上细,递变清楚。一般为正递变,反映浊流能量逐渐减弱。底面上有冲刷—充填构造和多种印模构造，如槽模、沟模等。A 段常比其他段厚度大，代表递变悬浮沉积的产物。

B 段——下平行纹层段。

此段与 A 段为渐变关系，比 A 段细，多为细砂和中砂，含泥质，显平行纹层，粒度递变不大明显。纹层除粒度变化显现外，更多的是由片状炭屑和长形碎屑定向分布所致，沿层面揭开时可见剥离线理构造。

C 段——流水波纹层段。

此段与 B 段连续过渡，厚度较薄，以粉砂为主，可含细砂和泥。发育小型流水波纹层理和上攀波纹层理，并常出现包卷层理、泥岩撕裂屑和滑塌变形层理，表明在 A 和 B 段沉积后，高密度浊流转变为低密度浊流，出现了牵引流水流机制和重力滑动的复合作用。

D 段——上平行纹层段。

此段由泥质粉砂和粉砂质泥组成，具有断续平行纹层。此段反映更为直接的悬浮沉积作用，即主要是垂向沉落。D 段若叠于 C 段之上，二者连续过渡；若 D 段单独出现，则与下伏鲍玛单元间有一清楚界面。它是由薄的边界层流（一种低密度浊流）造成的，厚度不大。

E 段——泥岩段。

此段下部为块状泥岩，具有显微粒序递变层理，和 D 段均属细粒浊流沉积，为最细粒物质在深水中直接沉降的结果。上部泥页岩段，为正常的远洋深水沉积的泥页岩或泥灰岩、生物灰岩，含浮游生物及深海、半深海生物化石。显微细水平层理，与上覆层为突变或渐变接触。

完整鲍玛层序的厚度与浊流的规模有关，可从 1 ~ 2cm 到数米不等。由于沉积阶段的不同以及浊流流动过程中存在极强的侵蚀作用，浊流沉积的地质体中很少有完整的鲍玛层序。鲍玛自己也对鲍玛序列作过总结。他认为完整的鲍玛序列只占 10% ~ 20%，仅仅在较厚的复理石沉积中才能发现，而一半以上只发育 C 段。但不论是 A 段、B 段或是 C 段为底，底面总有侵蚀面。鲍玛还指出，由于受到再一次浊流的侵蚀冲刷，或当第一次浊流发生沉积作用后不久又发生第二次浊流，后者前锋赶在第一次的层段前沉积；或位于海底扇的末梢部分，则仅有上部层段的较细粒物质沉积，即浊积岩层序的完善程度由浊流的频率和强度所决定。结果就形成了缺失底部的层段、顶部层段被削蚀、或者顶部底部层段均缺失的各种层序。

许靖华（1978）谈到，他看到完整的浊积岩不到 1%。赵澄林（1988）统计渤海湾地区古近系沙三段浊积岩的各段和各层序出现的频率，发现具有 ABCDE 完整层序的鲍玛单元也仅占所研究层段的 5% 左右。

2）非典型浊积岩

所谓非典型浊积岩，是与鲍玛层序对比而言的，主要是指鲍玛层序不全或由重力流向牵引流过渡的流体所形成的沉积岩。

（1）块状砂岩。

块状砂岩是指岩层内结构均一的砂岩或含砾砂岩。我国中、新生代陆相浊积岩中常见的厚层块状砂岩内部有时隐约显叠复递变特征。块状砂岩中出现泄水管和碟状构造，反映其最有可能成因于液化流沉积作用。

（2）叠复冲刷粗砂岩。

它是砂砾质高密度浊流沉积作用的产物。常表现为“AAA”序（简化为“AAA”），此处“A”是指一个递变层或一次重力流事件（图 11 - 14）；有时演变为“ABAB”序，每一个递变层之上均连续沉积有厚薄不等的平行层理砂岩。

(3)卵石质砂岩。

卵石质砂岩是一种厚度较大的叠覆递变的砾质砂岩层,每个递变层的下部含砾多,向上逐渐减少。由于砾石多系再沉积组分,故有一定磨圆度(图 11－15)。砾石有时显优选方位,在以砂为主的部分,有时也见交错层理和泄水构造。故这类岩石指示高密度浊流向牵引流和液化流过渡的特征。卵石质砂岩也指示重力流水道沉积环境。

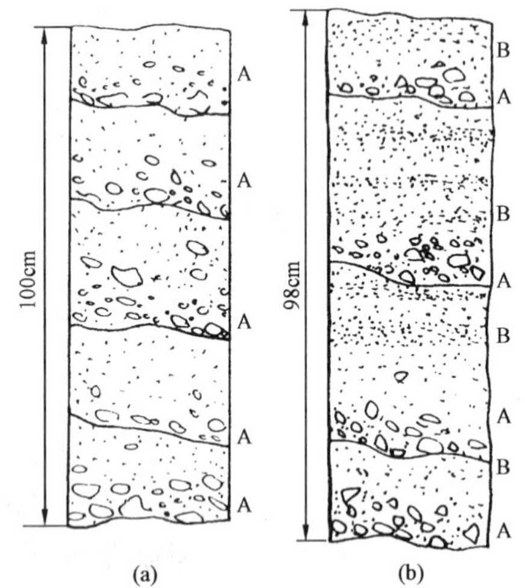

图 11－14　叠覆冲刷粗砂岩(刘孟慧,1984)

(a)饱含油叠覆递变含砾粗砂岩,显"AAA"序,东营凹陷,纯 47—1 井,沙三中,2420m;(b)含油叠覆递变含砾砂岩,显"ABAB"序,东营凹陷;纯 47—1 井,沙三中,2418m

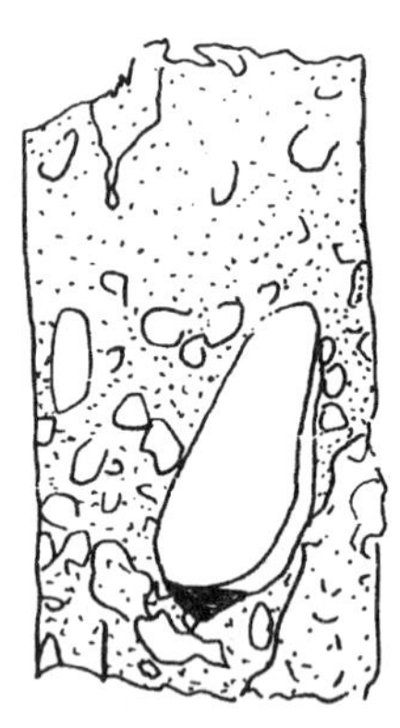

图 11－15　卵石质砂岩(赵澄林、朱筱敏,2001)

下递变卵石质砂岩中漂浮直径达 12cm 的花岗岩质砾石,显颗粒支撑结构,东濮凹陷,胡 7—18 井,沙三 4,321m

(4)颗粒支撑砾岩。

它是以再沉积砾石为主,细粒充填孔隙,并构成支撑;随细粒物质增加可过渡为卵石质砂岩(相)。按组构特征可划分为紊乱砾岩层、反递变—正递变砾岩层、正递变砾岩层、具递变和叠瓦构造的砾岩层等四种微相(图 11－16)。四种再沉积砾岩厚度大而不稳定,底面清晰;主要分布在内扇主沟道或非扇深水重力流水道中。

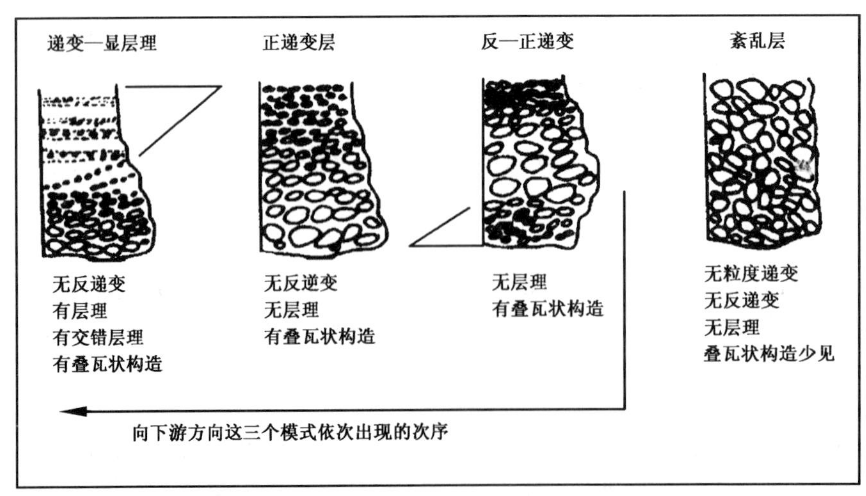

图 11－16　颗粒支撑砾岩层及再沉积砾岩的四种模式(赵澄林、朱筱敏,2001)

(5)杂基支撑的岩层。

此岩层由粉砂和粘土组成,杂基含量一般为25%～50%,可细分为杂基支撑砾岩、杂基支撑砂砾岩和杂基支撑砂岩等三种类型(图11－17),有时显递变现象,系水下泥石流沉积作用所致,反映扇根重力流水道环境。

(6)滑塌岩。

滑塌岩是指泥砂混杂并具有明显同生变形构造的岩层(图11－18),随着砂的减少可过渡为变形层理的页岩,系未完全固结的软沉积物,因重力滑动—滑塌沉积所致。广泛见于重力流沉积体系。在大陆斜坡脚根部的补给水道末端及主沟道的重力流沉积物中普遍可见。

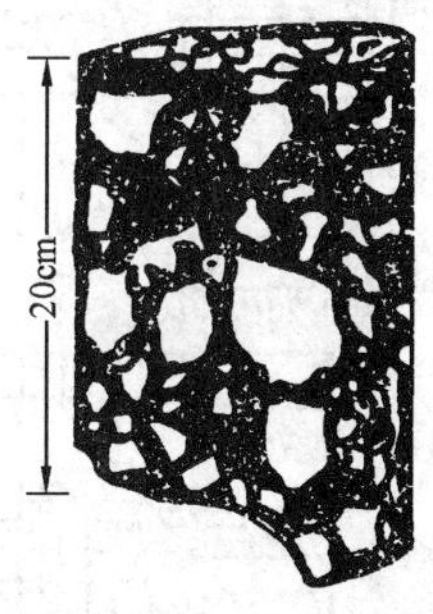

图11－17　杂基支撑砾岩层(刘孟慧,1984)
砾石呈漂浮状分布于粘土、灰泥和
粉砂组成的基质中,束鹿凹陷,晋22井,
沙三段(赵澄林、朱筱敏,2001)

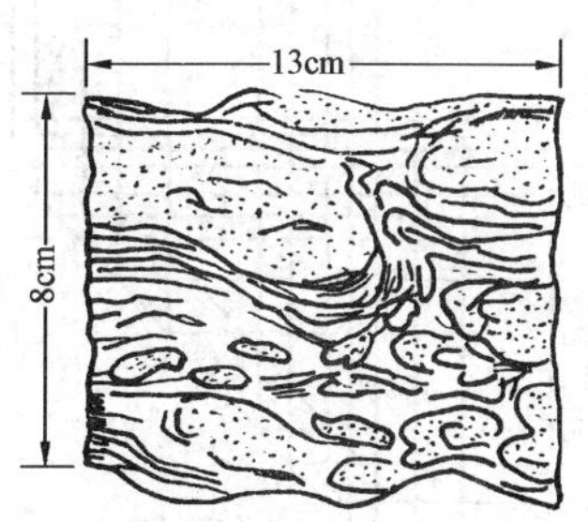

图11－18　滑塌岩(刘孟慧,1984)
砂质团块沉陷在灰色泥质沉积物中,
显旋卷及火焰构造,东营凹陷,纯51井,
沙三段(赵澄林、朱筱敏,2001)

2. 结构特征

重力流沉积物从泥石流(碎屑流)演化到浊流阶段,其唯一的或主要的搬运方式是悬浮和递变悬浮载荷搬运。其特征在粒度各项参数,例如,平均粒径、标准偏差、偏度和尖度以及由粒度参数所制作的概率图、$C—M$图、判别函数等方面均有良好反映。颗粒/杂基的比值低,分选性由很差到较好。概率图由一条斜度不大的较平的直线或微向上凸的弧线构成,说明只有一个递变悬浮次总体,粒度范围分布很广,分选差。在$C—M$图上点群分布平行于$C=M$基线,属于粒序悬浮区,也反映递变悬浮沉积为主的特点(图11－19)。

3. 构造特征

由于重力流沉积物(岩)的多样性,导致其构造特征的复杂性。但无论哪类重力流沉积物都是以递变层理或叠覆递变层理为最主要的鉴定标志,其次还有平行层理、波状层理、包卷层理、滑塌变形层理等。有时可伴有少量反映牵引流水流机制的交错层理和斜波状层理。

除层理类型外,槽模、沟模、重荷模、撕裂屑、变形砾、泥砾、直立砾、漂浮砾、液化锥、液化管、碟状构造、水下岩脉和水下收缩缝等特殊构造类型分布虽然不普遍,但一旦出现就有良好的指相性。

除指示深水环境的实体化石如有孔虫、放射虫、钙质超微化石外,还有反映浅水环境的生物。深水的遗迹化石如平行层理的爬迹、网状迹和平行潜穴等更具良好指相性。

微观下所见的再沉积组分诸如破碎鲕粒、化石碎片、晶屑和植物屑以及泥晶包壳等都在一定程度上反映重力流沉积作用。

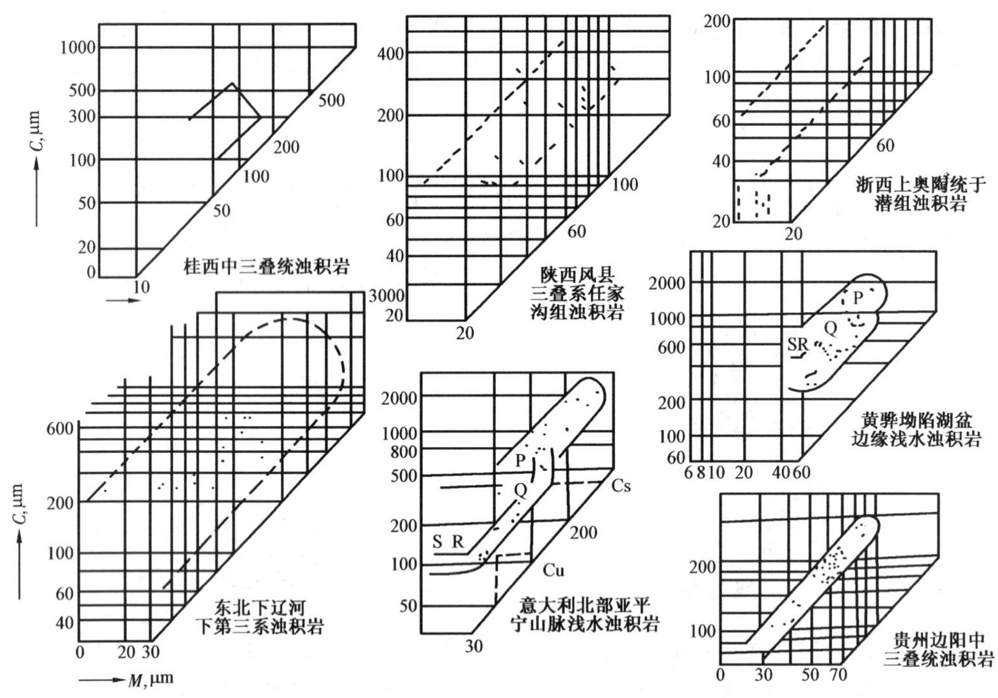

图 11-19　浊积岩的 C—M 图(洪庆玉等,1979)

三、重力流沉积相模式

1. 海底扇相模式

浊流沿海底峡谷流动,穿过陆棚和大陆斜坡流入深海盆地时,常形成浊积扇(深海扇、海底扇),根据海底扇的地貌特征及沉积特征,可将其组成分为内扇、中扇和外扇三部分(图 11-20)。

1)补给水道

补给水道或海底峡谷的主要作用类似于三角洲体系的河道,是将砂、砾和泥组成的重力流沉积物输送到深水环境中,高密度重力流具有侵蚀下切作用,使水道或峡谷不断向海底延伸。

2)内扇亚相

内扇亚相包括斜坡坡脚、有天然堤(水道堤)的主水道(主沟道)及主水道两侧的低平地区。在地貌单元上,这个亚相位于大陆斜坡和峡谷出口处。在斜坡脚地带沉积物较粗,主要有滑塌层、基质支撑的砾岩(泥石流沉积)及其他类型的砾岩。在主水道向下的延伸方向上,依次出现紊乱砾岩层、反粒序到正粒序砾岩、有层理砾岩等水道充填物,是内扇的主体。在天然堤、天然堤外或阶地外缘,漫出水道的细粒薄层浊流沉积层与浊流间歇期的远洋、半远洋沉积层形成互层,构成 C—E 序典型浊积岩。

该亚相沉积物的分布严格受地形控制,砾岩更是严格地受水道的限制。水道深度和宽度因地而异,其深度可达 100~150m,宽度有 2~3km。由于水道的迁移和加积作用可使砂砾岩分布的宽度变得更大。

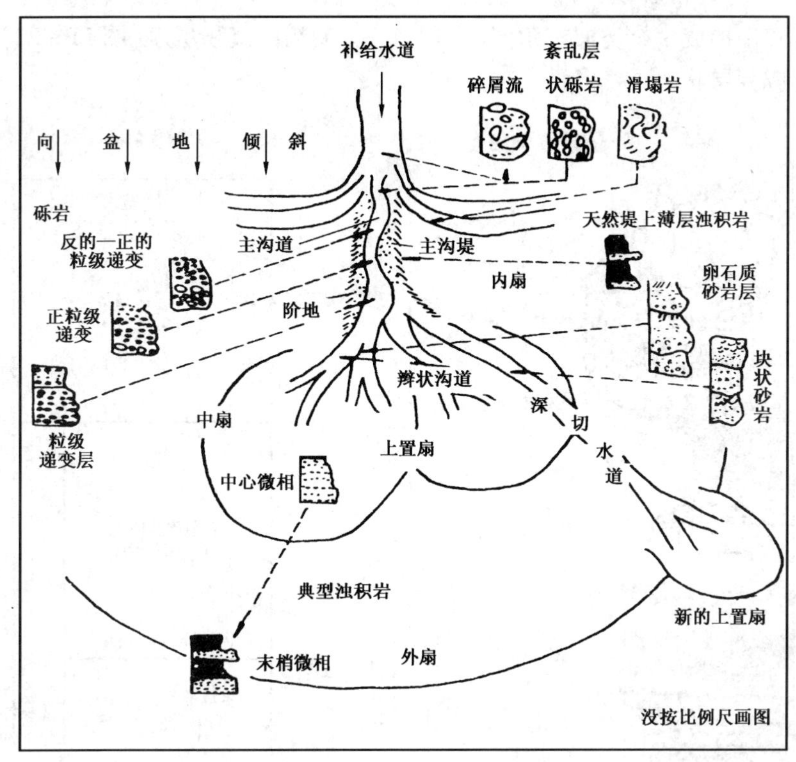

图 11－20　海底扇相模式，表示有关的亚相、微相、扇地形和沉积环境（沃克，1978）

3）中扇亚相

中扇位于内扇以外、外扇以内，常形成叠覆扇叶状体（叠覆扇舌）。叠复扇上部的辫状分支水道发育。在辫状分支沟道里，以卵石质砂岩（或含砾砂岩）和块状砂岩为主，有时可见颗粒流和液化流沉积。在辫状分支沟道间以不同序列的典型浊积岩分布为特征。

辫状水道一般宽 300～400m，深在 10m 以内。由于扇表面辫状水道的迁移和加积作用，可使颗粒流沉积的卵石质砂岩和块状砂岩连续出现，从而形成孔隙度和渗透率都非常好的优质厚层油气储集层。沟道部分以漫溢沉积的典型 B—E、C—E 序列浊积岩为特征。

4）外扇亚相和盆地平原相

外扇位于中扇之外的比较低平部分，基本无水道，沉积物分布宽阔而层薄，主要是 C—E 序列和 D—E 序列的末端型浊积岩，浊流间歇期沉积的泥质沉积物保存较好，所占比例也较高。外扇向外逐渐过渡到深海盆地，这时的重力流沉积有低密度底流特点，除局部地区因填平有所加厚外，在深海平原广阔面积上以远洋沉积典型浊积岩为特征。厚度很稳定，呈薄层状夹于远洋沉积的泥质岩中，有的薄粉砂层可以侧向追踪几十至数百千米。

5）深切扇

深切沟道是指深切湖底扇叶表面形成的沟道，重力流在低洼处形成小型深切扇，形成的沟道型浊积岩是一种与周缘沉积相不同的相类型，具有很大的含油气潜力。

6)海底扇推进式相层序

推进的海底扇形成一个类似三角洲的向上变厚、变粗的沉积层序(图 11－21)。它们与远洋沉积的泥岩成互层状。

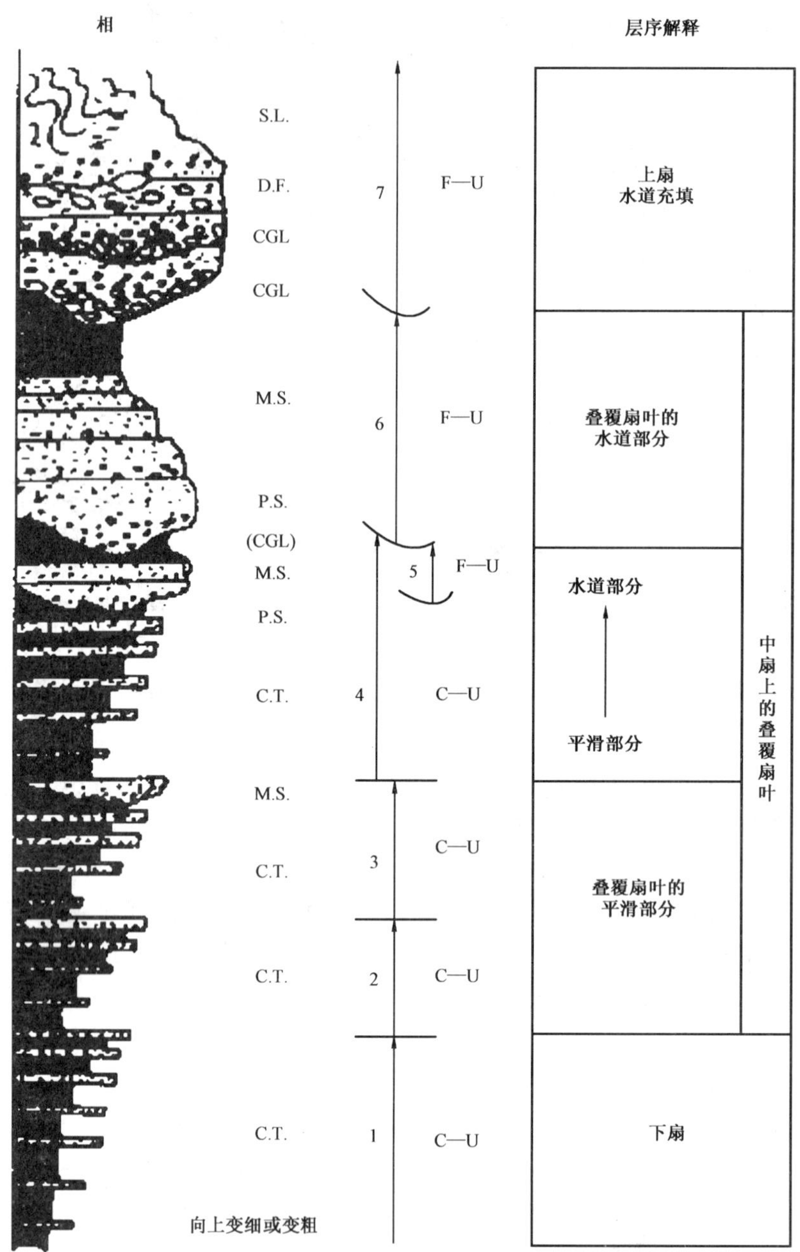

图 11－21　海底扇的推进式相层序(沃克,1978)

C—U—向上变厚和变粗的层序;F—U—向上变薄变细的层序;C. T. —典型浊积岩;
M. S. —块状砂岩;P. S. —含砾砂岩;CGL—砾岩;D. F. —碎屑流;S. L. —滑塌

2. 湖相模式

我国陆相湖盆发育,对于湖底扇的研究也比较深入,例如,渤海湾古近系发育湖相浊积岩,东营凹陷南坡梁家楼沙三中缓岸湖底扇(图 11－22)和东濮凹陷白庙沙三段陡岸湖底扇(赵澄林,1984)。其相模式和垂向层序均表现为推进式复合叠置的向上变厚、变粗层序。有几个C—U层序就大致反映了有几个“扇叶”的叠加,其特点是扇相砂体、砂砾岩体与深水泥页岩叠置出现。每个“扇叶”平面呈扇形,横剖面呈顶平底凸状,纵剖面呈楔状。从根部至扇缘,岩相带为补给水道—上部扇(或内扇)—中部扇(或中扇)—外部扇(或扇缘)—盆地平原(可有深切水道)。相应的岩石类型为:颗粒支撑或杂基支撑的砾岩、有序或无序砂砾岩—卵石质砂岩或块状砂岩—典型浊积岩。其总的变化趋势是沟道浊积岩减少,典型浊积岩增加,这是一个连续的变化过程。

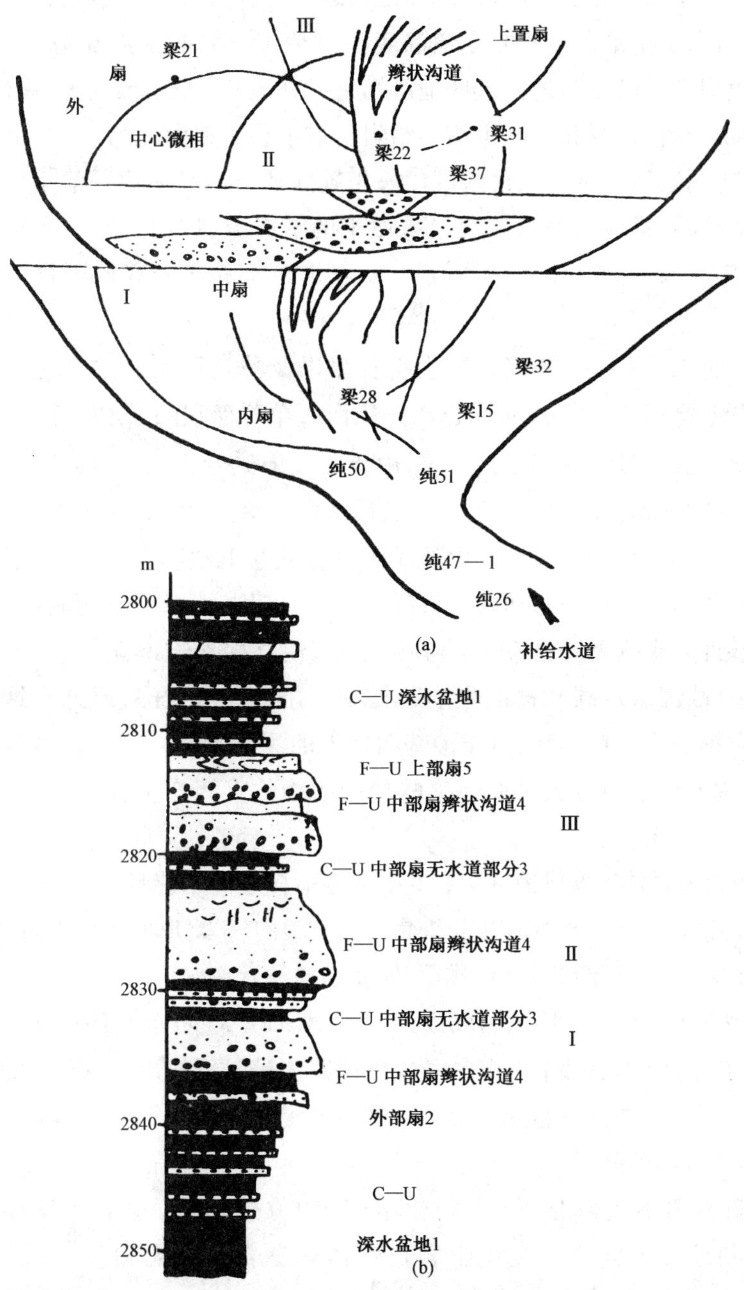

图11-22　东营凹陷纯梁地区沙三中湖底扇相模式及相层序(赵澄林,1984)

(a)显示三个“扇叶”的叠加,并依次向湖内推进;(b)显示三个不甚完整的相层序的叠加

第四节　碳酸盐沉积相

碳酸盐沉积相属清水沉积型，以碳酸盐沉积为主。

一、碳酸盐岩沉积环境和沉积作用

碳酸盐岩主要形成于温暖气候条件下清洁、透光的浅海环境。从现代海洋碳酸盐沉积分布来看，主要分布于南北纬30°的赤道温暖浅海地带，例如，加勒比海大巴哈马滩、波斯湾、孟加拉湾、我国南海诸岛等地。这些地区钙藻大量繁殖，珊瑚礁发育，局部有贝壳砂、鲕粒砂、葡萄状团块、球粒灰泥和造礁生物粘结岩正在堆积。在南北纬40°之间的深海盆地底部，有大量浮游生物碳酸盐沉积。这些现代海相碳酸盐产出环境都是清水环境，例如，加勒比海的三大碳酸盐滩，远离密西西比河口自西来的沿岸流，这就避开了大量细碎屑沉积物的注入；我国海南岛南端的三亚市的滨海海域，同样远离粘土及粉砂的供给区而以沉积碳酸盐为主。

碳酸盐的主要成分$CaCO_3$的沉积与生物骨骼以及藻类活动有关。现代热带浅海小于10～15m水深的海域，所产生的$CaCO_3$比深陆缘海每单位面积的$CaCO_3$多几倍，主要与这一水域的绿藻海松科及蓝绿藻特别丰富有关，由于藻类的光合作用，从海水中吸收大量CO_2，从而促使海水中的$CaCO_3$过饱和，沉淀出文石质灰泥。另外，钙藻的外壳也是文石质灰泥及颗粒的主要提供者，因此，藻类繁生可以提供大量碳酸盐沉积物，而它的生活需要一个温暖浅水清洁透光的环境。如果海水浑浊，不仅妨碍光合作用，而且阻止钙藻的生长，另外悬浮的粘土可以堵塞许多底栖无脊椎动物的摄食器官，使这些动物不能繁衍，也妨碍了大量碳酸盐颗粒的产生，故浑水对碳酸盐的生成起抵制作用。海水太深，阳光不足，氧气不够，对藻类和底栖无脊椎动物生长不利；位于浪基面之下的深海水域，水压大，溶解CO_2多，$CaCO_3$不饱和，因此深水不仅不会有大量原地碳酸盐沉积物的直接产生，而是对已堆积的碳酸盐沉积物有强烈溶解作用。

碳酸盐沉积物主要是生物成因的。有些生物能适应较高水能环境，甚至具有抗浪的生态本能，它们能在高能环境下就地快速生长聚集成为抗浪的礁体，形成高出于周围同期沉积之上的建隆。在高能带，由于向岸风及潮汐作用，使波浪搅动及海水压力变化，沿着斜坡上升的深部海水，温度骤然升高，水压降低，CO_2释放，促进了$CaCO_3$大量沉淀，同时从深水还带来大量其他养料，有利于造礁生物的发育生长。故在沿岸高能带常形成岸礁，例如，海南岛南端三亚湾的现代珊瑚岸礁；在滨外或陆棚边缘高能带常出现堤礁或堡礁，例如，澳大利亚东部沿海现代堡礁等。

浅海相碳酸盐岩不仅以化学、生物化学、生物方式形成，也有机械作用形成的，因此它是多种机制综合形成的一类化学岩及生物化学岩。颗粒和灰泥（相当于杂基）的比例及其组合而成的多种岩石类型，永远是鉴定浅海相碳酸盐岩沉积环境的重要标志。

二、碳酸盐岩沉积相模式

在20世纪50年代以前，人们对碳酸盐岩沉积环境的认识还相当肤浅，几乎全是笼统的“浅海相”化学沉积概念。从60年代开始，随着对现代碳酸盐沉积作用研究的深入和对碳酸盐沉积原理的逐渐认识和深化，对古代海相碳酸盐岩沉积环境的解释才取得突飞猛进的发展，并建立了一系列相应的沉积相模式。

1. 陆表海相模式

肖(Shaw,1964)首先把碳酸盐的主要沉积场所——浅海划分为两个不同的类型，即陆表海和陆缘海。

陆表海也可称为内陆海、陆内海、大陆海等，位于大陆内部或陆棚内部，具有以下三方面特征。(1)低坡度。海底坡度一般小于1ft/mile(1ft = 0.3048m，1mile = 1609.344m)；(2)范围广阔。延伸可达几百到几千英里；(3)水浅。水深一般只有几十米，一般不超过200m。

陆缘海也可称为大陆边缘海，位于大陆边缘、陆棚边缘或大洋边缘。其特征是坡度较大，海底坡度约2～10ft/mile；范围较小，宽度一般为100～300mile；深度较大，水深可达200～350m。

陆表海和陆缘海是性质大不相同的两种浅海。欧文(Irwin,1965)在肖的陆表海能量分布模式的基础上，提出了陆表海清水沉积作用的一般原理。所谓清水沉积作用，指的是没有或很少有陆源物质流入的陆表海环境中的碳酸盐沉积作用。也就是说，缺少砂泥陆源物质、水体清澈是陆表海碳酸盐沉积作用必不可少的环境因素之一。

欧文主要根据潮汐和波浪作用的能量，划分出了三个能量带，即远离海岸的X带(低能带)、稍近海岸的Y带(高能带)和靠近海岸的Z带(低能带)(图11－23)。

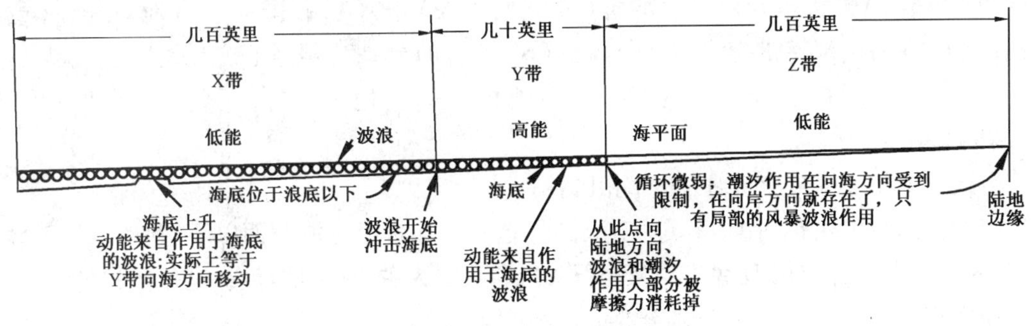

图11－23　陆表海的能量分带图(赵澄林、朱筱敏,2001)

X带(低能带)，指位于广海浪基面以下的地带，宽约数百千米。一般来说，海底很少受到扰动，只有海流能作用于海底，其沉积物主要来自高能带(Y)的细粒碎屑、灰泥。此带的大部分海底都接近于或低于光合作用的下限，因而生物及藻类不发育。如果海流不断供给充足的氧气，那么底栖生物就会繁殖起来，并能形成粗粒介壳碎屑，形成介屑泥晶灰岩。由于灰泥沉积物主要来自邻近浅水地区，其沉积速度一般较慢，而且海水温度又较低，因而不利于化学成因的灰泥发生沉淀。所以这一带沉积物的厚度不大。向远海方向海水逐渐变深，底栖生物不能大量发育。来自高能带的大量有机质都堆积在此带，同时许多浮游和游泳生物也堆积在这里，加上沉积物在沉积以后又很少受到扰动，因而所形成的沉积物一般呈暗色，水平层理发育，是可能的生油层。

Y 带（高能带），指从波浪开始冲击海底的地点开始，由此向滨岸方向延伸，直到浪能完全耗尽为止。此带宽约数十千米。由于这一带波浪及潮汐十分活跃，水浅、阳光充足、氧气充分，底栖生物及藻类大量繁殖，所形成的沉积物基本上都是生物成因的。在此带向海一侧，从深水上升带来的养料尤其丰富，因而各种生物，包括造礁生物大量发育，往往形成生物礁。而向滨岸一侧，则可见鲕粒砂，所见粒屑主要由砂砾级碎屑组成，灰泥很少，因此所形成的岩石主要为生物屑灰岩或鲕粒灰岩、内碎屑灰岩，分选、磨圆好，具有交错层理，是良好的储集层。

Z 带（低能带），指位于高能带向滨岸方向直至潮坪的区域。该带海水浅，宽可达数百千米，海水循环不畅，受潮汐影响大，波浪影响小，属于低能环境，只有暴风才可引起局部的波浪作用。此带海底坡度很小，在靠近滨岸的地带，因气候炎热干燥，海水蒸发，含盐度不断提高，因而主要沉淀白云岩、硬石膏或石膏以及各种盐类沉积物。岩性以泥晶灰岩或层纹状灰岩、白云岩为主，普遍富含球粒。沉积构造主要有干裂、冲沟、鸟眼、扁平砾石、蠕虫掘穴及生物钻孔等。由于该带水浅、循环局限、盐度及温度变化较大，因此生物群极不发育，数量也较少，仅有蓝绿藻、介形虫、腹足类等少量生物化石。

2. 综合相模式

威尔逊（Wilson，1975）归纳了陆棚上碳酸盐岩台地（即地形平坦的浅水碳酸盐沉积环境）和边缘温暖浅水环境中碳酸盐岩沉积类型的地理分布规律，把碳酸盐岩划分为三个大沉积区，九个相带，二十四个标准微相。

以横切陆棚边缘的剖面，从海至陆，九个相带依次是：（1）盆地相；（2）开阔陆棚（广海陆棚）相；（3）碳酸盐岩台地斜坡脚（或盆地边缘）相；（4）碳酸盐岩台地前斜坡（或台地前缘斜坡）相；（5）台地边缘生物礁相；（6）簸选的台地边缘砂（或台地边缘浅滩）相；（7）开阔台地（或陆棚潟湖）相；（8）局限台地相；（9）台地蒸发岩（或蒸发岩台地）相（图 11－24）。

上述九个相带可初步归纳为三个相区。

（1）盆地沉积区：包括①、②、③三个相带，这三个相带位于波及面以下，基本上处于静水状态，为低能带，沉积物以暗色细粒灰泥石灰岩和页岩为主，有机质丰富，是主要的生油区，由于分布面积广，剖面上可达几千米至数百千米，故称宽相带，相当于欧文的 X 带。

（2）台地边缘沉积区：包括④、⑤、⑥三个相带，这三个相带位于波及面之上，波浪作用强烈，为高能带。沉积物以礁灰岩、生物碎屑灰岩、鲕粒灰岩、内碎屑灰岩为主，储集空间发育，是良好的储集岩发育地带，这一相区宽度较窄，一般为 2～3km，故称窄相区，相当于欧文的 Y 带。

（3）台地边缘沉积区：包括⑦、⑧、⑨三个相带，该区位于碳酸盐台的近岸地区，属近岸低能带，沉积物以泥晶灰岩、白云质灰岩、白云岩、蒸发岩为主，可作为良好的油气盖层。这一相区分布范围宽阔，也称为宽相区，相当于欧文的 Z 带。

图示	宽相带			窄相带			宽相带		
	氧化界面	风暴波底	正常浪底				正常浪底 37~45mg/L	盐度增大 >45mg/L	
相号	1	2	3	4	5	6	7	8	9
相	盆地(停滞缺氧的或蒸发的) a.细碎屑岩; b.碳酸盐岩; c.蒸发岩	开阔陆棚 开阔浅海 a.碳酸盐岩; b.页岩	碳酸盐岩斜坡脚	前斜坡 a.层状细粒沉积岩,有滑塌现象; b.前积层碎屑岩及灰砂岩; c.灰泥岩块体	生物(生态)礁 a.粘结岩块体; b.生物碎屑上的壳和灰泥粘结岩; c.障积岩	台地边缘砂 a.浅滩灰岩; b.具沙丘砂的岛屿	开阔台地(正常海洋,有限的动物群) a.灰砂体; b.颗粒质泥岩—泥岩地区,生物丘; c.碎屑岩地区	局限台地 a.生物碎屑颗粒质泥岩、潟湖及海湾; b.潮汐水道中的岩屑—生物碎屑砂岩; c.灰泥潮汐坪; d.细碎屑岩	台地蒸发岩 a.盐坪上的结核状硬石膏和白云石; b.潮沼中的纹理状蒸发岩
岩性	暗色页岩和粉砂薄层石灰岩(欠补偿盆地);蒸发岩,含盐	富含化石的石灰岩与泥灰岩互层,分异良好的岩层	细粒石灰岩;在某些情况下有燧石	多变化,取决于上斜坡的水能量;沉积角砾岩和灰砂岩	块状石灰岩—白云岩	砂屑石灰岩,鲕粒灰砂或白云岩	各种碳酸盐岩和碎屑岩	一般为白云岩及白云质石灰岩	不规则的纹理状白云岩和硬石膏可过渡为红层
颜色	暗褐、黑、红	灰、绿、红、褐	暗到浅	暗到浅	浅	浅	暗到浅	浅	红、黄、褐
颗粒类型及沉积结构	泥岩;细粉屑石灰岩韵律层	生物碎屑和完整化石颗粒质泥岩;一些粉屑石灰岩	大多数是泥岩;也有一些粉屑石灰岩	灰粉砂和生物碎屑颗粒质泥岩—泥质颗粒岩,不同大小的岩屑	粘结岩和颗粒岩的囊状体,泥质颗粒岩	颗粒岩,分选良好,圆度也好	结构变化大,颗粒岩到泥岩	凝块的,球粒泥岩和颗粒岩;纹理状泥岩,水道中的粗岩屑颗粒质泥岩	
层理及沉积构造	极平坦的毫米级的纹理、韵律层理,波状交错纹理	完全被虫穿孔;薄到中层状;波状的结核状岩层;层面呈现间断	纹理少见,常为块状岩层;递变沉积物的透镜体;岩屑及外来岩块;韵律层	软沉积物中的滑塌;前积层理;斜坡生物丘;外来岩块	块状生物构造或开阔格架,具盖顶洞穴;与重力相反的纹理	中到大型的交错层	虫孔痕迹很多	鸟眼,叠层石,毫米级纹理,递变层理,白云石壳;水道中的交错层砂	石膏,硬石膏;结核状,玫瑰花状,羽状,刃状;不规则纹理,碳酸钙结岩
陆源碎屑混入物或互层	石英粉砂岩和页岩;细颗粒粉砂岩;燧石	石英粉砂岩,粉砂岩和页岩;分异良好的岩层	一些页岩,粉砂岩和细粒粉砂岩	一些页岩,粉砂岩和细粒砂岩	无	只有一些石英砂混入物	分异良好的岩层中的碎屑岩和碳酸盐岩	分异良好的岩层中的碎屑岩和碳酸盐岩	风刮来的,来自陆地的混入物,碎屑可以是重要的
生物群	只有浮游—远洋动物,在层面上局部富集	极其多样的贝壳动物	生物碎屑,主要来自上斜坡	完整化石及生物碎屑	主要为造架生物,在囊状体中呈枝状;在某些隐蔽处有原地生物群落	破坏的和磨蚀的介壳,此介壳生物生活在斜坡上,很少当地的生物	缺乏开阔海动物群(如棘皮类、头足类、腕足类);软体动物,海绵,有孔虫,藻类丰富的斑礁	很有限的动物群,主要为腹足类,藻类、某些有孔虫和介形虫	几乎无原地动物、叠层藻除外

图11-24　碳酸盐岩沉积相综合模式图(Wilson,1975)

第五节　生物礁相

一、生物礁概念及分类

1. 礁的概念

有关礁的概念已有100多年的历史，但其在地质学上的概念到目前为止仍有不同的理解。大多数学者多采用狭义的生态礁的概念，即造礁生物原地生长形成的具有隆起的正性地貌坚固的能抗浪的碳酸盐岩骨架。这里强调三个特点：生物成因；抗浪骨架；隆起地形。礁复合体或礁组合是指礁灰岩和有关碳酸盐岩的集合体，大多数人都把它看做生物礁的不同相的总称，凡是与礁形成发展有关的相都应概括在礁复合体中。

礁主要由礁核和礁翼组成。在一些群礁复合体中，礁间沉积也与礁的发展有密切关系（图11－25）。

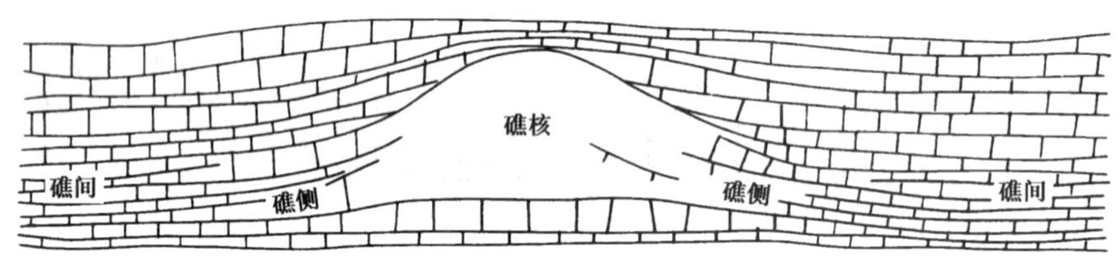

图11－25　点状礁的理想剖面(James,1979)

1）礁核

礁核是指礁体中能够抵抗波浪作用的部分，是礁的主体。它主要由原地堆积的生物岩或粘结岩组成。其中生物的含量很高，主要是造礁生物，还有一些附礁生物。这些造礁生物有时保存有原地的生长骨架，骨架间常有礁的破碎物等充填。

2）礁翼

礁翼通常是指礁相与非礁相呈指状交错过渡的部分。礁体迎风的一侧称为礁前，背风的一侧称为礁后。礁前处于迎风一侧，在风浪冲击下，礁碎屑顺着礁前缘的陡坡堆积形成的岩石一般称为礁前塌积岩或礁前礁砾岩。礁后沉积多由分选较好的砂屑石灰岩组成，胶结物多为亮晶方解石。礁后岩石含有较多的灰泥基质，碎屑物质主要为来自礁核的生物碎屑，与礁核的差别是动物群富含单体生物，与礁前相比，其生物门类和种属大为减少。

3）礁间

在一些群礁复合体中，礁与礁之间的沉积物和生物组分与礁的发展有极其密切的关系。在海侵的情况下，群礁通常发育，在礁间可以出现正常的海相碳酸盐沉积；当海退时，群礁的发育受到抑制，礁间可以出现一些潟湖相的沉积。

2. 礁的分类

根据礁的形态，可将礁分为以下几种类型：

（1）点礁也称为斑点礁。礁体近似圆形，或呈不规则状，是在潟湖或外滨海底较小隆起上形成的孤立小礁体。主要分布在大陆架海域波基面以上，并止于海面。

（2）宝塔礁也称为尖柱礁和孤礁，形似锥状或者陡侧向上变尖的丘状，是成礁期海底持续下降而成,多出现于深水带。

(3)马蹄形礁也称为新月形礁。向风一侧礁体发育,背风一侧不发育,礁体凸面迎风,多分布于开阔海盆中。

(4)环礁礁体围绕海底较大隆起的边缘生长,连接成环状,中央带凹下成潟湖,多出现于外滨广海中。

(5)丘礁孤立地分布,近似半球状,是波基面以下较深水碳酸盐堆积而成。圆丘礁或宝塔礁用来指示大陆架边缘或盆地内的单元岩隆。

(6)层状礁也称为带状礁和滩礁,分布面积较大,礁高度不大,多分布于碳酸盐岩台地上。

根据礁与海岸的关系可将礁分为三种类型:

(1)岸礁也称为裙礁,紧靠海岸向海方向生长,顶平,由于向海岸一侧斜坡常很陡,故发育陡峭的海岸峭壁或陡坡,呈曲线状。

(2)堡礁也称为堤礁。堡礁多在平缓的海岸生长,离海岸有一定距离。平面上礁多呈曲线状,平行海岸分布。当代最大的堡礁是澳大利亚东北岸的大堡礁,长达2000km,向岸外延伸达50~145km。

(3)环礁远离海岸,位于广海中呈环形或不规则的断续环形礁,其四周常露出海面呈低矮的环形礁岛,中间常有一个不深的潟湖。

二、生物礁相类型及沉积特征

礁相是指礁复合体的不同组成部分,我们把礁复合体看成是由骨架相、礁顶相、礁坪相、礁后砂相、潟湖相、斜坡相以及塌积相(近侧和远侧塌积相)组合的总称(图11-26)。

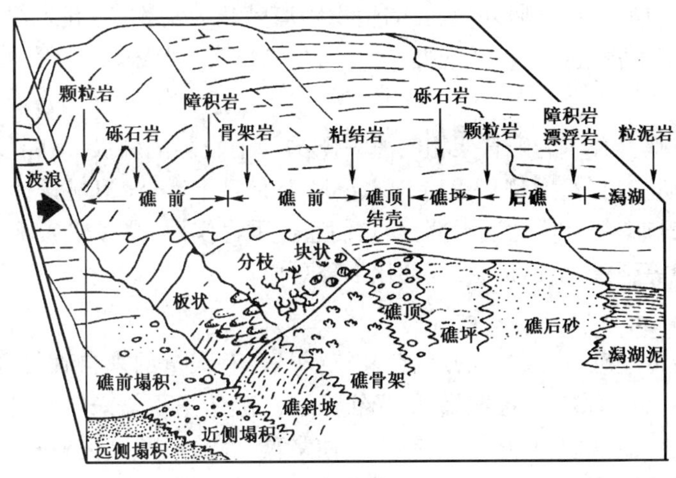

图11-26 礁复合体的各带示意图(赵澄林、朱筱敏,2001)

1. 礁骨架相

礁骨架相位于礁的前缘。波浪和水流扰动强烈,阳光充足、气候温暖、水循环好,适合骨架生物生长,是造礁生物繁衍最旺盛的地方。由于生物的侵蚀作用以及波浪、潮汐和流水的作用,骨架遭到一定程度的破坏。一些破碎的原生骨架碎屑可从礁骨架搬运到礁后区,或在重力作用下堆积在礁前。这样,当骨架生长时,一方面有原生骨架保存下来,另一方面骨架间和骨架内的原生孔隙中也可以堆积大量的骨骼碎屑。

2. 礁顶相

礁顶相是礁复合体中最浅的相带，常出现在礁的顶部。它有以下两个完全不同的类型：一种是礁顶由活着的珊瑚骨架组成，为扁平的板状珊瑚，低能区则由指状珊瑚组成；另一种是由珊瑚砾块和红藻石组成，珊瑚碎屑的粒度为砂到巨大的漂砾，漂砾是由风暴从礁骨架上撕裂下来的。在西沙群岛，一般礁复合体无活着的礁顶存在(何起祥等，1986)，实际上都是一些次生礁顶，它与太平洋中大量发育的次生礁顶类似。

3. 礁坪相

礁坪相位于礁顶相和礁后砂相之间的地带，是礁复合体中最宽的一个相带。该地区地形平坦，在特大低潮时，部分地区可以露出水面。与礁骨架相和礁顶相相比，礁坪相的波浪和水流的能量较低，水的循环受到限制，这就在一定程度上限制了生物繁育。礁坪上的沉积物分选中等，颗粒呈棱角状到次圆状。它们多由珊瑚碎屑、红藻、软体动物、棘皮类以及有孔虫组成。

4. 礁后砂相

礁后砂相位于礁坪后侧，两者是逐渐过渡的。宽度一般为数十米，水深一般为1～5m，最深可达10m，有时部分可以暴露在水面之上成为小岛。沉积物分选中等到较好。现代珊瑚礁内，礁后砂的主要成分是珊瑚和钙藻碎片，但也常常见到棘皮类、软体动物和有孔虫的碎片，灰泥很少。但当海平面长期稳定时，可以造成几千米宽的礁后砂坪。在这些砂质礁岛中，通常有淡水透镜体，它们对碳酸盐砂的成岩变化起着重要的作用。

5. 潟湖相

潟湖是指环礁内或礁复合体之后一个静水环境，其沉积物以灰泥为主。水深只有几米，波浪的能量比较低，水的循环受到限制，沉积物一般为碳酸盐泥和细粒的碳酸盐砂，分选差。除来自礁骨架的极细粒的生物碎屑外，主要的生物碎屑是软体动物、有孔虫以及仙掌藻，缺少广海的生物，还有许多生物进行着广泛的掘穴活动，如棘皮类、甲壳类以及软体动物。

6. 礁斜坡相

礁斜坡是指在礁复合体的礁骨架相向海一侧的一个较陡的斜坡。在斜坡上，只有零星的珊瑚；当有海水扰动时，有八射珊瑚发育。水深通常有几十米，波浪能量比较低、阳光不太充足。沉积物主要来自礁复合体的浅水部分，它们通过重力作用，漂移和沉降进入该环境中。沉积物的分选性是中等到差，呈透镜状，下部比上部更厚。

7. 近侧塌积岩相

近侧塌积岩指位于礁斜坡之下的地带，其特征是含有大量的来自礁复合体的碎屑和少量的活着的钙质生物。水体深，波浪能量低，光线微弱。礁的塌积物来自礁复合体，礁岩碎块有时很大，其粒径可达几米以上。此外，还有一些仙掌藻、红藻以及其他各种不同的生物成因的颗粒。横向上连续性比较好的层状构造和零星的生物潜穴构造是塌积相中常见的沉积构造。层的厚度从几厘米到几米，通常被页岩所分隔。塌积岩中这种层状构造的存在是区别礁骨架相和礁后相的重要标志。

8. 远侧塌积岩相

远侧塌积岩相位于塌积岩相的下斜坡。该地区的沉积物粒度较细，含大量的浮游生物。它是浮游生物和来自礁复合体的细粒碎屑物质的混合。远侧塌积岩和近侧塌积岩之间是渐变的。当来自礁复合体的碎屑物质逐渐消失后，远侧塌积岩的塌积物就逐渐过渡为深水盆地相的沉积物。

各相特征见表 11－3。

表 11－3　现代礁复合体相的特征(何起祥等,1986)

相	沉积作用和生物的控制	保存的生物类型	颗粒大小	分选性	骨架含量 %	深度 m	主要岩石类型
潟湖	低能,生物浅穴发育,零星的流水和扰动	软体动物、棘皮、小粟虫、有孔虫和介形虫	泥,但泥有粗骨架碎屑	差	0	5～30	颗粒泥质岩
礁后砂	有零星的风暴和流水横过礁,含盐性,重力滑动	仙掌藻、小粟虫、少量红藻和指状珊瑚	粗	中—好	0	1～10	颗粒岩
礁坪	零星的风暴,水循环好,分离现象	指状珊瑚、红藻、绿藻、底栖有孔虫和大的珊瑚	粗—很粗	中	0～10	1～3	颗粒岩,有少量珊瑚
礁顶	波浪能量低,持续扰动,水循环好	抗浪的珊瑚和藻	很粗	中—好	0～80	0～2	颗粒岩(少量粘结岩)
礁骨架	水循环好,波浪能量强	丰富的珊瑚、藻、软体动物、棘皮、有孔虫	骨架和砂	差,洞穴中有泥	28～80	1～30	粘结岩
礁斜坡	光线受限制,有零星扰动,碎屑的重力搬运作用	软珊瑚,扁平状、板状珊瑚,海绵	混合的	差	50～40	20～50	泥质颗粒岩,粘结岩
近侧滑塌岩	零星扰动,碎屑的重力搬运,缺少光线,不稳定—稳定	仅有少量的活着的生物	中—粗	差—好	0	40～100	颗粒岩,泥质颗粒岩
远侧滑塌岩	静水,无光线,沉积物重力滑动	浮游有孔虫	细	中—好	0	100～200	泥质颗粒岩

第六节　地史时期海相组鉴定标志及其与油气的关系

目前,石油和天然气在海相矿产资源中仍居首位。现已探明的海上油气田,绝大多数都分布在广阔的大陆架上。现今大陆架总面积的 75% 被沉积盆地占据,而且大多数是中、新生代沉积盆地,沉积厚度巨大,一般都在 5000m 以上,有的超过 10000m。由于大陆架上利于有机质的大量堆积和埋藏,并有利于储集岩的发育,为油气的生成和聚集提供了良好条件。

滨岸相中碎屑岩发育,有各种类型的砂体,是油气储集的良好场所。

大陆坡的沉积物比大陆架更细,含有大量的海洋浮游生物,在乏氧的水体中有机物易于保存,加之大陆坡及其外缘可有浊流砂体的分布,故半深海也应具有油气生成和储集的条件。在现代陆坡外缘的深海陆隆之下,有很厚的沉积物,可能含有大量的油源岩,并具有通向封闭油藏的可渗透性的迁移路径。深海相浊流沉积具有油气生成和聚集的条件,已被近年来的油气勘探所证实,美国的洛杉矶盆地和文图拉盆地的一些油气田,岩层就是古近系和新近系深海浊流沉积类型。

海相组中可发育一系列生、储、盖组合，其原因如下所述。

（1）油源层主要为浅海相暗色粘土岩和碳酸盐岩，含大量化石，有机质丰富。

（2）储集层为海相砂岩体和具有孔隙、溶洞、裂缝的海相碳酸盐岩，特别是生物礁石灰岩，其储量大、产量高。例如，中东伊拉克的基尔油田（属波斯湾盆地），可采储量为 20.5×10^8t；墨西哥的老黄金巷油田（属于墨西哥湾盆地），可采储量为 1.92×10^8t，有 3 口井初产量极大，单井日产油 1×10^4t 以上，最高单井日产油 3.714×10^4t；利比亚也有单井日产油达万吨的生物礁油田。我国东部海域浅海区蕴藏着丰富的油气资源，并陆续投入开发。

（3）盖层为海相粘土岩、泥灰岩、石膏以及巨厚的致密块状石灰岩等。

除岩相之外，海底地形在储油构造上有重要意义。近年，在世界上几个盛产石油的海湾（墨西哥湾和波斯湾）以及在地中海等区域发现的一些底辟构造，被证明是海底油气储集的有利地区。

复习思考题

1. 如何对海相组进行相带划分？
2. 试述滨岸相的亚相划分及沉积特征。
3. 试述浅海陆棚相的亚相划分及沉积特征。
4. 简述半深海相、深海相的沉积类型。
5. 试述海相组沉积与油气的关系。
6. 简述障壁岛相的沉积特征。
7. 简单论述鲍玛序列各层段的划分及特征。
8. 试述欧文的陆表海能量带的划分及沉积特征。

附录一　沉积岩分析实训

[**实训目标**]通过该系列实训，要求掌握肉眼观察岩石的方法和描述方法，学会准确估计各组分的百分含量，能够识别各种沉积构造并分析其成因及形成环境。掌握粒度分析的方法和图件的绘制方法。重点是掌握沉积岩的观察方法和描述内容，形成基本的识别能力。

实训一　沉积构造的观察与描述

一、目的要求

学会观察和描述（包括素描）各种沉积构造特征，了解各类不同成因的沉积构造的一般特征；要求掌握常见的沉积构造的鉴别标志并分析、推断其成因及形成环境。本实训需安排2学时。

二、实训内容

(1)层理：水平层理、平行层理、板状交错层、槽状交错层、微冲刷面、透镜状层理、波状层理、粒序层理（递变层理）、韵律层理、块状层理。

(2)层面构造：波痕、干裂、槽模、沟模。

(3)同生变形构造：滑塌构造、包卷层理、球枕构造。

(4)化学成因构造：石盐假晶、结核、龟背石、缝合线、叠锥、鸟眼构造。

(5)生物成因构造：叠层石构造、虫孔构造、虫迹。

选择三至五块构造标本进行描述（包括绘素描图），描述内容包括以下几个方面：(1) 岩石类型或名称；(2) 沉积构造类型；(3) 构造形态特点；(4) 分析成因及环境。

三、内容提示

对任何沉积构造，除需注意观察它们的整体形态外，还需注意它们的大小和规模，例如，纹层厚度，层系厚度，交错层理交错角大小，波痕指数，槽模高宽及密集度，缝合线等的起伏规模，干裂的垂直深度和水平宽度，晶痕、鸟眼、结核、虫孔的大小、多少等。对各种层理构造、冲刷构造、包卷层理、鸟眼构造、结核、藻叠层等，还需注意它们在粒度、成分或颜色方面的变化。

有些沉积构造可指示古水流方向，如槽模、不对称波痕、大多数交错层理等；有些沉积构造可指示岩层的顶底面，如浪成对称波痕、干裂、槽模、部分交错层理、柱状叠层石等，观察时应注意这些特征。

四、复习思考题

(1) 所有观察过的沉积构造主要存在于什么岩石中？

(2) 哪些沉积构造可作为指向构造（即指示水流方向的原生沉积构造）？哪些沉积构造可作为沉积物的暴露成因标志？

(3) 哪些构造形成于流水环境中？哪些构造形成于潮汐环境中？哪些构造形成于重力流环境中？哪些构造形成于滨岸环境中？

实训二　常见碎屑岩标本的肉眼观察与描述

一、目的要求

通过对碎屑岩标本的观察，了解碎屑岩的基本特征，掌握碎屑岩观察与描述的方法；熟悉碎屑岩标本的观察与描述的内容，掌握碎屑岩成分分类和命名原则，学会识别碎屑岩的结构并掌握碎屑岩定名方法。本实训需安排 2 学时。

二、实训内容

使用下列碎屑岩标本：(1) 石英砂岩；(2) 长石砂岩；(3) 岩屑砂岩；(4) 粉砂岩；(5) 长石质石英砂岩；(6) 岩屑质长石砂岩；(7) 岩屑质石英砂岩；(8) 长石岩屑质石英砂岩；(9) 石英砾岩；(10) 复成分砾岩；(11) 火山角砾岩。

三、内容提示

1. 描述示例

具体实训标本可能有所不同，故以下描述示例仅供参考。

石英砂岩：特征是岩石经长期破坏冲刷分选而成，成分较单一，石英含量有时高达 90% 以上，磨圆度高，分选性好，一般具有中至细粒砂状结构。陆相成因胶结物多为泥质和钙质，多灰白色；海相石英砂岩多见硅质、钙质和铁质胶结，有红褐色、浅绿色、灰白色等。石英砂岩经历反复磨蚀的次数越多，时间越长，石英砂岩越纯净。一般多形成于浅海、浅湖地区，常具有大型交错层理。

长石砂岩：特征是长石含量超过碎屑总量的 25%，以钾长石为主，多呈肉红色或浅棕黄色。胶结物一般为泥质或钙质；中—细粒砂状结构，也有粗粒砂状结构。分选及圆度变化较大。

岩屑砂岩：又称硬砂岩。岩屑组分超过碎屑总量的 25%，类型较复杂，常见的是各类喷出岩、千枚岩、板岩、泥质岩、硅质岩等细晶或隐晶质结构的母岩碎屑。其他组分有石英、长石、黑云母、重矿物。胶结物以泥质为主，也可见绿泥石及绢云母等。粒度多为粗砂，分选、圆度都较差。

砾岩、角砾岩：砾岩主要由砾石组成，砾石之间的孔隙多为砂质充填，胶结物为泥质和其他化学沉积物质。当岩石中棱角状或次棱角状的砾石（常称角砾）含量大于砾石总量的 50% 时，称为角砾岩。

火山角砾岩：由粒径为 2 ~ 100mm 的火山碎屑所组成的岩石。火山角砾的成分主要是熔岩碎屑、火山碎屑，也有少数其他角砾，此外，还可混入一些晶屑和玻屑，通常为凝灰质胶结。火山角砾多半为棱角状，无任何分选现象，不具层理，常为酸性或中性岩浆产物，例如，安山质火山角砾岩、流纹质火山角砾岩等。火山角砾岩常与集块岩共生，产于火山口附近。

2. 观察与描述时应注意的问题

(1) 描述时按照以下顺序逐项进行：① 观察岩石颜色，若不是单一颜色采用复合描述方法，即主要颜色放在后面，次要颜色放在前面，例如，灰黄色的泥质长石砂岩；② 观察与描述岩石的成分和含量，按主要、次要、少量依次描述；③ 观察与描述岩石的结构特征，按粒度及含量、圆度、球度、表面形态、分选性、碎屑的接触方式等顺序进行，对特征不明显的可略；④ 观察与描述岩石的构造特征，对可见的构造类型、特征按要求详细描述；⑤ 观察与描述胶结物的类型及胶结方式，对于混合胶结的要说明主要胶结物，同时估计含量；⑥ 其他特征的描述。最后综合命名:颜色+粒度名+成分+岩石名称。

(2)砂岩中组分的含量估计。组分的含量估计要遵循“两个百分百”,即:

颗粒含量+胶结物含量+杂基含量+孔隙含量=100%

石英含量+长石含量+岩屑含量+其他(重矿物、云母等)=100%

(3)对不同类型长石的识别及长石的次生变化特点要进行详细说明,同时要加强常见岩屑的识别训练。

四、复习思考题

(1)试比较粉砂岩和砂岩在成分和结构上的异同。

(2)为什么粉砂岩比砂岩更富含碎屑云母?

(3)砂岩和砾岩中的岩屑有哪些不同?为什么会有这些不同?

(4)碎屑岩的三级命名适用于砂岩分类吗?有什么不同?

(5)无论是砂岩还是砾岩,其中的岩屑都是母岩岩石类型的直接反映,能将岩屑类型和母岩岩石类型等同起来吗?为什么?

(6)试比较长石砂岩和石英砂岩在成分和结构方面的差异。

(7)如何根据长石砂岩的结构成熟度做成因分析?

(8)试比较火山碎屑岩与砾岩的区别。

实训三　粒度分析及其资料整理并绘制粒度图件

一、目的要求

了解作为粒度分析的试样制备方法;掌握筛析法、移液管法、薄片粒度分析法等几种常用粒度分析方法的分析原理、操作步骤及各粒级重量百分比的计算方法;掌握粒度分析资料的图解法等方法和粒度参数在沉积环境中分析中的应用。本实训需安排2学时。

二、实训内容

(1)参观筛析法和沉降法中的移液管法的操作表演;

(2)练习几次移液管法的操作过程;

(3)根据所给数据(附表1、附表2)分别绘制样品A和样品B的直方图、频率曲线图、累计曲线图和累计概率曲线图,求出M_d、M_z、M_o、S_o、δ_1、SK_1及K_G粒度参数并进行解释,判别样品A、样品B的沉积环境。

附表1　样品A的筛析记录(原重25g)

粒径,mm	粒径,ϕ	质量,g	质量百分比	累计质量百分比
>2.0		2.81		
2.0~1.0		7.71		
1.0~0.5		6.18		
0.5~0.25		6.59		
0.25~0.125		0.96		
0.125~0.0625		0.1		
<0.0625		0.59		

附表 2　样品 B 的筛析记录(原重 25g)

粒径,mm	粒径,ϕ	质量,g	质量百分比	累计质量百分比
>2.0		0.5		
2.0~1.0		0.6		
1.0~0.5		4.15		
0.5~0.25		14.44		
0.25~0.125		4.12		
0.125~0.0625		0.1		
<0.0625		0.09		

(4) 附表 3 是某油层的 C—M 值,试绘出其 C—M 图,解释其流水性质及有关沉积环境。

附表 3　某油层的 C—M 值　　单位:μm

样品	1	2	3	4	5	6	7	8	9	10	11	12	13	14	15	16	17
C 值	39	44	49	60	70	62	110	125	150	200	250	300	340	400	500	520	440
M 值	15	18	16	25	30	30	50	50	60	70	100	110	120	125	250	260	200

三、内容提示

利用筛析记录资料作直方图、频率曲线图、算术累计曲线图及概率累积曲线图,最后采用福克和沃德的计算公式求出平均粒径和中值、标准偏差、偏度及峰度粒度参数,并分析该样品的可能沉积环境。

注意:在作直方图、频率曲线图、算术累积曲线图时,横坐标为 ϕ 值标度,由左向右,ϕ 值由小至大(由粗至细),10mm 代表 1ϕ,纵坐标为算术标长,10mm 代表 10%;概率积累曲线图作在另外发给的正态概率纸上。

四、复习思考题

(1) 粒度常数有哪些?各有什么作用?

(2) 试述概率累积频率图的坐标、图形特点和作用。

实训四　偏光显微镜下碎屑岩的鉴定及孔隙、胶结类型的观察与描述

一、目的要求

熟悉沉积岩常见造岩矿物在显微镜下鉴定特征和鉴定方法。观察和掌握基底式胶结、孔隙式胶结、接触式胶结、无胶结物式胶结等胶结类型的胶结特征,并注意区分;通过显微镜的观察进一步准确估计碎屑含量;观察碎屑岩中常见的孔隙类型。本实训需安排 2 学时。

二、实训内容

(1) 常见它生矿物:石英、长石、白云母;

(2) 常见自生矿物:方解石、白云石、石英、长石、玉髓、海绿石、石膏;

(3) 薄片:石英砂岩、砾岩、长石砂岩、钙质泥质岩屑砂岩、粉砂岩。

要求用光性矿物学系统鉴定的方法对上述矿物做详细观察,分别描述各种矿物的主要鉴定特征;熟悉岩屑内部成分和残余结构,掌握镜下鉴定岩屑的方法;观察石英、长石、玉髓、海绿石、石膏、方解石、菱铁矿胶结物的光性;掌握常见孔隙类型的观察方法和特征。

三、内容提示

石英:无色透明,表面光洁,低正突起,无解理,最高干涉色一级黄,性质稳定,无任何风化蚀变现象。它生石英常为等轴粒状或稍呈一个方向伸长,可含尘点状、针状、短柱状或片状包裹体,有时有裂纹或波状消光。碎屑岩中的自生石英多呈碎屑石英的次生加大边,偶尔也呈全自形的三方柱状出现(在碳酸盐岩中更是如此)。硅质岩中由玉髓转化而来的自生石英呈镶嵌粒状。

长石:常见的碎屑长石为钾长石(多为正长石、微斜长石、条纹长石)及酸性斜长石(钠长石、更长石),有时仍具有板状形态。根据特殊的双晶、条纹、环带、蠕变构造、解理和易高岭土化或绢云母化等,不难将其与石英区分。高岭土多为极细小的尘点状,通常没有光性反应,故高岭土化的长石常常显得较污浊;绢云母为鳞片状集合体,较透明,干涉色最高可达二级,常见一级黄,故绢云母化的长石在正交偏光显微镜下可呈现出一些闪亮的小点。钾长石比较容易高岭土化,斜长石比较容易绢云母化,不过相反的情况也经常可见。

常见的自生长石也多呈次生加大边形式环绕在碎屑长石周边,其中大多是由粘土矿物转化而成,含杂质较多而显得污浊。确切地说,这是碎屑长石的交代边,是交代粘土矿物形成的。只有干净透亮的次生加大边才是真正的加大边。偶尔也有全自形的板柱状自生长石产出。白云母性质稳定,常无色透明,片状,具有一组极完全解理。垂直解理面的切面有很明显的低正—中正闪突起,干涉色最高达二级上部,很鲜艳。

方解石和白云石:两者的光性十分接近,当晶体颗粒大于泥晶级时,都有很强的闪突起和典型的高级白干涉色。在未重结晶或重结晶不强的碳酸盐岩中,白云石常常以菱面体自形晶产出,薄片中为菱形或平行四边形,有时还有由杂质构成的雾心、环带或两者兼有,当这种菱面体彼此镶嵌使晶体生长受到限制时,菱面体将会不同程度地变形,但仍可看出菱面体的痕迹,方解石很少具有菱面体形态(除非方解石交代了菱面体白云石)。胶结物方解石常呈针状、纤维状或叶片状,也可呈非规则粒状。现在通常用茜素红—S 对薄片染色的方法区别方解石和白云石,方解石可染成红色,而白云石不染色。当方解石或白云石晶体较粗大时(多因重结晶的缘故),若一个晶体同时发育有聚片双晶和菱形解理时,就可以观察聚片双晶纹与菱形解理的对角线的关系,聚片双晶纹平行长对角线时为方解石,平行短对角线时为白云石。陆源碎屑岩中的方解石和白云石一般都是基质或胶结物,只有在砾岩或极少数砂岩中才有可能以陆源碎屑形式出现,也可按上述办法鉴别。

玉髓:无色或稍带褐色,低负突起,晶体轮廓不固定,在正交偏光显微镜下静止物台,常呈纤状、扇状、放射状集合体或为边界弯弯曲曲的泥晶—极细晶级粒状;随物台转动,其边界可在附近小范围内呈扩散、收聚式移动,最高干涉色为一级灰白。纤状玉髓的延性可正可负,分别称为正玉髓和负玉髓。玉髓易失水重结晶成镶嵌粒状石英。

海绿石:新鲜者呈深浅不同的绿色,氧化后呈褐黄色或土黄色等,多为鳞片状集合体。集合体呈颗粒状或填隙状。因其颜色较深,一般难辨其干涉色。海绿石有典型的集合偏光现象,即由极细小的单一矿物构成的集合体在正交偏光显微镜下不消光(仍为绿色),因为这些细小微粒在集合体内的空间取向是随机的。从统计学上说,物台处在任何位置,总有大致相等的晶粒数不处在消光位。这种现象一般只有当集合体内矿物颗粒小到不易辨别时才比较典型。在沉积岩中,具有这种现象的还有泥晶碳酸盐矿物及各种粘土矿物和绿泥石等。

石膏:无色透明,板状、粒状、纤维状、小柱状或针状,低负突起,两组完全解理,板柱状晶体可发育燕尾双晶,最高干涉色一级黄。在蒸发岩和萨勃哈型白云岩中常见,也可作为碎屑岩的胶结物。脱水后变成硬石膏。硬石膏呈低正突起,干涉色可达三级。

砾岩薄片观察:主要是为了确切鉴定砾石的种类,详细研究填隙物的成分、结构、颗粒之间的关系以及其他自生变化。由于砾石成分可以是任何种类的母岩,因此鉴定砾石种类就需要全面了解各种岩石的主要鉴定特征。观察时一般采用较低倍率的镜头。当砾石较粗大时,注意不要将砾石和填隙物混淆,这时可先用肉眼观察薄片,待确定了它们的相对位置和大致范围后再放在显微镜下观察。

石英砂岩:其碎屑成分几乎全是单晶石英,仅有很少的长石、燧石岩屑和重矿物。海绿石可呈填隙状(即胶结物),也可呈颗粒状(即自生颗粒)。胶结物除海绿石外,还有大量次生加大边石英,它与碎屑石英间的界线是由尘点状杂质表现出来的(即有痕加大),有时清楚,有时仅隐约可见。次生加大边是成岩期的产物,在观察结构特征(粒度、圆度、分选等)时注意不要受它的影响,首先观察结构(粒度、分选、磨圆),然后观察成分(碎屑成分和填隙物成分)。在偏光显微镜下区分碎屑长石和石英、钾长石和斜长石一般不困难,但当长石不显双晶时就易与石英相混。这时可注意碎屑外形、解理和有无蚀变现象。岩屑是长石砂岩中另一常见碎屑成分,它的表现形式是“多晶集合体”或“晶质与玻璃质的集合体”,常常带有母岩岩石的某些结构残余,岩屑种类的鉴定主要就是依据这些晶体和结构。另外,长石砂岩中也常含云母碎屑,白云母、黑云母都有,但黑云母有时已褪色,多色性不明显,只有三级以上的干涉色会保留。相对石英砂岩而言,长石砂岩中的重矿物可能更多一些,但是含量通常都极少,薄片中常常只能以“个数”计,所以不要误把单一薄片中的重矿物种类和相对丰度看成是整个岩石重矿物的全部特征。

粉砂岩薄片观察:它与砂岩相似,可仿砂岩观察步骤进行。需要注意的是所有粉砂岩的碎屑分选都很好,而磨圆较差。其中的碎屑长石常常不带双晶,也很少见到解理,与石英很难区别。若云母少见到解理,与石英很难区别。若云母片较多时,除要注意区分黑、白云母外,还要注意它们是否定向排列。对粗粉砂岩而言,粒间填隙物可以是杂基,也可以是化学胶结物,粉砂岩粒间孔很小,观察时可换用中倍或中高倍物镜;对细粉砂岩,粒间填隙物通常都是泥质(主要是粘土),这时也不再称它为杂基,因为细粉砂和粘土具有大致相同的水力学行为,属于同一种结构组分,故在成分描述时,只需分别描述粉砂和泥质两个部分即可。

压实和交代的观察:一般砂岩都有比较明显的压实现象,长石砂岩也不例外。观察压实时,可注意碎屑长石有无双晶错动、解理缝变宽,碎屑云母是否被压弯或揉皱,泥质等低强度岩屑有无挤压变形,相邻碎屑是否已呈似镶嵌聚集等。当压实作用比较强时,粒间孔将变少变小,填隙物含量也会大大降低。长石砂岩中的填隙物许多时候是杂基,主要由粘土矿物构成,在偏光显微镜下除显得污浊外,有时还呈深浅不等的红色(含高价铁离子)。在埋深较大时,这部分粘土可被碎屑长石交代,变成长石的交代边。交代边的晶格与碎屑长石也是连续的,也与后者同时消光,但含杂质多,远不像典型次生加大边那样干净透明。杂基的存在将减少或完全阻止化学胶结物的沉淀,这时压实和杂基可共同使沉积物固结成岩。想观察时要注意是否有真正意义上的胶结物,杂基是否还有被其他矿物(如方解石)交代的现象。

四、复习思考题

(1) 在什么条件下方解石和白云石可成为它生矿物?海绿石可成为它生矿物吗?为什么?

(2) 在偏光显微镜下如何区分下列矿物:

① 长石和石英;② 长石和石膏;③ 粒状玉髓和石英;④ 方解石和白云石。

(3) 利用砾岩作母岩分析时应注意什么问题?

(4) 砾石的圆度、成分和支撑类型有何成因意义?

实训五　粘土岩手标本观察与描述

一、目的要求

通过对手标本的颜色、物理性质、结构、构造的观察以及矿物成分的初步判断,掌握参加粘土岩的岩石特征及鉴定方法;掌握相似粘土岩的特征及区别方法。本实训需安排2学时。

二、实训内容

观察以下标本:粉砂质泥岩;高岭石粘土岩;蒙皂石粘土岩;水云母粘土岩;碳质页岩;黑色页岩;钙质页岩;硅质页岩;泥灰岩。

三、内容提示

若泥质岩中没有或只有很少的粉砂颗粒,用小刀可在边缘切出光滑的平面,手捻切下的粉末无颗粒感而是细腻感;粉砂岩有时硬度很大,小刀难以切割;可以切动时(通常富含泥质),切面也不很光滑,手捻切下的粉末有时虽也感到滑腻,但同时还会感到其中的细小粉砂颗粒,据此可以判断砂或粉砂的有无和含量。自然界中的泥质岩大多为复成分,发育页理时可称页岩,无页理时可称泥岩。进一步可按颜色或混入物(非粘土成分)命名。单成分泥质岩可称粘土岩,自然界中相对较少。

蒙皂石粘土岩:遇水急剧膨胀而后崩解是它独特的鉴别标志;而高岭石粘土岩手感极为滑腻,吸水不膨胀,颜色以白或浅淡的灰和红色多见,水云母粘土岩则多为浅绿色。

炭质页岩:岩石中含大量炭化有机质,因呈细分散状,肉眼难以观察,但能染手,常含大量植物化石,形成于湖泊沼泽、滨海沼泽中,出现于煤系地层中,并作为煤层的顶底板。

黑色页岩:岩石中含有较多的有机质和细分散状硫化铁(多为黄铁矿)而显黑色,页理发育,外貌似炭质页岩,但不染手,常形成于缺氧、富H_2S的较闭塞海湾、湖泊深水区。

粉砂质泥岩:一般为灰色,手捻时可有粗糙感,根据硬度可以判断钙质、硅质含量。

四、复习思考题

(1) 页岩与泥岩的不同点是什么?

(2) 粘土岩如何分类命名?手标本如何定名?

(3) 黑色页岩、碳质页岩在手标本上如何区别?

(4) 钙质页岩、硅质页岩在手标本上如何区别?

实训六　碳酸盐岩手标本的观察与描述

一、目的要求

学会对碳酸盐岩结构组分进行观察、描述,掌握这些结构组分的特点以及识别方法;掌握颗粒灰岩、泥晶灰岩、白云岩的岩石特征;掌握碳酸盐岩的命名方法。本实训需安排2学时。

二、实训内容

手标本:(1) 鲕粒灰岩;(2) 砾屑灰岩;(3) 泥晶灰岩;(4) 灰质白云岩;(5) 白云岩;(6) 泥质灰岩。

要求在手标本上能熟练识别出鲕粒,并仔细观察鲕粒的分布特征、大小及均匀程度,估计鲕粒百分含量;掌握内碎屑灰岩手标本观察描述要点;熟悉用稀盐酸检验碳酸盐岩中方解石和白云石相对含量的方法;仔细观察和比较方解石、白云石相对含量不同的岩石与稀盐酸反应的强度,并了解影响该反应强度的各种因素;能够准确估计所检验标本的矿物成分;观察结晶白云岩的粒度。

三、内容提示

对碳酸盐岩手标本的观察与描述时,对结构组分的特点要详细描述,例如,砾屑灰岩要对砾屑粒度、形态、定向性等分别描述;对鲕粒的大小、形态、均匀性、单鲕和复鲕、空心鲕等详细描述,并分析其成因关系。

在鲕粒灰岩手标本中识别鲕粒一般不困难,仅凭肉眼就可看出它们是一团深色的形同鱼子的细小颗粒,大小通常很均匀,单个鲕粒大小通常在砂级,少数情况可小到粉砂级。有时大小不均匀,最大可达几毫米。注意观察鲕粒的分布特点,是均匀分布还是呈层状富集,或是沿交错层理的纹层分布还是伴随有其他层状特征。有时可以粗略看到破裂鲕粒内部的同心状结构。粒间填隙物通常是泥晶基质或亮晶胶结物,也可以是渗滤粉砂。泥晶基质大多色深,黯淡无光泽;亮晶胶结物近白色或浅灰色,有一定透明感,有时可见闪亮的解理面;渗滤粉砂有时像泥晶基质,有时像亮晶胶结物,需要在薄片中才能确切鉴定。

用稀盐酸检验碳酸盐岩中方解石和白云石相对含量时,可根据反应情况确定岩石类型。一般,滴稀盐酸于岩石表面,强烈起泡,并有响声,若放岩屑于稀盐酸中,除强烈起泡并有响声外,还可见岩屑跳动欲浮,则可定为灰岩;滴稀盐酸于岩石表面,很快起泡,但响声不大,若投岩屑于稀盐酸中见有 CO_2 气泡似串珠状升起,岩屑轻微跳动,定为白云质灰岩;滴稀盐酸于岩石表面,微微起泡,无响声,投岩屑于稀盐酸中岩屑不跳动,反应弱,为灰质白云岩;滴稀盐酸于岩石表面,不起泡,投岩屑于稀盐酸中开始无反应,以后渐有变化,加热稀盐酸,反应加快,则为白云岩。另外,根据岩石滴稀盐酸反应后表面留下黄色粘土的情况确定岩石中泥质的含量。

砾屑灰岩:在外貌上与砾岩很相像,形成过程也相似,因而可参照砾岩观察它的结构特点(砾屑粒度、分选、磨圆、形态、定向性等)。砾屑本身大都为泥晶质或以泥晶为主(可含部分自生颗粒),有时表面有一圈厚薄不等的红色氧化圈,粒度较细时可全部氧化成红色。粒间填隙物较粗糙,用放大镜可见矿物的解理面,据此可以推测为亮晶胶结物。但要注意,这样的推测有时并不可靠,因为泥晶基质若白云石化,粒度将变粗,放大镜下就可看见白云石的晶面或解理面。当粒间孔较大或砾屑呈基质支撑时，也可使用滴酸法单独检验填隙物的大致矿物成分，而确切的矿物组成应该在染色薄片中估计或测量。

泥晶灰岩：结构致密细腻，表面光泽黯淡，有时有隐约的贝壳状断口，放大镜下也看不到闪亮的矿物解理面。用酸滴法估计方解石、白云石相对含量时，应避开岩石的裂隙部位，如果反应明显沿一条细线进行，这很可能是一条方解石细脉。这样的检验结果通常都很粗略，误差很大（仅对纯白云岩鉴定较准）。与稀盐酸反应强度除与方解石、白云石的相对含量有关外，还与岩石中非碳酸盐矿物含量、方解石晶体粒度、整个岩石的孔隙度、渗透性和环境温度等有关。

泥质灰岩：岩石多为黄灰色，滴稀盐酸反应后，表面常留下黄色粘土，有时可见到细粉砂，泥质分布不均匀。若表面呈斑状，则称为豹皮灰岩。

四、复习思考题

（1）为什么在许多鲕粒灰岩中，鲕粒核心大小可以不同，但鲕粒大小却是均匀的？

（2）试比较碎屑岩与颗粒碳酸盐岩的颗粒类型、物质成分、结构、胶结类型等有何不同？

（3）有些鲕粒灰岩中的鲕粒大小相差很大，试从鲕粒的无机成因和成鲕环境与沉积环境间的关系，分析造成这种现象的各种可能原因。

实训七　偏光显微镜下碳酸盐岩结构组分和孔隙结构、构造的观察与描述

一、目的要求

掌握生物结构、粒屑结构、泥晶结构和残余结构的镜下特点；观察颗粒、泥晶、亮晶、晶粒、生物格架结构组分的特征和识别标志；掌握鲕状灰岩的岩石特征，了解鲕粒的形成环境、沉积环境及成岩后生变化环境；学会观察和描述岩石的孔隙，分析孔隙的成因及其油气储集性能；了解泥晶在镜下的鉴定特征；了解生物骨骼的鉴别标志。本实训需安排2学时。

二、实训内容

使用下列薄片：（1）鲕状灰岩；（2）砾屑灰岩；（3）渗滤粉砂状灰岩；（4）生物碎屑灰岩；（5）残鲕粒灰质白云岩；（6）白云质灰岩；（7）泥晶灰岩。

通过观察，熟悉染色薄片中白云石和方解石的染色差异；在偏光显微镜下详细观察残余鲕状结构，区分白云石和方解石，以及白云石的结晶程度和分布特征。

三、内容提示

砾屑灰岩：粒度较粗，因而观察砾屑灰岩薄片与观察砾岩薄片一样，也只是为了了解砾屑本身和填隙物的成分以及其他成岩特征。砾屑中有些由生物碎片和泥晶构成，有些则由单纯的泥晶构成，注意其光性。单个泥晶细小，在显微镜下难以分辨，只能观察某个范围内的泥晶集合体。该集合体整体呈浅灰色（氧化后可泛红，富含有机质时可为深灰或灰黑），没有闪突起，正交偏光显微镜下高级白干涉色与单偏光显微镜下的颜色很接近，旋转物台也不消光。这是典型的泥晶碳酸盐集合偏光现象，是鉴别典型泥晶碳酸盐的极好标志。泥晶很容易重结晶，重结晶粒度在30μm（或20μm）以下时仍可称其为泥晶，但当在偏光显微镜下可以分辨单个晶体时，集合偏光现象将不再典型。粒间填隙物为泥晶基质，但多已白云石化，仅有少量残留。

白云石晶体无色透明,切面呈菱形或近菱形,在没有染色的薄片中这是白云石的一个较好鉴别标志。注意白云石只出现在粒间,这说明白云石是在砾屑和泥晶基质沉积以后才形成的,主要是泥晶基质白云石化的产物。

鲕状灰岩:先浏览整块薄片,观察除鲕粒外是否还有其他颗粒(生物碎屑),估计颗粒的总含量和组成;观察鲕粒大小、鲕粒粒度和成分以及包壳特征(相对鲕粒的厚度、同心纹的疏密)及变化等,确定鲕粒类型,特别要注意真鲕和表鲕的相对丰度。仔细观察亮晶胶结物的特征:干净透明,第一世代的纤状方解石垂直鲕粒表面生长(栉壳状结构),可填满狭窄的粒间空隙;第二世代较粗的粒状方解石只出现在较大粒间孔的中央部位,两世代间界线明显。

渗滤粉砂鲕状灰岩:除按一般鲕粒灰岩观察外,还须观察渗滤粉砂。渗滤粉砂是上层沉积物中的某些易溶成分被淡水溶解后,其中的难溶部分或未溶解完的残余被渗透水带到下层粒间孔内聚集而成,构成成分变化较大,大多为粉砂大小的泥晶团或生物碎屑(可以重结晶),以及石英粉砂、丝状或点状有机质或粘土等,整体仍以方解石为主,有时还可见顺渗流方向发育的纹理。渗滤粉砂与鲕粒(或其他自生颗粒)大都不直接接触,而是被少量亮晶胶结物分隔,这是鉴别渗滤粉砂与泥晶基质的重要标志。其他需要注意的观察要点包括:是否有重力型(或悬挂型)胶结的特点;渗滤粉砂内是否还发育有溶孔,溶孔又被什么充填;是否可以推测有的鲕粒已被完全溶解(可从整体和局部支撑关系或鲕粒分布密度的突变关系考虑)。

生物碎屑:一般只鉴定砂级以上的碎屑,不鉴定粉砂级碎屑,但估计含量时应将它们估计在内。鉴定通常到门、纲一级就可以了,不必精确到属、种。鉴定的依据有二,一是生物固有生长形态,包括是单体还是群体,单体大小,壳的厚薄,壳的构造分层、房室、体腔、隔壁、壳饰等,当生物碎屑为自形—半自形时,这些固有生长形态是鉴定属、种的依据;二是骨骼或外壳的显微结构,包括它的矿物成分,矿物晶体的形态、大小、排列以及结构分层等。当生物碎屑很破碎、生物的固有生长形态已不复存在时,这些显微结构特征就是鉴定生物所属门、纲的依据。常见钙质生物碎屑的鉴定特征如下。

(1) 有孔虫:多为多房室的壳体,个体较小,多在粉砂级范围。房室的排列方式可为平旋、螺旋、包旋或绕旋,形态不一,切面形态变化较大。壳体可为单层式的隐粒、微粒或玻纤结构,也可是外层为隐粒或微粒、内层为玻纤或层纤的双层式结构。由于房室状壳体,机械强度一般较高,常常呈自形或半自形。观察时注意不要把房室内的亮晶充填物误认为是壳体。

(2) 介形虫:双瓣壳,壳长从不足 1 毫米到几毫米,但大多在砂级以内。壳比较薄,单瓣切面常呈细月牙形,具有层纤或玻纤结构。由于壳体轻小,故多自形,双瓣铰合在一起的全自形也很常见。

(3) 三叶虫:偏光显微镜下多呈散落、破碎状碎片,片体一般较薄。半自形砂砾级切面常为长短不一的飘带状、弯钩状、蛇曲状等,内部有时有褐色裂纹。有些属种发育有刺。散落的刺为圆管状(纵切)或圆环状(横切)。所有壳体均为典型的玻纤结构。

(4) 腕足类:双瓣壳,一般个体较大,较厚,也有小于 1mm 者。可发育壳皱、疹孔(或假疹孔)或壳刺。常为单层平行片状结构,片较厚,在垂直壳面(垂直方解石片)的切面中表现为较粗的发丝状,发丝平直或弯曲,整体延伸方向与壳面平行或稍斜交。腕足刺也呈长管状或圆环状,也为平行片状结构。有的腕足类具有外层为片状结构内层为内柱状结构的双层式结构。

(5) 软体动物:常见瓣鳃类(双壳)、腹足类(螺)和头足类。个体一般较粗大(双壳、腹足也有小于 1mm 者),均为多晶结构(或称晶粒结构)。瓣鳃类为双瓣铰合壳,壳厚向着铰合部位逐渐增大;可发育壳刺。腹足类多为螺旋式,也有平旋式,壳内无隔壁,碎片的弯曲度较双壳更大一些，厚度很均匀。头足类为直管、弯管或旋转式壳体。相对个体大小而言，壳体比较薄，如果不能确切鉴别，也可统称为软体动物。

(6) 棘皮动物：常见的是海百合茎、海胆骨片和海胆刺等。海百合茎多呈分散的茎环出现(类似中国象棋棋子)，中央部位有茎孔，大小相差很大，大者以厘米计，小者不到1毫米。切面形态取决于自形程度和切面方向，自形时可呈圆形、椭圆形或长方形等。切面内部有时有大量杂乱或规则排列的圆点状凹痕，其内有泥晶方解石附着，这是原软体部分腐烂后留下的痕迹。海胆骨片形态不规则，自形横切面可呈直边多边形。海胆刺形态多样，常见复杂对称图案的圆形横断面。海百合茎和海胆刺都为连生单晶结构，由一个方解石晶体构成，正交偏光显微镜下一致消光。海胆骨片为网格单晶结构，由两个呈网格状交生的方解石晶体构成，正交偏光显微镜下两个方解石交替消光。

描述时，不同生物碎屑的相对丰度可以不用百分比量化，而用"主要、其次、较少、少量、偶见"等等形容词或副词修饰。

四、复习思考题

(1) 比较亮晶、灰泥、灰泥重结晶的区别及其识别标志。

(2) 鉴定生物碎屑灰岩时为什么要鉴定所含生物的种类？

(3) 生物碎屑的自形程度和分选性在沉积环境分析中有何意义？

实训八　其他沉积岩的观察与描述

一、目的要求

掌握常见蒸发岩的岩石特征，了解不同蒸发岩的形成环境及成岩作用；通过对蒸发岩的鉴定，结合与碳酸岩的对比，进一步了解化学沉积作用，加深对化学沉积分异作用的理解。本实训需安排2学时。

二、实训内容

(1) 石膏岩；(2) 岩盐；(3) 燧石条带白云岩；(4) 硅藻岩；(5) 鲕粒硅质岩；(6) 油页岩；(7) 铝质岩。

学会利用硬度检验法确定常见硅质岩手标本；了解常见硅质岩的结构(和石灰岩比较)。

三、内容提示

石膏岩和硬石膏岩：多呈浅色、浅灰色、白色、浅红色等，主要组成单矿物岩，也可组成石膏—硬石膏混合岩。当正常的海水被蒸发浓缩到原来含盐度的3.55倍(30℃以下)时，石膏即开始沉淀。二者在地表条件下(150m以内)可以互相转变。石膏和硬石膏呈层状产出，厚而分布广，常产于石灰岩、泥灰岩、白云岩之间。

岩盐：主要成分为石盐，含有少量其他氯化物、硫酸盐、粘土等。因含有少量混入物，故可呈灰、褐、红、蓝等各种色泽。一般为块状或粗粒状结晶结构，也有的因机械作用再沉积而呈碎屑结构。

蛋白石质或玉髓质硅质岩(燧石或燧石岩)：硬度大于小刀，致密，具有贝壳状或尖棱状断口，光泽黯淡，例如，含较多自生石英则具有油脂光泽。硅藻岩一般质轻，疏松，有时有极薄的水平纹理,不与稀盐酸反应,当含较多粘土时,易与泥岩相混。准确鉴定硅藻岩须用偏光显微镜或电子显微镜。

四、复习思考题

(1) 蒸发岩的鉴定方法和内容与矿物鉴定方法和内容有何不同?

(2) 分析蒸发岩的形成环境和成岩条件,恢复其沉积相类型。

(3) 分析蒸发岩的共生组合规律。

附录二　沉积相分析实训

[**实训目的**]通过该实训,初步掌握沉积相分析的基础图件的编制方法;初步掌握岩相古地理图的编制方法;学习岩相古地理图的综合分析方法;了解沉积相分析需要的资料。

一、目的要求

(1) 初步掌握沉积相分析的基础图件的编制方法;
(2) 初步掌握相分析图的编制方法;
(3) 学习岩相古地理图的综合分析方法;
(4) 了解沉积相分析需要的资料。

二、实训内容

1. 编制的图件

(1) × ×盆地古近纪始新世× ×组地层等厚图;
(2) × ×盆地古近纪始新世× ×组岩石类型分区图;
(3) × ×盆地古近纪始新世× ×组砂岩类型分区及砂岩等厚图;
(4) × ×盆地古近纪始新世× ×组重矿物组合分区及含量等值图;
(5) × ×盆地古近纪始新世× ×组砂岩胶结物成分分区及胶结类型图;
(6) × ×盆地古近纪始新世× ×组泥岩颜色、自生矿物、古生物化石及泥岩等厚图;
(7) × ×盆地古近纪始新世× ×组层理类型及其他构造特征图;
(8) × ×盆地古近纪始新世× ×组岩相古地理图。

这八张图件的底图可参考使用附图 1。

2. 岩相古地理图分析

进行岩相古地理图综合分析并写出分析成果报告。

三、资料

(1)绘图比例尺 1∶5万;
(2) × ×盆地古近纪始新世× ×组岩性综合统计表(见附表 4);
(3) × ×盆地古近纪始新世× ×井位分布图(见附图 1)。

四、方法

1. 图件编制

1) 地层等厚图

依据统计表中岩层总厚度数据(见附表 4 第 2 列),等值线间距设为 50m,用内插法绘制。

(1) 构造等值线的概念。

构造等值线图是用等高线表示地下某一岩层顶面或底面的构造形态、地层厚度、砂岩厚度等在水平面上的投影图件。

等值线是值相同点的连线。构造等值线图是油气田勘探和开发不可缺少的重要图件之一。

附表 4 ____盆地古近纪始新世××组岩性综合统计表

1	2	3			4			5				6			7	8	9	10	11				12	13	14
井号	岩层总厚 m	各类岩石厚度，m			各类岩石百分含量，%			轻矿物百分含量，%				重矿物组合及百分含量，%			胶结物成分	胶结类型	泥岩颜色	自生矿物	层理类型所占百分比，%				其他构造特征	生物化石	备注
		砂岩	粉砂岩	泥岩	砂岩	粉砂岩	泥岩	长石	石英	变质岩岩屑	喷出岩岩屑	锆英石	重矿物组合	绿帘石					水平	波状	斜波状	斜层			
1	455	46	241	163	10	53	37	15	80			72	锆石、磷灰石、榍石、电气石	2	钙质泥质	嵌晶式	黑色	菱铁矿	60	40				介形虫	
2	495	34	40	421	7	8	85					81	锆石、石榴石、角闪石	3	钙质	嵌晶式	黑色	黄铁矿（丰富）	80	20				介形虫鱼化石	
3	300	159	105	36	53	34	13	17	83			58	锆石、磷灰石、电气石、榍石		泥质	接触式	灰黑色	黄铁矿菱铁矿	40	40	20			鱼化石	
4	350	50	108	192	14	31	55					81	锆石、石榴石、角闪石		钙质	嵌晶式	灰黑色	黄铁矿菱铁矿	30	50	20			介形虫	
5	205	110	70	25	54	34	12	30	70			38	锆石、磷灰石、电气石、榍石		泥质	接触式	灰黑色	鲕绿泥石	15	20	30	35	泥砾水下冲刷	植物碎片	
6	110	30	47	33	28	42						30	锆石、石榴石、角闪石		泥质	基底式	灰黑色	鲕绿泥石赤铁矿	10	10	60	20	水下冲刷	植物化石	
7	55	41	9	5	74	16	10	40			60	32	锆石、磷灰石、榍石、电气石		泥质	杂乱式	杂色褐铁矿	10	20	70				雨痕、泥裂砾石扁平面向东	

续表

1	2	3			4			5				6			7	8	9	10	11				12	13	14
井号	岩层总厚 m	各类岩石厚度,m			各类岩石百分含量,%			轻矿物百分含量,%				重矿物组合及百分含量,%			胶结物成分	胶结类型	泥岩颜色	自生矿物	层理类型所占百分比,%				其他构造特征	生物化石	备注
		砂岩	粉砂岩	泥岩	砂岩	粉砂岩	泥岩	长石	石英	变质岩岩屑	喷出岩岩屑	锆英石	重矿物组合	绿帘石					水平	波状	斜波状	斜层			
8	398	100	148	150	25	37	38	20	60	20		79	红柱石、石榴石、绿帘石	9	泥质钙质	孔隙基底式	灰黑色	黄铁矿菱铁矿	30	20	30	20		介形虫鱼化石	
9	350	54	168	138	15	48	37	10	70		20	73	普通辉石、角闪石		硅质钙质	黑色	黄铁矿菱铁矿	40	30	20	10			介形虫	
10	250	150	25	75	60	10	30	40	40				红柱石、石榴石、绿帘石	16	泥质	基底式	杂色	赤铁矿褐铁矿	10	10	40	40	波痕水下冲刷	植物碎片	
11	210	10	105	95	5	50	45		60		40		普通辉石、角闪石		硅质	基底式	灰绿色	鲕绿泥石菱铁矿	10	10	30	50	泥砾	植物碎片	
12	450	31	140	279	7	31	62	15	65	20		82	红柱石、石榴石、绿帘石	4	钙质	嵌晶式	黑色	黄铁矿	60	20	20			介形虫	
13	415	30	92	293	7	22	71	81					锆石、石榴石、角闪石	2	硅质钙质	孔隙基底式	黑色	黄铁矿	70	20	10			介形虫鱼化石	
14	198	18	89	91	9	45	46		70	30			红柱石、石榴石、绿帘石	12	泥质	基底式	灰绿色	鲕绿泥石赤铁矿	15	10	35	40		化石碎片	

续表

1	2	3			4			5				6			7	8	9	10	11				12	13	14
井号	岩层总厚 m	各类岩石厚度,m			各类岩石百分含量,%			轻矿物百分含量,%				重矿物组合及百分含量,%			胶结物成分	胶结类型	泥岩颜色	自生矿物	层理类型所占百分比,%				其他构造特征	生物化石	备注
		砂岩	粉砂岩	泥岩	砂岩	粉砂岩	泥岩	长石	石英	变质岩岩屑	喷出岩岩屑	锆英石	重矿物组合	绿帘石					水平	波状	斜波状	斜层			
15	350	70	52	228	20	15	65	18	70		12		普通辉石、角闪石		硅质	孔隙式基底式	灰绿色	鲕绿泥石菱铁矿	30	20	20	30	水下冲刷水下岩脉	化石碎片	
16	250	25	120	105	10	48	42						锆石、石榴石、角闪石	2	钙质	嵌晶式	灰黑色	赤铁矿菱铁矿	30	30	30	10		介形虫	
17	280	31	115	134	11	41	48						锆石、石榴石、角闪石		泥质	孔隙式基底式	灰绿色	赤铁矿鲕绿泥石	20	30	30	20		介形虫化石碎片植物化石	
18	185	50	76	59	27	41	32						锆石、石榴石、角闪石	4	泥质	接触式孔隙式	灰绿色	鲕绿泥石菱铁矿	20	40	40				
19	365	73	219	73	20	60	20	16	84			60	锆石、石榴石、榍石、电气石		泥质	基底式	灰绿色赤铁矿褐铁矿		20	40	40		波痕泥砾	植物碎片	
20	250	50	150	50	20	60	20	15	80	5		62	锆石、磷灰石、榍石、电气石	3	泥质	接触式孔隙式	灰绿色	鲕绿泥石	10	30	40	20	水下岩脉		

续表

1	2	3			4			5				6			7	8	9	10	11				12	13	14
井号	岩层总厚 m	各类岩石厚度,m			各类岩石百分含量,%			轻矿物百分含量,%				重矿物组合及百分含量,%			胶结物成分	胶结类型	泥岩颜色	自生矿物	层理类型所占百分比,%				其他构造特征	生物化石	备注
		砂岩	粉砂岩	泥岩	砂岩	粉砂岩	泥岩	长石	石英	变质岩岩屑	喷出岩岩屑	锆英石	重矿物组合	绿帘石					水平	波状	斜波状	斜层			
21	180	54	54	72	30	30	40		65		35		普通辉石、角闪石		硅质	孔隙式基底式	杂色	褐铁矿		20	20	60	波痕		
22	210	11	115	84	5	55	40	23	57	20			红柱石、石榴石、绿帘石	13	泥质	杂乱式	杂色	褐铁矿		20	30	50	雨痕泥裂砾石扁平面倾向南东		
23	180	47	108	25	26	60	14	20	80			50	锆石、磷灰石、榍石、电气石		泥质	接触式孔隙式	灰绿色	鲕绿泥石赤铁矿	10	10	40	40	波痕		
24	100	43	36	21	43	36	21	20	80			41	锆石、磷灰石、榍石、电气石		泥质	基底式	灰绿色	赤铁矿褐铁矿	10	40	50		泥裂	植物碎片	
25	120	18	61	41	15	51	34	10	70		20		锆石、磷灰石、榍石、电气石		泥质	基底式	杂色	褐铁矿		10	20	70	雨痕	植物碎片	

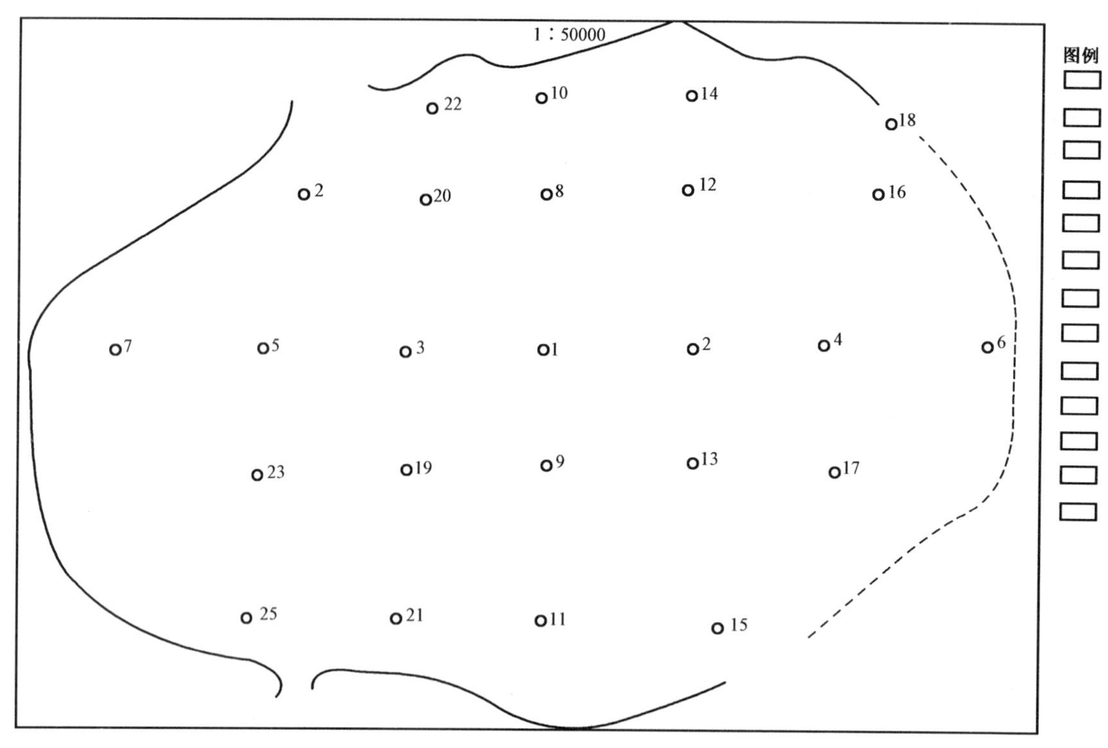

附图 1 ____盆地古近纪始新世____组井位图

（2）编图的准备工作。

① 选择作图层位。

作图层位通常选择油气层的顶、底面或油气层附近标准层的顶、底面或可能储层的岩层厚度等，以便反映油气层的构造形态和储层等的分布规律。

② 比例尺和等值距的确定。

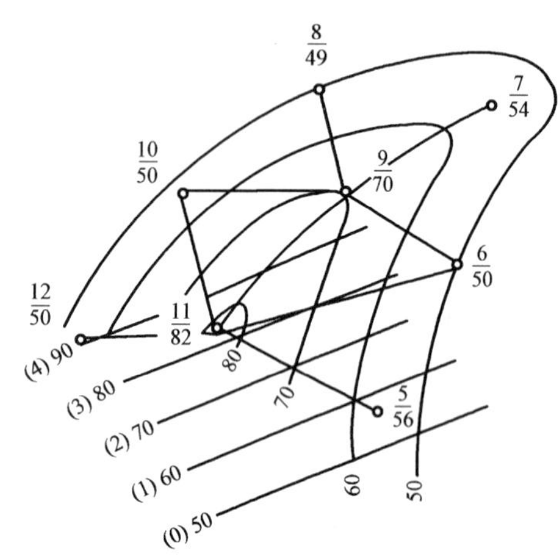

附图 2 等值线绘制方法示例图

比例尺由作图的精度要求而定，常用的有 1∶5000、1∶10000、1∶25000 和 1∶50000 等。等值距无具体规定，一般根据比例尺的大小和构造倾角大小而定，以等值线不能过密，也不能过疏为原则。

（3）作图步骤。

① 将地面井位和作图层校正好的井位按作图比例绘制在图纸上（本实习的井位图已经提供，见附图 1）。

② 将各井计算出的有关数据标在井位旁边（本实习采用附表 4 第 2 列数据）。

③ 连接三角网。三角网连接前，应对作图数据进行初步分析，掌握构造的总体特征。

④ 确定等高距，用内插法计算两井间的等值点，并标记。如附图 2 中 11 井的值是 82m，5 号井的值是 56m，若选定值差为 10m 绘制一条

等值线，则两井之间应该有 3 条等值线（60m、70m 和 80m）通过，这三条等值线位置的确定是利用相似三角形原理完成的（附图 3）。在 11 号井和 5 号井间画 AB 直线，自 11 号井任意引一条直线 AM，从 A 点起，将 AM 分为 26 份，令每一份代表 1m 值差。因此，可以在 AM 上找到值为 60m、70m 和 80m 的各点，将 M 点与 5 号井连接，得一三角形，自 60m、70m 和 80m 各点做三角形底边即 MB 的平行线与 AB 线相交，各交点即为三条等值线通过两井间连线的具体位置。其余各井之间的等值点，也用同样的内插法得到。

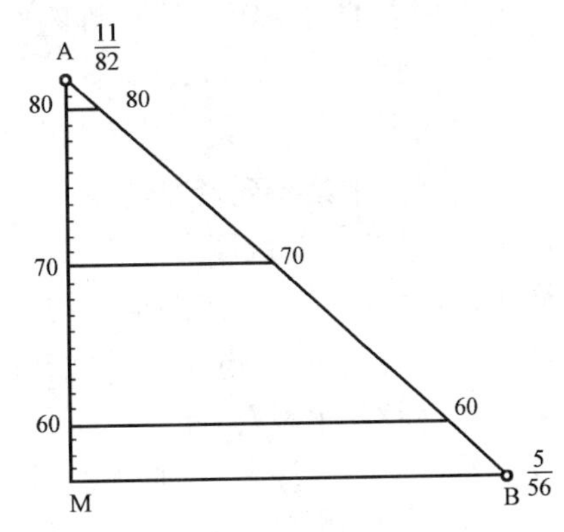

附图 3　利用相似三角形原理确定等值线图

⑤ 将相同的值点用圆滑的曲线连接起来，并进行必要的修整，标注相应的等值线值即完成该图的绘制。

需要注意的是，在绘制之前必须对数据进行分析，做到“心中有数”。

地层等厚图主要用于判断古地势的高低。

2）岩石类型分区图

依岩石类型百分含量（附表 4 中第 4 列）数据，分别统计各井砂岩、粉砂岩和泥岩各自的百分比数，即每种岩石类型占砂岩、粉砂岩和泥岩的百分数（附表中已经列出），然后在岩类三角图上投点（附图 4），确定所属岩类编号，再将岩类编号写在井号的上方：

$$\frac{\text{岩类编号}}{\text{井号}}$$

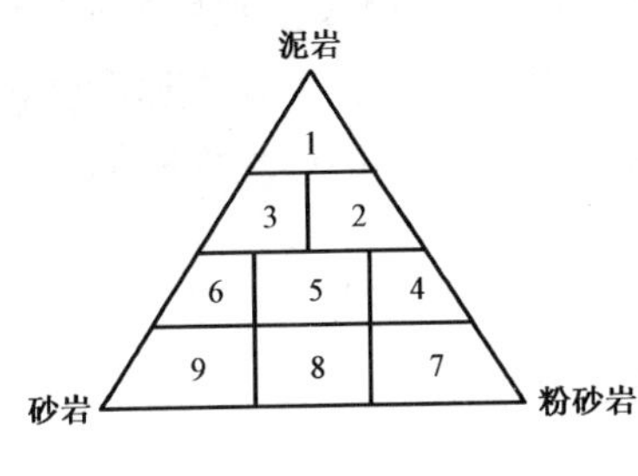

附图 4　岩类分区图

然后将相同的岩类编号圈入同一个区，即编成了岩类分区图。

需要提醒的是，在岩类分区图上相邻的岩类区，在岩类三角图上也必须相邻，这是判断岩类分区图正确与否的标准。

岩石类型图的主要作用是判断物源、水动力能量、储层的物理性质等。

3）砂岩类型分区及砂岩等厚图

依据附表 4 中第 5 列给出的轻矿物百分含量数据，在砂岩类型三角图上投点（附图 5），确定砂岩类型的编号，并标在井号的上方：

$$\frac{\text{砂岩类型号}}{\text{井号}}$$

然后把相同编号的砂岩类型圈入同一个区，即构成砂岩类型分区图。

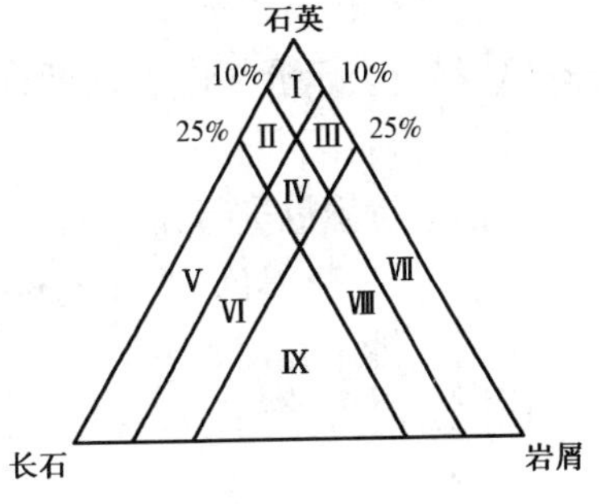

附图 5　砂岩类型分区及等原图

编制砂岩等厚图应用附表 4 中第 3 列的砂岩厚度数据，其等值线间距为 20m。根据分析结果，在盆地边缘注明主要物源方向及次要物源方向，符号如下：

主要物源方向：　　次要物源方向：

砂岩类型图的主要作用是判断物源方向、分析储层物性。砂岩等厚图主要用于判断储层厚度、物源方向等。

4）重矿物组合分区及含量等值线图

利用附表4中第6列资料。

（1）重矿物组合分区图。

依附表4中第6列给出的重矿物资料按下列原则进行编号：

锆石、磷灰石、榍石、电气石：Ⅰ（花岗岩重矿物组合）；

锆石、石榴石、角闪石：Ⅱ；

红柱石、石榴石、绿帘石：Ⅲ（变质岩重矿物组合）；

辉石、角闪石：Ⅳ（安山岩、玄武岩）；

利用这些组合号勾绘重矿物组合分区图，该图主要用于判断母岩类型。

（2）重矿物组分百分含量等值线图。

把重矿物数据标记在平面图上，标记方法如下：

$$井号\frac{锆石百分含量}{绿帘石百分含量}(组合号)$$

分别勾绘锆石（5%）、绿帘石（2%）百分含量等值线，根据本图所示成果，初步分析并标出主要及次要物源方向，判断母岩的性质。该图主要用于判断物源方向。利用随搬运距离的增加，抗风化能力强的重矿物的相对含量逐渐增加，而抗风化能力弱的则相对减少的原理进行判断。

5）砂岩胶结物成分分区及胶结类型图

胶结物资料见附表4中第7、8两项，将资料内容标在平面图井号旁：

$$井号\frac{胶结类型}{胶结物成分}$$

该图绘制方法同岩类图。应用胶结物成分资料，把相同成分圈为一区即成图。

砂岩的胶结成分及胶结类型与其储油物性关系密切，这幅图对分析储层有利地区有实际意义。

6）泥岩颜色、自生矿物、生物化石及泥岩等厚图

泥岩的颜色基本能反映岩层在沉积时的氧化还原程度。黑色表示还原环境；红色表示氧化环境；绿色表示介于二者之间，属弱还原环境。当然，结合自生矿物、生物化石和其他沉积特征，更便于指明沉积相。

习惯上将颜色进行如下编号：

黑色—12；灰黑色—13；灰绿色—8；杂色—25；

颜色资料见统计表第9列。

标记方式为将泥岩厚度（附表4第3列）及颜色编号，标记在井号的右侧：

$$井号\frac{颜色号}{泥岩厚度}$$

把相同颜色号的区域圈在一起，勾绘颜色分区图。

利用泥岩厚度勾绘泥岩厚度等值线图，厚度等值线间距50m。该图主要用于判断水深。

自生矿物、生物化石见附表4中第10、13列，以符号形式标记在井点旁。符号图例如下：

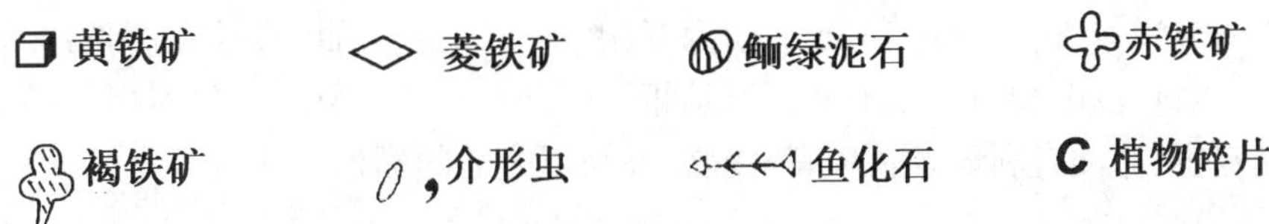

注:以上符号图例若有新的规定,请按新规定绘制。

该图的主要作用是判断氧化还原条件、水深、物源、水体盐度等。

7) 层理类型及其他构造特征图

该图不画等值线,只标记在井号旁即可。

层理类型的分布和变化特征是分析和推断水动力条件的重要依据。层理类型的百分含量,见附表4中第11列;其他构造特征,见附表4中第12列。

各项数据均用点圆图表示,在井点左侧以5mm为半径作一圆,各层理百分含量按面积表示在圆上,标示方式如下图:

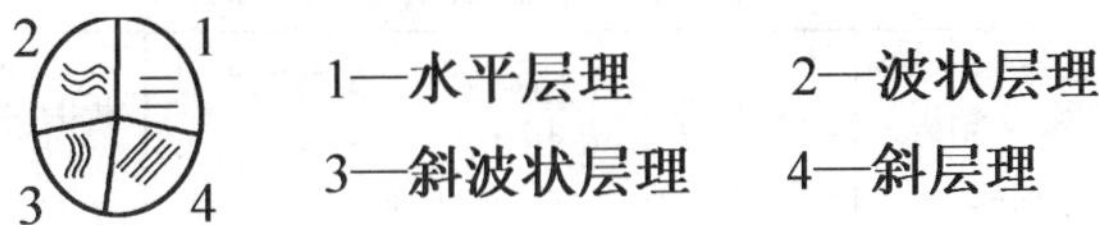

其他构造特征,均表示在井点右侧。图例如下:

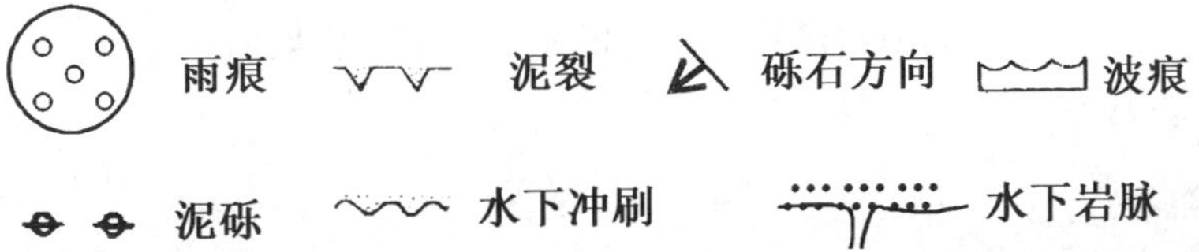

需要提醒的是,泥砾的存在表明流体的底冲刷严重。

以上七种基础图件的数量,没有硬性规定。这七种是常用的图件类型,实际工作中依据该地区资料的丰富程度来决定。

8) 岩相古地理图

编制岩相古地理图要充分应用各项基础资料,但又不是基础图件的叠加,而应当突出生油和储油的有利地区。

本实训要求在岩相古地理图上表示下列内容:

(1) 以地层等厚度图作为编图背景,依据地层的分布范围,落实盆地边界(底图已给出),标出母岩区岩石性质,主要及次要物源方向,图例如下:

（2）以泥岩颜色图为基础、综合其他相标志划分相带，可以划分出下述六个相带：

Ⅰ　深湖相　　Ⅱ　较深湖相　　Ⅲ　还原浅湖相

Ⅳ　氧化浅湖相　　Ⅴ　滨湖相　　Ⅵ　三角洲相

（3）确定生、储油有利地区及较有利地区并涂以合适的颜色：

生油有利地区

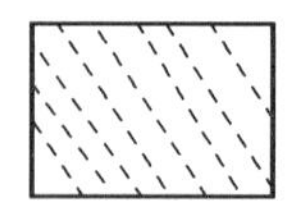

生油较有利地区

储油有利地区

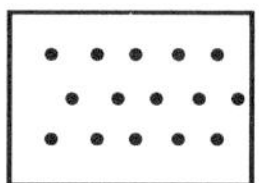

储油较有利地区

2. 岩相古地理图的综合分析

岩相古地理图的综合分析从下列几方面入手：

（1）确定盆地类型的依据（沉积相的主要标志）；

（2）确定母岩成分和物源方向的依据；

（3）亚相带划分依据（见附表5）。

附表5　沉积相带划分及生储评价综合表

资料 相	地层厚度	层理及其他构造	岩性组分	自生矿物及生物化石	相带形态及其分布特点	粘土岩颜色	生储油条件及评价

需要提醒的是，这个表格填写的相应内容的质量决定于成果的质量。

五、沉积相分析

1. 物源分析

目的：确定沉积物来源方向，侵蚀区或母岩区位置，搬运距离及母岩性质。

对象：碎屑组分及结构和构造等。

（1）砂岩砾岩的成分及其分布

表明砂岩砾岩的粒度、成分、厚度及其百分含量变化等，是确定物源方向的基本手段。

砾岩主要分布在盆地边缘，接近物缘区，砾石成分可直接反映物源区母岩成分。研究砾石的排列特点可恢复搬运介质类型和水流方向。物源方向与古水流方向常常一致。

同样，研究砂层中的流水型斜层理，也可有效地获得古水动力条件及物源方向的资料，盆地边缘靠近主要物源区砂岩最发育，向盆地内部变薄减少。

综合应用砂岩中的各种组分，编制砂岩类型分区图，也有助于恢复母岩性质及物源方向，近母岩区长石和岩屑增加，石英相对减少，为岩屑砂岩和长石砂岩类；向盆地内过渡为石英砂岩类，明显的变化方向即为物源方向。

（2）碎屑重矿物组分及分布

利用碎屑重矿物组分及含量变化，追溯物源和恢复母岩早已被广泛应用，尤其对世界古近纪—新近纪盆地是最有效的。

稳定重矿物抗风化能力强、分布广，远离母岩区含量相对升高，不稳定重矿物正相反。通过分析稳定和不稳定组分在平面上的分布和变化，进而恢复物源方向及母岩性质（重矿物分